Adobe® 创意大学指定教材

U0274162

Adobe® 创意大学
After Effects CS6 标准教材

1DVD 多媒体教学光盘

- 本书实例的素材文件以及效果文件
- 本书150分钟的实例同步高清视频教学

北京希望电子出版社　总策划
曹茂鹏　瞿颖健　编　著

 北京希望电子出版社
Beijing Hope Electronic Press
www.bhp.com.cn

内 容 简 介

After Effects 是 Adobe 公司的一款影视后期制作软件，在影视、广告、包装等行业应用最为普遍，以其强大的特效功能著称。

本书全面、详细地讲解了 After Effects CS6 的各项功能，包括 After Effects CS6 基础、创建与编辑文件、创建与使用图层、蒙版与遮罩动画、关键帧动画、跟踪与稳定、创建与编辑文字效果、应用与编辑滤镜、添加声音特效、抠像与合成、影片调色技术、创建与编辑表达式、影片的渲染与输出等内容，最后给出了几个综合案例进行知识巩固。本书以"理论知识+实战案例"形式讲解知识点，对 After Effects CS6 产品专家认证的考核知识进行了加着重点的标注，方便初学者和有一定基础的读者更有效率地掌握 After Effects CS6 的重点和难点。

本书知识讲解安排合理，着重于提升学生的岗位技能竞争力，可以作为参加"Adobe 创意大学产品专家认证"考试学生的指导用书，还可以作为各院校和培训机构"数字媒体艺术"相关专业的教材。

本书附赠一张 DVD 光盘，其中包括书中部分实例的源文件、效果文件以及视频教学文件，读者可以在学习过程中随时调用。

图书在版编目（CIP）数据

After Effects CS6 标准教材 / 曹茂鹏，瞿颖健编著. —北京：北京希望电子出版社，2013.4

（Adobe 创意大学系列）

ISBN 978-7-83002-092-7

Ⅰ. ①A… Ⅱ. ① 曹… ②瞿… Ⅲ. ①图像处理软件－教材 Ⅳ. ①TP391.41

中国版本图书馆 CIP 数据核字（2013）第 017752 号

出版：北京希望电子出版社

地址：北京市海淀区上地 3 街 9 号

　　　金隅嘉华大厦 C 座 611

邮编：100085

网址：www.bhp.com.cn

电话：010-62978181（总机）转发行部

　　　010-82702675（邮购）

传真：010-82702698

经销：各地新华书店

封面：韦 纲

编辑：周凤明

校对：刘 伟

开本：787mm×1092mm　1/16

印张：19.5

字数：445 千字

印刷：北京市密东印刷有限公司

版次：2013 年 4 月 1 版 1 次印刷

定价：42.00 元（配 1 张 DVD 光盘）

丛书编委会

主　任： 王　敏

编委（或委员）： （按照姓氏字母顺序排列）

本书编委会

主　编： 北京希望电子出版社

编　者： 曹茂鹏　　瞿颖健

审　稿： 周凤明

丛 书 序

  文化创意产业是社会主义市场经济条件下满足人民多样化精神文化需求的重要途径，是促进社会主义文化大发展大繁荣的重要载体，是国民经济中具有先导性、战略性和支柱性的新兴朝阳产业，是推动中华文化走出去的主导力量，更是推动经济结构战略性调整的重要支点和转变经济发展方式的重要着力点。文化创意人才队伍是决定文化产业发展的关键要素，有关统计资料显示，在纽约，文化产业人才占所有工作人口总数的12%，伦敦为14%，东京为15%，而像北京、上海等国内一线城市还不足1%。发展离不开人才，21世纪是"人才世纪"。因此，文化创意产业的快速发展，创造了更多的就业机会，急需大量优秀人才的加盟。

  教育机构是人才培养的主阵地，为文化创意产业的发展注入了动力和新鲜血液。同时，文化创意产业的人才培养也离不开先进技术的支撑。Adobe®公司的技术和产品是文化创意产业众多领域中重要和关键的生产工具，为文化创意产业的快速发展提供了强大的技术支持，带来了全新的理念和解决方案。使用Adobe产品，人们可尽情施展创作才华，创作出各种具有丰富视觉效果的作品。其无与伦比的图形图像功能，备受网页和图形设计人员、专业出版人员、商务人员和设计爱好者的喜爱。他们希望能够得到专业培训，更好地传递和表达自己的思想和创意。

  Adobe®创意大学计划正是连接教育和行业的桥梁，承担着将Adobe最新技术和应用经验向教育机构传导的重要使命。Adobe®创意大学计划通过先进的考试平台和客观的评测标准，为广大合作院校、机构和学生提供快捷、稳定、公正、科学的认证服务，帮助培养和储备更多的优秀创意人才。

  Adobe®创意大学标准系列教材，是基于Adobe核心技术和应用，充分考虑到教学要求而研发的，全面、科学、系统而又深入地阐述了Adobe技术及应用经验，为学习者提供了全新的多媒体学习和体验方式。为准备参与Adobe®认证的学习者提供了重点清晰、内容完善的参考资料和专业工具书，也为高层专业实践型人才的培养提供了全面的内容支持。

  我们期待这套教材的出版，能够更好地服务于技能人才培养、服务于就业工作大局，为中国文化创意产业的振兴和发展做出贡献。

北京中科希望软件股份有限公司董事长　周明陶

序

Adobe®是全球最大、最多元化的软件公司之一，旗下拥有众多深受客户信赖的软件品牌,以其卓越的品质享誉世界，并始终致力于通过数字体验改变世界。从传统印刷品到数字出版，从平面设计、影视创作中的丰富图像到各种数字媒体的动态数字内容，从创意的制作、展示到丰富的创意信息交互，Adobe解决方案被越来越多的用户所采纳。这些用户包括设计人员、专业出版人员、影视制作人员、商务人员和普通消费者。Adobe产品已被广泛应用于创意产业各领域，改变了人们展示创意、处理信息的方式。

Adobe®创意大学（Adobe® Creative University）计划是Adobe联合行业专家、教育专家、技术专家，基于Adobe最新技术，面向动漫游戏、平面设计、出版印刷、网站制作、影视后期等专业，针对高等院校、社会办学机构和创意产业园区人才培养，旨在为中国创意产业生态全面升级和强化创意人才培养而联合打造的教育计划。

2011年中国创意产业总产值约3.9万亿元人民币，占GDP的比重首次突破3%，标志着中国创意产业已经成为中国最活跃、最具有竞争力的重要支柱产业之一。同时，中国的创意产业还存在着巨大的市场潜力，需要一大批高素质的创意人才。另一方面，大量受到良好传统教育的大学毕业生由于没有掌握与创意产业相匹配的技能，在走出校门后需要经过较长时间的再次学习才能投身创意产业。Adobe®创意大学计划致力于搭建高校创意人才培养和产业需求的桥梁，帮助学生提高岗位技能水平，使他们快速、高效地步入工作岗位。自2010年8月发布以来，Adobe®创意大学计划与中国200余所高校和社会办学机构建立了合作，为学员提供了Adobe®创意大学考试测评和高端认证服务，大量高素质人才通过了认证并在他们心仪的工作岗位上发挥出才能。目前，Adobe®创意大学已经成为国内最大的创意领域认证体系之一，成为企业招纳创意人才的最重要的依据之一，累计影响上百万人次，成为中国文化创意类专业人才培养过程中一个积极的参与者和一支重要的力量。

我祝愿大家通过学习由北京希望电子出版社编著的"Adobe®创意大学"系列教材，可以更好地掌握Adobe的相关技术，并希望本系列教材能够更有效地帮助广大院校的老师和学生，为中国创意产业的发展和人才培养提供良好的支持。

Adobe祝中国创意产业腾飞，愿与中国一起发展与进步！

Adobe大中华区董事总经理 黄耀辉

前言

一、Adobe®创意大学计划

Adobe®公司联合行业专家、行业协会、教育专家、一线教师、Adobe技术专家，面向国内游戏动漫、平面设计、出版印刷、eLearning、网站制作、影视后期、RIA开发及其相关行业，针对专业院校、培训领域和创意产业园区创意类人才的培养，以及中小学、网络学院、师范类院校师资力量的建设，基于Adobe核心技术，为中国创意产业生态全面升级和教育行业师资水平以及技术水平的全面强化而联合打造的全新教育计划。

详情参见Adobe®教育网：www.Adobecu.com。

二、Adobe®创意大学考试认证

Adobe®创意大学考试认证是Adobe®公司推出的权威国际认证，是针对全球Adobe软件的学习者和使用者提供的一套全面科学、严谨高效的考核体系，为企业的人才选拔和录用提供了重要和科学的参考标准。

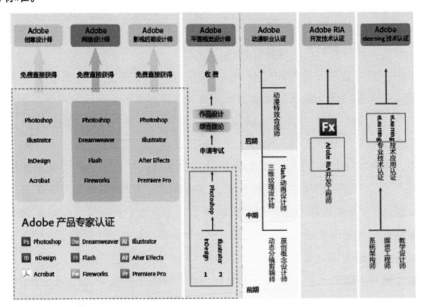

三、Adobe®创意大学计划标准教材

— 《Adobe®创意大学Photoshop CS6标准教材》
— 《Adobe®创意大学InDesign CS6标准教材》
— 《Adobe®创意大学Dreamweaver CS6标准教材》
— 《Adobe®创意大学Fireworks CS6标准教材》
— 《Adobe®创意大学Illustrator CS6标准教材》
— 《Adobe®创意大学After Effects CS6标准教材》
— 《Adobe®创意大学Flash CS6标准教材》
— 《Adobe®创意大学Premiere Pro CS6标准教材》

四、咨询或加盟"Adobe®创意大学"计划

如欲详细了解Adobe®创意大学计划，请登录Adobe®教育网www.adobecu.com或致电010-82626190，010-82626185，或发送邮件至邮箱：adobecu@hope.com.cn。

编著者

第4章
蒙版与遮罩动画

第5章
关键帧动画

第6章
跟踪与稳定

第7章
创建与编辑文字效果

第 1 章
走进After Effects CS6

After Effects是Adobe公司推出的一款图形视频处理软件，可以制作出多种特殊效果。适用于从事设计和视频特技的机构，包括电视台、动画制作公司、个人后期制作工作室以及多媒体工作室。After Effects支持RGB、HSB、YVU等多种色彩模式，但不支持CMYK色彩模式。

学习要点

- After Effects CS6的应用领域
- 熟悉软件界面

1.1 After Effects CS6的应用领域

1.1.1 影视特效

　　After Effects 并不是一个非线性编辑软件，它主要用于影视后期制作，在影视、游戏、特效中都被大量使用。利用 After Effects CS6可以制作出各种自然效果和虚拟效果，After Effects还提供了多种转场效果，并可自主调整效果，通过较简单的操作就可以打造出自然衔接的影像效果。并可以抠除拍摄时的蓝色或绿色背景，方便后期合成，提高工作效率，如图1-1所示。

图1-1 　After Effects的影视应用

1.1.2 广告设计

　　广告设计是视觉传达艺术设计的一种，其价值在于把产品载体的功能特点通过一定的方式转换成视觉因素，使之更直观地面对消费者，利用After Effects CS6包含的多种修饰增强图像和动画控制的特效，制作出丰富的视觉效果，并可以适当添加动画，如图1-2所示。

图1-2 　After Effects的影视应用

1.1.3 电视包装

　　电视包装目前已成为电视台和各电视节目公司、广告公司最常用的概念之一。电视包装直接引导电视的品牌主张及视觉形象表现等。After Effects CS6是电视包装制作的主要软件之一，其强大的特效和动画功能可以很好地把握整体风格和效果，如图1-3所示。

图1-3　After Effects的电视包装应用

1.2　熟悉软件界面

▶ 1.2.1　菜单栏

　　Adobe After Effects CS6的菜单栏包括9组菜单选项。也可通过单击鼠标右键，在弹出的菜单中选择相应的命令。下面将对各个菜单进行详细介绍。

1. File（文件）菜单

　　File（文件）菜单主要用于新建、打开和储存文件或项目等操作，如图1-4所示。

> 🔍 **提　示**
>
> 右边带有的三角箭头的命令选项会弹出子菜单。

* New（新建）：新建一个项目、文件夹或Photoshop图片。快捷键为Ctrl+N。
* Open Project（打开项目）：在弹出的对话框中选择已有文件，并打开文件。快捷键为Ctrl＋O。
* Open Recent Projects（打开最近项目）：打开最近使用过的项目文件。
* Browse in Bridge（在Bridge内浏览）：打开Adobe Bridge，从中浏览、管理文件夹和素材。
* Close（关闭）：关闭当前的窗口、面板等，快捷键为Ctrl＋W。

图1-4　File（文件）菜单

* Close Project（关闭项目）：关闭当前的项目。如果现有的项目未保存，将会弹出提示保存对话框。
* Save（保存）：保存当前项目，快捷键为Ctrl＋S。
* Save As（另存为）：将当前项目另外保存一份。快捷键为Ctrl＋Shift＋S。
* Increment and Save（增量保存）：在上次保存项目的基础上递增名称的序号，并另外保存一份。
* Revert（返回）：恢复操作到上次保存项目的状态。

- Import（导入）：导入项目需要的素材或合成。
- Import Recent Footage（导入最近素材）：导入最近使用过的素材。
- Export（输出）：将编辑完成的项目输出为Adobe Premiere Pro Project、Macromedia Flash（SWF）等格式文件。
- Find（查找）：在项目窗口中按照关键词查找素材与合成。快捷键为Ctrl + Shift + G。
- Add Footage to Comp（添加素材到合成）：将选中的素材加入当前的合成中。快捷键为Ctrl + /。
- New Comp from Footage（从所选择新建合成）：按照项目窗口中所选素材的规格创建一个新的合成。
- Consolidate All Footage（合并全部素材）：将项目窗口中重复出现的素材进行合并，自动更新合成组中的素材链接。
- Remove Unused Footage（移除未使用素材）：将项目中尚未在合成中使用的素材删除。
- Reduce Project（整理项目）：将项目中未使用的素材（包括素材、合成、文件夹等）删除。
- Collect Files（收集文件）：将项目包含的文件（包括素材、文件夹、项目文件等）放到一个统一的文件夹中。
- Watch Folder（监视文件夹）：监视一个文件夹，以发现能够进行渲染的文件。
- Scripts（脚本）：在After Effects中使用脚本语言编程。
- Create Proxy（创建代理）：将高精度/分辨率素材或者合成输出为代理素材，方便以后用来给大尺寸、高精度的素材作为代理，提高制作效率。
- Set Proxy（设置代理）：使用低分辨率的素材或静止图片代替高分辨率的素材，可以减少渲染时间，提高效率。
- Interpret Footage（定义素材）：重新设置素材文件的各项参数。
- Replace Footage（替换素材）：用其他文件、占位符等来替换项目中已经导入的素材。
- Reload Footage（重新加载素材）：重新加载项目中已经导入的素材。当素材源文件有变动时，可以在After Effects中同步更新。
- Reveal in Explorer（在浏览器内显示）：打开当前选中素材所在的文件夹。
- Reveal in Bridge（在Bridge中显示）：打开Adobe Bridge窗口，定位到指定的素材源文件。
- Project Settings（项目设置）：对项目进行显示风格、颜色等设置。
- Exit（退出）：退出After Effects软件。快捷键为Ctrl + Q。如果当前项目未保存，会弹出提示保存对话框。

2. Edit（编辑）菜单

Edit（编辑）菜单中提供了常用的恢复、重做和复制文件等操作，如图1-5所示。

- Undo（撤消）：撤消最近一次操作。快捷键为Ctrl + Z。
- Redo（重做）：重做恢复的操作。快捷键为Ctrl + Shift + Z。
- History（历史记录）：对历史的操作进行记录，选中历史可以方便快速地回到历史状态。
- Cut（剪切）：剪切选中的对象。快捷键为Ctrl + X。
- Copy（复制）：复制选中的对象到剪贴板。快捷键为Ctrl + C。
- Copy Expression Only（仅复制表达式）：复制选中的对象的表达式到剪贴板。
- Paste（粘贴）：粘贴剪贴板中的对象到当前位置。快捷键为Ctrl + V。
- Clear（清除）：将选中的对象进行删除。快捷键为Delete。
- Duplicate（副本）：将选中的对象克隆一份，相当于复制＋粘贴。快捷键为Ctrl + D。
- Split Layer（拆分层）：在当前时间线的位置分割所选层变为两层。快捷键为Ctrl + Shift + D。
- Lift Work Area（提升工作区）：将素材处于工作区范围内的部分删除掉，并且保持部分素材的时间位置无变化。

- Extract Work Area（抽出工作区）：将素材处于工作区范围内的部分删除掉，并且使部分素材的时间位置相应前移，使素材之间没有空隙。
- Select All（全选）：选中所有的对象。快捷键为Ctrl＋A。
- Deselect All（取消全选）：取消所有选中的对象。快捷键为Ctrl＋Shift＋A。
- Label（标签）：将选中的对象（素材）打上分类的颜色标签。
- Purge（清空）：释放软件运行时占用的系统内存，清理生成的临时文件。其子菜单包括All（全部）、Undo（撤消）、Image Caches（图像缓存）及Snapshot（快照）。
- Edit Original（编辑原始素材）：打开系统中与素材关联的软件，对素材进行编辑。
- Edit in Adobe Audition（在Adobe Audition中编辑）：可以在Adobe Audition中编辑音频文件。
- Templates（模板）：设置渲染模板和输出模板。
- Preferences（首选项）：对软件的运行环境、界面、输入输出等进行设置，提高工作效率。

图1-5　Edit（编辑）菜单

3. Composition（合成）菜单

Composition（合成）菜单主要用于新建合成、调整工作区和渲染等操作，如图1-6所示。

- New Composition（新建合成）：为项目新建一个合成。快捷键为Ctrl＋N。
- Composition Settings（合成设置）：设置合成参数。
- Set Poster Time（设置标识帧）：为合成指定某一个时间点的画面为其在项目窗口中的缩略图。
- Trim Comp to Work Area（修剪合成至工作区）：以工作区域的长度来裁剪合成的长度。
- Crop Comp to Region of Interest（裁切合成到目标范围）：在合成窗口中绘制一个自定义大小的矩形区域，然后使用此命令将合成的尺寸设置为目标区域大小。

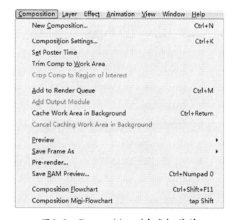

图1-6　Composition（合成）菜单

- Add To Render Queue（添加到渲染队列）：将合成或素材添加到渲染序列窗口中等待渲染。
- Add Output Module（添加输出组件）：为一个输出源设置不同的输出目标模块。
- Cache Work Area in Background（在后台缓存工作区）：后台缓存的工作区域，快捷键为Ctrl+Return。
- Cancel Caching Work Area in Background（取消后台缓存工作区）：取消后台缓存的工作区域。
- Preview（预览）：对当前面目进行内存预览，设置是否渲染和播放音频。
- Save Frame As（另存单帧为）：将当前时间线所在的画面存储为单帧的图像文件。
- Pre-render（预渲染）：对嵌套在其他合成中的合成进行预先渲染。
- Save RAM Preview（保存内存预演）：将预演时存储在内存中的临时文件存储下来。
- Composition Flowchart（合成流程图）：弹出新的显示窗口，以节点方式显示当前合成组的流程。
- Composition Mini-Flowchart（微型合成流程图）：在微型面板中显示当前合成的小型流程图。

4. Layer（层）菜单

Layer（层）菜单中包含Adobe After Effects CS6中关于层的大多数命令，如图1-7所示。

图1-7　Layer（层）菜单

- New（新建）：在合成的时间线窗口中新建多种类型的层。
- Layer Settings（图层设置）：对当前选择的层进行设置修改。
- Open Layer（打开图层）：打开选择的图层。
- Open Layer Source（打开层源）：打开选择的源素材的窗口。
- Mask（遮罩）：对图层建立新的遮罩或对图层的遮罩进行操作。
- Mask and Shape Path（遮罩和图形路径）：对遮罩和图形的路径进行调整设置。
- Quality（质量）：对图层使用不同的显示质量，包含Best（最佳）、Draft（草图）和Wireframe（线框）三种。
- Switches（转换开关）：对时间线窗口中图层的各项属性进行转换的开关。
- Transform（变换）：影响图层的位置、旋转、透明度、中心点等参数的设置。
- Time（时间）：对图层素材的时间进行的相关设置。
- Frame Blending（帧融合）：图像的帧融合在合成软件中应用较广泛，可以提高运动图像的质量。
- 3D Layer（3D层）：将图层转换为三维图层。
- Guide Layer（向导层）：将图层转换为向导层。
- Environment Layer（环境层）：该选项可以控制环境层的效果。
- Add Marker（添加标记）：为所选图层添加时间位置标记点。
- Preserve Transparency（保持透明度）：使图层保持透明属性的切换开关。
- Blending Mode（混合模式）：图层与其下方图层之间的混合显示模式。
- Next Blending Mode（下一混合模式）：在选择不同的混合模式时，可以使用快捷键来快速选择使用下一个混合模式，快捷键为Shift+=。
- Previous Blending Mode（前一混合模式）：在选择不同的混合模式时，可以用这个命令的快捷键来快速选择使用前一个混合模式，快捷键为Shift+-键。
- Track Matte（轨道蒙板）：在时间线中，可以将上一图层作为当前层的蒙板。
- Layer Styles（图层样式）：在After Effects中，为层添加如阴影、外发光、内发光、轮廓等图层样式。
- Group Shapes（图形成组）：将同一Shape（图形）层中的形状组合在一起。
- Ungroup Shapes（取消图形成组）：将合并成组的图形取消合并状态。
- Arrange（排列）：将图层进行排列。其子菜单包括Bring Layer to Front（置于顶层），Bring Layer Forward（上移一层），Send Layer Backward（下移一层），Send Layer to Back（置于底层）。
- Convert to Editable Text（转换为可编辑文本）：对于Photoshop中PSD的分层格式中保存的文字层，在没有合并或转换为图层的情况下，可以将其转换为可编辑的文字状态，进行修改文字或其他文字属性操作。
- Conver Shapes from Text（从文字转换为形状）：将文字转换为文字的形状图层。
- Convert Masks from Text（从文字转换为遮罩）：将文字转换为文字形状的遮罩图层。

- Create Shapes from Vector Layer（创建矢量图层的形状）：在矢量图层上创建形状。
- Auto-trace（自动跟踪）：按图层画面信息进行自动跟踪并创建遮罩关键帧。
- Pre-compose（预合成）：在合成时间线中直接创建一个新的合成，并嵌套其中。

5. Effect（特效）菜单

Effect（特效）菜单中包含了Adobe After Effects CS6中所有的特效命令，如图1-8所示。

- Effect Controls（特效控制）：打开Effect Controls（特效控制）面板。
- CC Light Sweep：该选项可以显示近期使用过的滤镜。快捷键Ctrl+Alt+Shift+E。
- Remove All（移除所有）：将当前选择层中添加的特效全部移除。快捷键Ctrl+Shift+E。

6. Animation（动画）菜单

Animation（动画）菜单中主要包含了调节关键帧的命令，如图1-9所示。

图1-8　Effect（特效）菜单　　　　图1-9　Animation（动画）菜单

- Save Animation Preset（保存预设动画）：将设置好的动画关键帧保存到预设中。
- Apply Animation Preset（应用预设动画）：在制作动画时调用已经保存在预设中的预设动画。
- Recent Animation Preset（最近预设动画）：在制作动画时调用最近预设动画的记录。
- Browse Presets（浏览预设动画）：打开预设动画的文件夹，浏览预设动画的效果。
- Add Keyframe（添加显示选项关键帧）：为图层的选择项的参数添加关键帧。
- Toggle Hold Keyframe（冻结关键帧）：将所选择的关键帧进行冻结。
- Keyframe Interpolation（关键帧插值）：对选择的关键帧进行插值调节。
- Keyframe Velocity（关键帧速率）：对选择的关键帧进行速率调节。
- Keyframe Assistant（关键帧助手）对选择的关键帧快速应用相关功能。
- Animate Text（文本动画）：为After Effects中的文字层添加多种动画参数设置。
- Add Text Selector（添加文本选择器）：为After Effects中的文字层添加文本选择器。
- Remove All Text Animators（清除所有文本动画）：将文字层上所有的文本类动画都清除掉。
- Add Expression（添加表达式）：为图层的参数项添加表达式。
- Separate Dimensions（分离尺寸）：该选项可以控制分离的尺寸。
- Track Camera（跟踪摄像机）：对摄像机进行跟踪。

- Track in mocha AE（追踪mocha AE）：对mocha AE进行追踪。
- Warp Stabilizer（弯曲稳定）：可以对画面进行稳定。
- Track Motion（跟踪运动）：对视频画面中的某一部分进行动态跟踪。
- Track this property（跟踪当前属性）：按当前所选参数的属性进行跟踪操作。
- Reveal Animating Properties（显示动画属性）：显示所选图层设置的动画属性。
- Reveal Modified Properties（显示被修改属性）：显示所选图层中被修改过的参数项。

7. View（视图）菜单

View（视图）菜单的命令主要用于调整操作界面的显示状态，如图1-10所示。

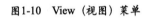

- New Viewer（新建视图）：新建一个视图窗口。
- Zoom In（放大）：将合成视图窗口中显示的图像放大显示。
- Zoom Out（缩小）：将合成视图窗口中显示的图像缩小显示。
- Resolution（分辨率）：在合成视图窗口中使用不同的分辨率显示图像。
- Use Display Color Management（使用显示器色彩管理）：在窗口中显示色彩配置文件。
- Simulate Output（模拟输出）：模拟输出选项。
- Show Rulers（显示标尺）：显示或隐藏合成窗口的标尺显示。

图1-10　View（视图）菜单

- Show Guides（显示参考线）：在合成窗口中显示参考线。
- Snap to Guides（吸附到参考线）：将合成窗口中的参考线设置为吸附参考线。
- Lock Guides（锁定参考线）：将合成窗口中的参考线锁定，使其不被更改。
- Clear Guides（清除参考线）：将合成窗口中的参考线清除。
- Show Grid（显示网格）：在窗口中显示参考网格线。
- Snap to Grid（吸附到网格）：将合成窗口中的参考网格设置为吸附网格。
- View Options（视图选项）：在弹出的对话框中进行相应的视图选项设置。
- Show Layer Controls（显示层控制）：显示层控制的参考显示。
- Reset 3D View（重置3D视图）：将3D视图恢复到默认状态。
- Switch 3D View（3D视图切换）：切换当前显示窗口的显示视图模式。
- Assign Shortcut to "Active Camera"（分配快捷键到活动摄像机）：为活动摄像机分配一个快捷键。
- Switch to Last 3D View（切换到最近的3D视图）：将当前的摄像视图切换到最近一次使用的3D视图方位。
- Look at Selected Layers（查看所选层）：查看当前选择的3D层。
- Look at All Layers（查看所有层）：查看所有层。
- Go to Time（跳转时间）：设定当前显示窗口显示的画面。

8. Window（窗口）菜单

Window（窗口）菜单中包含了各个功能窗口的显示或关闭命令，如图1-11所示。

- Workspace（工作区）：选择已预设好的工作界面模式，也可以新建、删除或重置工作界面模式。

- Assign Shortcut to "Standard" Workspace（分配快捷键到 "标准" 工作区）：为当前工作界面模式指定快捷键。
- Align（对齐）：显示或隐藏Align面板。
- Audio（音频）：显示或隐藏Audio面板。
- Brushes（画笔）：显示或隐藏Brushes面板。
- Character（字符）：显示或隐藏Character面板。
- Effects & Presets（特效和预设）：显示或隐藏Effects & Presets面板。
- Info（信息）：显示或隐藏Info面板。
- Mask Interpolation（智能遮罩差值）：显示或隐藏Mask Interpolation面板。
- Metadata（元数据）：显示或隐藏Metadata面板。
- Motion Sketch（运动草图）：显示或隐藏Motion Sketch面板。
- Paint（绘图）：显示或隐藏Paint面板。
- Paragraph（段落）：显示或隐藏Paragraph面板。
- Smoother（平滑器）：显示或隐藏Smoother面板。
- Tools（工具）：显示或隐藏Tools面板。
- Tracker（追踪）：显示或隐藏Tracker面板。
- Wiggler（摆动控制器）：显示或隐藏Wiggler面板。
- Composition（合成组）：显示或隐藏Composition面板。
- Effect Controls（效果控制台）：显示或隐藏Effect Controls面板。
- Flowchart（流程图）：显示或隐藏Flowchart面板。
- Footage（素材）：显示或隐藏Footage面板。
- Layer（层）：显示或隐藏Layer面板。
- Project（项目）：显示或隐藏Project面板。
- Render Queue（渲染队列）：显示或隐藏Render Queue面板。
- Timeline（时间线）：显示或隐藏Timeline面板。

图1-11　Window（窗口）菜单

9. Help（帮助）菜单

Help（帮助）菜单包括Adobe After Effects CS6的帮助文件，而且可以连接Adobe官方网站，并寻求在线帮助等，如图1-12所示。

- About After Effects（关于After Effects）：显示After Effects软件的相关信息。
- After Effects Help（After Effects帮助）：显示After Effects软件的帮助窗口，快捷键为F1。
- Scripting Help（脚本帮助）：提供After Effects中的脚本编辑帮助。
- Expression Reference（表达式参考）：提供有关表达式的参考文档。
- Effect Reference（特效参考）：提供After Effects的内置特效的参考文档。
- Animation Preset（动画预设）：提供After Effects中的预设动画的例程、展示等。
- Keyboard Shortcuts（键盘快捷键）：显示After Effects中的键盘快捷键列表。

图1-12　Help（帮助）菜单

- Welcome and Tip of the Day（欢迎与每日提示窗口）：显示欢迎与每日提示窗口。
- Adobe product Improvement Program（Adobe产品改进计划）：对Adobe产品的改进计划。
- After Effects Support Center（After Effects支持中心）：进入Adobe Effects的支持中心。
- Send Feedback（发送反馈）：对Adobe公司发送产品反馈。
- Complete/Update Adobe ID Profile（完成/更新的Adobe ID资料）：完成/更新注册的Adobe ID的资料。
- Deactivate（不激活）：对Adobe软件产品不进行激活。
- Updates（升级）：通过在线升级来更新软件的版本。

▶ 1.2.2 主工具栏

主工具栏中包含14种工具，其中，右下角带有小三角形的工具有隐藏/扩展工具，按住鼠标不放即可选择扩展工具，如图1-13所示。

图1-13 主工具栏

- ▣ Selection Tool（选择工具）：用于在合成图像和层窗口中选取、移动对象。
- ▣ Hand Tool（手形工具）：当素材或对象被放大超过窗口的显示范围时，可以选择手形工具进行移动。
- ▣ Zoom Tool（缩放工具）：用于放大或缩小视图。
- ▣ Rotation Tool（旋转工具）：用于在合成图像和层窗口中对素材进行旋转操作。
- ▣ Unified Camera Tool（环游摄影机工具）：在建立摄影机后，该按钮被激活，可以使用操作摄影机。
- ▣ Pan Behind Tool（轴心点工具）：可以改变对象的轴心点位置。
- ▣ Rectangular Mask Tool（矩形遮罩工具）：可以建立矩形遮罩。其下还有4个扩展工具，分别为▣（圆角矩形工具）、▣（椭圆工具）、▣（多边形工具）和▣（星形工具）。
- ▣ Pen Tool（钢笔工具）：用于为素材添加不规则遮罩和绘制路径。
- ▣ Horizontal Type Tool（横排文本工具）：为合成添加文字层。扩展选项为▣（竖排文字工具）。
- ▣ Brush Tool（笔刷工具）：克隆一个图层后，单击▣（切换绘画板）工具会出现笔刷对话框。
- ▣ Clone Stamp Tool（克隆图章工具）：用于复制素材的像素。
- ▣ Eraser Tool（橡皮擦工具）：擦除素材的像素。
- ▣ Roto Brush Tool（Roto刷工具）：帮助用户在正常时间片段中独立出移动的前景元素。
- ▣ Puppet Pin Tool（木偶钉工具）：用于确定木偶动画时的关节点位置。

▶ 1.2.3 Project（项目）窗口

Adobe After Effects CS6的Project（项目）窗口和选项面板如图1-14所示。
- Undock Panel（解除面板）：将面板的一体状态解除，变成浮动面板。
- Undock Frame（全部解除）：将一组面板中的各个面板解除一体状态，变成浮动面板。
- Close Panel（关闭面板）：将当前的一个面板关闭显示。
- Close Frame（全部关闭）：将当前的一组面板关闭显示。

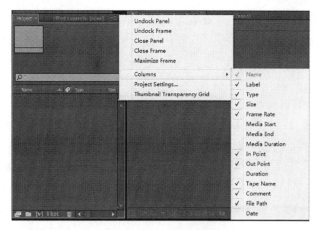

图1-14　Project（项目）窗口

- Maximize Frame（最大化面板）：将当前的面板最大化显示。
- Columns（队列）：在项目窗口中显示素材信息栏队列的内容，其下级菜单中勾选上的内容也被显示在项目窗口中。
- Project Settings（项目设置）：打开项目设置窗口，在其中进行相关的项目设置。
- Thumbnail Transparency Grid（缩略图透明网格）：当素材具有透明背景时，勾选此选项能以透明网格的方式显示缩略图的透明背景部分。
  - 搜索栏：可以在项目窗口中搜索素材，当项目窗口中有较多的素材、合成或文件夹时，可以使用这个功能进行快速查找。
  - （Interpret Footage）诠释素材按钮：用于设置选择素材的透明通道、帧速率、上下场、像素以及循环次数。
  - （Create a new Folder）新建文件夹按钮：单击该按钮可以在项目窗口中新建一个文件夹。
  - （Create a new Composition）新建合成按钮：单击该按钮可以在项目窗口中新建一个合成。
  - （Delete Selected Project items）删除选定的项目按钮：单击该按钮可以将项目窗口中所选择的素材删除。

1.2.4　Composition（合成）窗口

Adobe After Effects CS6的 Composition（合成）窗口如图1-15所示。

图1-15　Composition（合成）窗口

在左上方的下拉菜单中可以选择要显示的合成，如图1-16所示。

单击右上方的 ▤ 按钮可以选择菜单，如图1-17所示。

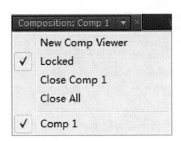

图1-16　选择合成菜单

图1-17　Composition（合成）窗口菜单

- ▤按钮：弹出菜单按钮，在此处可以对合成窗口进行分离、最大化、视图选项设置及关闭等相关操作。
- Composition Settings（合成设置）：当前合成的设置，与选择单击"Composition Settings（合成设置）"命令所打开的对话框相同。
- Enable Frame Blending（打开帧融合）：打开合成中视频的帧融合开关。
- Enable Motion Blur（打开运动模糊）：打开合成中运动动画的运动模糊开关。
- Draft 3D（3D草稿）：以草稿的形式显示3D图层，这样可以忽略灯光和阴影，从而加速合成预览时的渲染和显示。
- Show 3D View Labeis：显示3D视图提示。
- Transparency Grid（透明网格）：取消背景颜色的显示，以透明网格的方式显示背景，有助于查看有透明背景的图像。
  - ▦ （Always Preview this View）：始终预览当前视图。
  - (31.7%)▼ （Magnification ratio popup）：放大倍率。
  - ▦ （Choose Grid and guide options）：选择网格和辅助线选项。
  - ▦ （Toggle View Masks）：切换视图遮罩。
  - 0:00:00:00 （Current Time）：当前时间。
  - ▢ （Take Snapshot）捕获快照。
  - ▦ （Show last snapshot）：显示最后的快照。
  - ▦ （Show Channel）：显示通道。
  - Full ▼ （Resolutin/Down Sample Factor Popup）：清晰度。
  - ▢ （Region of Interest）：目标区域。
  - ▦ （Toggle Transparency Grid）：透明网格。
  - Active Camera ▼ （摄像机视图）：摄像机角度视图。
  - 1 View ▼ （Select View Layout）：选择视图布局。
  - ▦ （Toggle Pixel Aspect Ratio Correction）：像素长宽比修正。

- 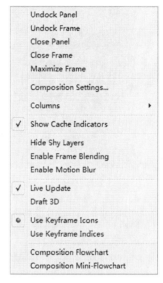（Fast Previews）：快速预演。
- （Temeline）：时间线。
- （Comp Flowchart View）：合成流程视图。
- （Reset Exposure）：重新设置曝光。
- +0.0（Adjust Exposure）：调节曝光度。

1.2.5　Timeline（时间线）窗口

Adobe After Effects CS6的 Timeline（时间线）窗口如图1-18所示。

单击右上方的按钮可以选择菜单，如图1-19所示。

图1-18　Timeline（时间线）窗口　　　　图1-19　Timeline（时间线）窗口菜单

- Undock Panel（解除面板）：将面板的一体状态解除，变成浮动面板。
- Undock Frame（全部解除）：将一组面板中的各个面板全部解除一体状态，变成浮动面板。
- Close Panel（关闭面板）：将当前的一个面板关闭显示。
- Close Frame（全部关闭）：将当前的一组面板关闭显示。
- Maximize Frame（最大化面板）：将当前的面板最大化显示。
- Composition Settings（合成设置）：打开合成设置对话框。
- Columns（专栏）：其中包括A/V Features（A/V功能）、Label（标签）、#（图层序号）、Source Name（来源名称）、Comment（注释）、Modes（模式）、Switches（模式开关）、Parent（父子）、Keys（键）、In（入点）、Out（出点）、Duration（长度）、Stretch（伸缩）。
  - 1:00:00:00 {Current Time（Click to edit）}：当前时间（单击编辑）。
  - {Composition Mini-Flowchart（tap Shift）}：合成迷你流程图（标签转换）。
  - （Live Update）：实时更新。
  - （Draft 3D）：草稿3D场景画面的显示。
  - （Hides all layers for which the 'shy' switch is set）：用躲避设置开关隐藏全部对应图层。
  - （Enables Frame Blending for all layers with the Frame Blend switch set）：用帧混合设置开关打开或关闭全部对应图层中的帧混合。

- (Enables Motion Blur for all layers with the Motion Blur switch set)：用运动模糊开关打开或关闭全部对应图层中的运动模糊。
- (Brainstom)：对所设置的参数同时展示多种效果可能性，从中选择最佳设置的效果。
- (Auto-Keyframe Properties When Modified)：修改属性数值时自动生成关键帧。
- (Graph Editor)：可以打开或关闭对关键帧进行图表编辑的窗口。

1.2.6　Effect Controls（特效控制）窗口

Adobe After Effects CS6的Effect Controls（特效控制）窗口如图1-20所示。

单击右上方的 按钮可以选择菜单，如图1-21所示。

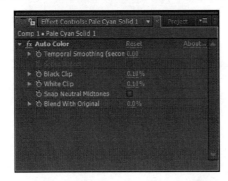

图1-20　Effect Controls（特效控制）窗口

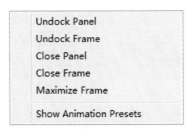

图1-21　窗口菜单

1.2.7　Layer（图层）窗口

Adobe After Effects CS6的Layer（图层）窗口与合成视图窗口类似，合成窗口为当前合成中多个图层素材的最终效果，而图层窗口只是合成中单独一个图层的原始效果，如图1-22所示。Layer（图层）窗口如图1-23所示。

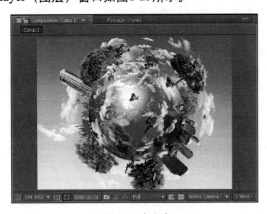

图1-22　合成窗口

图1-23　Layer（图层）窗口

1.2.8　Info（信息）面板

Adobe After Effects CS6的Info（信息）面板如图1-24所示。

单击右上方的 按钮可以选择菜单，如图1-25所示。

图1-24　Info（信息）面板

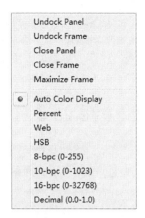

图1-25　Info（信息）面板菜单

1.2.9　Audio（音频）面板

Adobe After Effects CS6的 Audio（音频）面板
如图1-26所示。

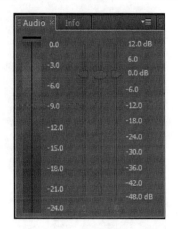

图1-26　Audio（音频）面板

1.2.10　Preview（预览）面板

Adobe After Effects CS6的Preview（预览）面
板，如图1-27所示。

图1-27　Preview（预览）面板

- 播放控制按钮：面板上方的一行控制按钮分别
  为首帧、前一帧、播放/暂停、后一帧、末帧、
  静音、循环和RAM预演。
- RAM Preview Options：RAM预演选项。
- Shift+RAM Preview Options：Shift+RAM预演
  选项。
- Frame Rate：帧速率，以每秒多少帧的速度进
  行播放。
- Skip：跳过，在实时播放时有多少帧被跳过。
- Resolution：解析度，即播放画面时显示的清晰程度，有Audio（自动）、Full（全部品质）、
  Half（1/2品质）、Third（1/3品质）、Quarter（1/4品质）和Custom（自定义）几种类型。

- From Current Time：从当前时间开始，勾选该选项进行RAM预演播放时，会从时间指示线所停留的位置开始播放，否则会从头开始播放。
- Full Screen：全屏，勾选该选项后，在进行RAM预演时会以全屏显示的方式进行播放。
- Previews Favor Active Camera：活动摄影机优先预演。

▶ 1.2.11　Effects & Presets（特效&预设）面板

Adobe After Effects CS6的Effects & Presets（特效&预设）面板如图1-28所示。

单击右上方的 ▼≡ 按钮可以选择菜单，如图1-29所示。

图1-28　特效&预设面板

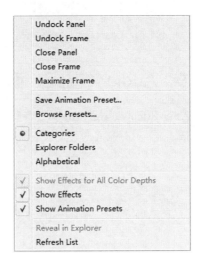

图1-29　特效&预设面板菜单

1.3　本章小结

通过对本章的学习，可以深入了解After Effects CS6的应用领域、软件的工作界面，对全书的学习起到了铺垫的作用。

- After Effects主要是用于影视后期制作，可以应用于影视特效、广告设计和电视包装等领域。
- After Effects CS6包括菜单栏中的9组菜单选项和主工具栏中的14种工具，可以方便地制作出各种效果。

1.4　课后习题

1. 选择题

（1）在Adobe After Effects CS6中，关闭当前的窗口、面板等的快捷键为（　　）。

    A．Ctrl+C　　　　　　　　　　　　　B．Alt+S

    C．Ctrl+W　　　　　　　　　　　　　D．Ctrl+S

（2）在Adobe After Effects CS6中，撤消最近一次操作的快捷键为（　　）。

    A．Ctrl+Z　　　　　　　　　　　　　B．Ctrl+S

    C．Ctrl+C　　　　　　　　　　　　　D．Alt+Z

（3）Save As（另存为）命令在菜单栏的哪一组菜单选项中。（　　）

    A．File（文件）菜单 　　　　　　B．Edit（编辑）菜单

    C．Layer（层）菜单 　　　　　　D．Window（窗口）菜单

2. 填空题

（1）使用_____工具可以在合成图像和层窗口中选取、移动对象。

（2）使用_____命令可以用其他文件、占位符等来替换项目中已经导入的素材。

（3）使用_____命令可以将一组面板中的各个面板全部解除一体状态，变成浮动面板。

3. 判断题

（1）Adobe After Effects CS6的菜单栏包括7组菜单选项，可通过单击鼠标右键在弹出的菜单中选择相应的命令。（　　）

（2）Puppet Pin Tool（木偶钉工具）可用于确定木偶动画中的关节点位置。（　　）

（3）Remove All（移除所有）命令可以将当前所选择层中添加的特效全部移除，快捷键为Ctrl+Shift+E。（　　）

（4）在Adobe After Effects CS6中，可以将设置好的动画关键帧保存到预设中，方便以后制作动画时调用已经保存在预设中的预设动画。（　　）

第2章
创建与编辑文件

在After Effects中可以创建新的文件，并且可以进行文件的编辑。熟练掌握创建与编辑文件是学习After Effects的基础。

学习要点

- 文件的基本操作
- 操作界面的布局

2.1　文件的基本操作

▶ 2.1.1　新建项目

　　启动 After Effects时，会自动建立一个空的项目，在空项目窗口中可以进行项目的设置或导入素材。当项目窗口中有素材时就可以将这个项目进行保存了。

　　启动 After Effects CS6软件，进入After Effects CS6的操作界面，出现一个空白的操作界面，如图2-1所示。

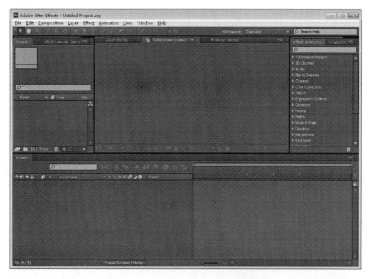

图2-1　After Effects CS6的操作界面

　　对新创建的项目可以查看或修改项目设置。选择菜单栏中的File（文件）| Project Settings（项目设置）命令，或者单击项目窗口右上角的■按钮，都可以打开项目设置窗口。在对话框中查看或修改Timecode Base（时基）和Color Settings（颜色设置）下的Depth（色彩深度）。在国内的电视制作中，Timecode Base（时基）一般选择PAL制式，使用每秒25帧。在Color Settings（颜色设置）中选择默认的每通道8比特已经可以满足要求，当对画面有更高要求时，可以选择16比特或32比特，如图2-2所示。

　　保存项目。选择菜单栏中的File（文件）| Save（保存）命令，或使用快捷键Ctrl+S。在弹出的Save As（保存为）对话框中设置存储路径和文件名称，单击Save（保存）按钮即可将这个项目保存，如图2-3所示。

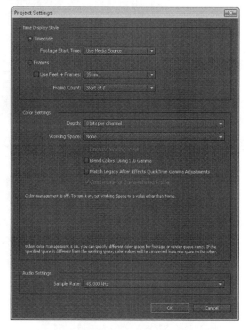

图2-2　Color Settings（颜色设置）面板

图2-3　Save As（保存为）对话框

2.1.2　新建合成

　　合成属于项目的一部分，保存项目文件的同时也将合成一同保存。一个项目中可以建立多个合成，并且这些合成的设置可以不同也可以相同，多个合成可以逐一新建，也可以从已存在的合成中复制得来。

实例：新建合成的多种方法

源 文 件：	源文件\第2章\新建合成的多种方法
视频文件：	视频\第2章\新建合成的多种方法.avi

　　本实例介绍利用项目窗口和菜单栏中的多种方法创建新合成，实例效果如图2-4所示。

01　方法一：在项目窗口中的空白处单击鼠标右键，然后在弹出的菜单中选择New Composition（新建合成）命令，如图2-5所示。

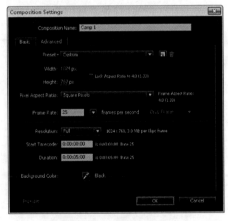

图2-4　合成设置窗口

图2-5　右键选择New Composition（新建合成）

02　在弹出的Composition Settings（合成设置）窗口中设置相应的属性，并单击OK（确定）按钮。完成新建合成，如图2-6所示。

03 方法二：单击项目窗口中的 （创建新合成）按钮，可以直接弹出Composition Settings（合成设置）窗口创建合成，如图2-7所示。

04 方法三：在菜单栏中选择Composition（合成）| New Composition（新建合成）命令，也可直接在弹出的Composition Settings（合成设置）窗口中创建合成，如图2-8所示。

图2-6　Composition Settings
（合成设置）窗口

图2-7　（创建新合成）按钮

图2-8　Composition（合成）菜单

2.1.3　导入素材

通过菜单导入。选择菜单栏中的File（文件）| Import | File（文件）命令，快捷键为Ctrl+I，可以打开Import File（导入文件）窗口，如图2-9所示。

或者在项目窗口的空白处单击鼠标右键，然后在弹出的菜单栏中选择Import（导入）| File（导入 | 文件）命令，也可以打开Import File（导入文件）窗口，如图2-10所示。

在项目窗口的空白处双击鼠标左键，也会打开Import File（导入文件）窗口。还可以导入最近导入的素材。选择菜单栏中的File（文件）| mport Recent Footage（导入最近素材）子菜单，然后从最近导入过的素材中选择素材进行导入，如图2-11所示。

图2-9　导入文件

图2-10　导入菜单

图2-11　Import Recent Footage（导入最近素材）子菜单

实例：导入图片和透明素材

源 文 件：	源文件\第2章\导入图片和透明素材
视频文件：	视频\第2章\导入图片和透明素材.avi

本实例介绍将图片和透明素材文件导入到项目窗口中的方法，实例效果如图2-12所示。

01 在项目窗口中的空白处双击鼠标左键，或者使用快捷键Ctrl+I，还可以选择菜单栏中的File（文件）| Import File（导入文件）| File...（文件）命令，如图2-13所示。

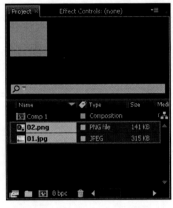

图2-12　导入图片和透明素材

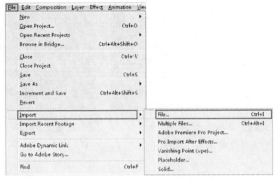

图2-13　File（文件）菜单

02 在弹出的Import File（导入文件）窗口中选择01.jpg图片素材和02.png透明素材，并单击"打开"按钮，如图2-14所示。

03 此时项目窗口中出现导入的图片素材和透明素材，如图2-15所示。

图2-14　Import File（导入文件）窗口

图2-15　导入图片和透明素材效果

实例：导入PSD分层文件

源 文 件：	源文件\第2章\导入PSD分层文件
视频文件：	视频\第2章\导入PSD分层文件.avi

本实例介绍将PSD素材文件以分层的方式导入到项目窗口中的方法，实例效果如图2-16所示。

01 按快捷键Ctrl+I，在弹出的Import File（导入文件）窗口中选择01.psd素材文件，并单击"打开"按钮，如图2-17所示。

图2-16　导入PSD分层文件　　　　　图2-17　Import File（导入文件）窗口

02 在弹出的窗口中，设置Import kind（导入类型）为Composition（合成），Layer Options（图层选项）为Editable Layer Styles（可编辑图层样式），然后单击OK（确定）按钮，如图2-18所示。

03 此时项目窗口中出现图层文件夹和素材合成，如图2-19所示。

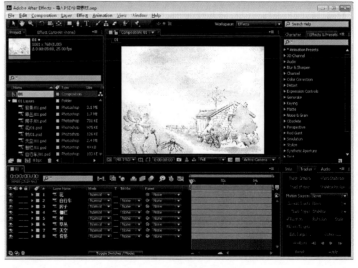

图2-18　选择导入类型　　　　　图2-19　导入PSD分层文件效果

实例：导入序列素材

源 文 件：	源文件\第2章\导入序列素材
视频文件：	视频\第2章\导入序列素材.avi

本实例介绍将序列素材文件按顺序导入项目窗口中的方法，实例效果如图2-20所示。

01 按快捷键Ctrl+I，然后在弹出的窗口中选择第一张序列素材，并勾选PNG Sequence（PNG序列），最后单击"打开"按钮，如图2-21所示。

02 此时项目窗口中出现导入的序列素材文件，如图2-22所示。

图2-20　导入序列素材

图2-21　Import File（导入文件）窗口

图2-22　导入序列素材

➜ 实例：导入音视频素材

源　文　件：	源文件\第2章\导入音视频素材
视频文件：	视频\第2章\导入音视频素材.avi

本实例是介绍将音视频素材文件导入项目窗口中的方法，实例效果如图2-23所示。

01 按快捷键Ctrl+I，在弹出的窗口中选择01.mp4和02.wma素材文件，并单击"打开"按钮，如图2-24所示。

02 此时项目窗口中出现导入的音视频素材文件，如图2-25所示。

图2-23　导入音视频素材

图2-24　Import File（导入文件）窗口

图2-25　导入音视频素材

▶ 2.1.4　整理素材

可以将项目窗口中重复的素材进行整理。首先选择项目窗口中重复的素材文件，然后选择菜单栏中的File（文件）| Consolidate All Footage（整理素材）命令，弹出整理素材的结果提示窗口，如图2-26所示。

图2-26　Consolidate All Footage（整理素材）命令

2.1.5　删除素材

当项目窗口中有未使用的素材文件
时，可以选择菜单栏中的File（文件）
| Remove Unused Footage（删除未使用素
材）命令，弹出整理素材的结果提示窗
口，如图2-27所示。

图2-27　Remove Unused Footage（删除未使用素材）命令

2.1.6　将素材放置到时间线窗口中

在时间线窗口中可以对素材进行编辑调色、关键帧动画及添加特效等操作，并完成最终合成
效果。在项目窗口中选择需要放置到时间线窗口中的素材文件，然后按住鼠标左键将其拖曳到时
间线窗口中，如图2-28所示。

图2-28　按住鼠标左键将其拖曳到时间线窗口

▶ 2.1.7　添加特效

选中时间线窗口中需要添加特效的素材文件，然后在Effects（特效）菜单组中选择所需的特效，如图2-29所示。

或者在Effects&Presets（特效预设）面板中直接查找或搜索所需的特效，然后按住鼠标左键直接将其拖曳到素材图层上，如图2-30所示。

图2-29　选择图层

图2-30　删除图层

▶ 2.1.8　添加文字

选择菜单栏中的Layer（图层）| New（新建）| Text（文字）命令，在时间线窗口中会自动建立一个文字层，接着在合成窗口中输入文字，如图2-31所示。

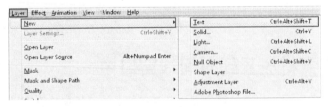

图2-31　执行Text（文字）命令

在时间线窗口中的空白处单击鼠标右键，在弹出的菜单中选择New（新建）| Text（文字）命令，或者按快捷键Ctrl+Alt+Shift+T，如图2-32所示。

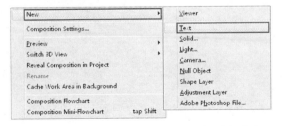

图2-32　右键执行New（新建）| Text（文字）命令

在工具栏中选择 T（竖排文字工具）或 T（横排文字工具）按钮，然后直接在合成窗口中单击鼠标左键，并输入文字，如图2-33和图2-34所示。

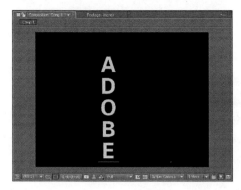

图2-33　竖排文字

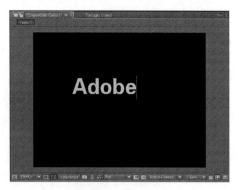

图2-34　横排文字

2.1.9　文件打包

由于导入的素材文件并没有复制到项目中，而只是一个引用，所以如果素材文件被删除或者移动，将导致项目出现错误，文件打包功能可以将项目包含的素材、文件夹、项目文件等放到一个统一的文件夹中，确保项目及其所有素材的完整性，如图2-35所示。

图2-35　文件打包

实例：文件打包

源 文 件：	源文件\第2章\文件打包
视频文件：	视频\第2章\文件打包.avi

本实例是将项目包含的素材、文件夹、项目文件等统一放到一个文件夹中，确保项目及其所有素材的完整性。实例效果如图2-36所示。

01 打开项目。选择菜单栏中的File（文件）| Collect File...（打包文件）命令，如图2-37所示。

02 在弹出的窗口中设置Collects Source Files（打包源文件）为All（全部），并单击Collect（打包）按钮，接着设置保存路径和文件名，最后单击"保存"按钮，文件开始打包，如图2-38

图2-36　文件打包

所示。

03 打包完成后，在储存路径下出现的打包文件夹如图2-39所示。

图2-37　File（文件）菜单　　　　图2-38　打包窗口　　　　图2-39　文件打包效果

2.2 操作界面的布局

▶ 2.2.1 启用界面

选择"开始"｜"程序"｜"Adobe After Effects CS6"命令，即可运行Adobe After Effects CS6软件，如果已经在桌面上创建了Adobe After Effects CS6的快捷方式，则在桌面的Adobe After Effects CS6快捷图标上双击鼠标左键即可启动。启动画面如图2-40所示。

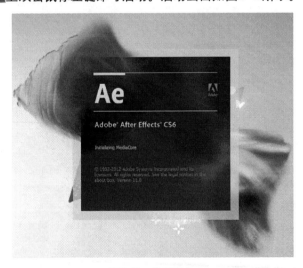

图2-40　启用界面

▶ 2.2.2 选择不同的工作界面

开启Adobe After Effects CS6后，可以看到其工作界面，如图2-41所示。

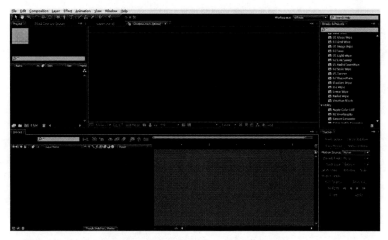

图2-41　Adobe After Effects CS6工作界面

选择菜单栏中的Windows（窗口）|Workspace（工作区）命令，其子菜单中预设了下面几种工作空间方案，如图2-42所示。

- All Panels（所有面板）：显示所有可用的面板，这个界面包含的功能元素最丰富。
- Animation（动画）：方便创建动画。
- Effects（特效）：方便创建特效。
- Minimal（最精简）：界面元素最少，适合显示面积小但对软件相当熟练的用户。
- Motion Tracking（运动轨迹跟踪）：适合对关键帧进行编辑处理。
- Paint（绘画）：适合制作绘画作品。
- Standard（标准）：默认工作界面。
- Text（文本）：适合创建文本效果。
- Undocked Panels（解除面板）：所有面板不停靠，而是可以自由放置。

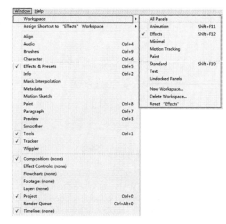

图2-42　Workspace（工作区）菜单

实例：选择不同的工作界面

源　文　件：	源文件\第2章\选择不同的工作界面
视频文件：	视频\第2章\选择不同的工作界面.avi

本实例介绍使用After Effects时，根据不同的需要，可分出的几种工作空间方案界面。实例效果如图2-43所示。

01 单击Workspace（工作区域）右侧的■按钮，选择方式为Animation（动画），界面效果如图2-44所示。

02 单击Workspace（工作区域）右侧的■按钮，选择方式为Paint（绘画），界面效果如图2-45所示。

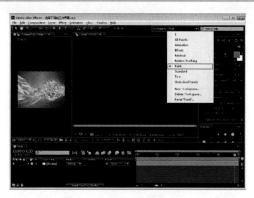

图2-43　选择不同的工作界面

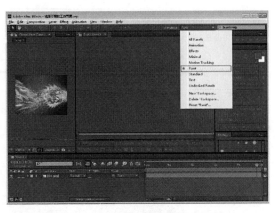

图2-44　选择Animation（动画）的界面效果　　　　图2-45　选择Paint（绘画）的界面效果

2.2.3　改变工作界面中区域的大小

在使用After Effects CS6时，After Effects CS6工作界面中的窗口面板较多，有些时候需要调整工作界面区域的大小，以方便操作。可以使用鼠标拖动方式改变工作界面中区域的大小，或者使用快捷键调整。

手动调整界面区域大小的方法如下。

将鼠标图标移至两个窗口之间时，鼠标图标会发生变化，此时按住鼠标左键左右或上下拖动，可以改变两个窗口的大小，如图2-46所示。

将鼠标图标移至三个窗口之间时，鼠标指针会发生变化，此时按住鼠标左键上下左右拖动，可以改变窗口的大小，如图2-47所示。

图2-46　改变两个窗口的大小　　　　　　　图2-47　改变三个窗口的大小

2.2.4　分离面板和框架

在项目窗口右上角选择■，然后选择Undock Panel（解除面板）命令，项目窗口被分离出来，如图2-48所示。

分离出来的窗口可以再次拖放回原来的位置。先在窗口的左上角找准拖动点，按下鼠标左键将项目窗口拖至需要放置的位置，然后加入阴影区域，并释放鼠标，项目窗口即被拖回到原来的位置。其他面板也可以用同样的方法进行分离，如图2-49所示。

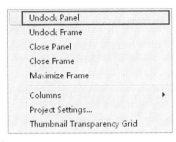

图2-48　选择Undock Panel（解除面板）命令

图2-49　分离面板

2.2.5　复原工作界面

如果对调整过的界面风格不满意，可以进行复原。选择菜单栏中的Windows（窗口）| Workspace（工作区域）| Reset "Standard"（重置"标准"）命令。然后在弹出的对话框中单击Yes（是）按钮。工作界面恢复到初始状态或以前保存过的样子，如图2-50所示。

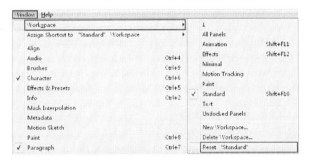

图2-50　复原工作界面

2.2.6　自定义工作区界面

选择菜单栏中的Windows（窗口）| Workspace（工作区域）| New Workspace（新建工作区域）命令，在弹出New Workspace（新建工作区域）对话框中输入新工作空间的名称，并单击OK（确定）按钮。软件关闭时自动保存该工作界面，下次进入时保持该界面，如图2-51所示。

图2-51　新建工作区域

2.2.7 删除工作界面方案

选择菜单栏中的Windows（窗口）|Workspace（工作区域）|Delete Workspace（删除工作区域）命令，在弹出的对话框中选择要删除的界面方案，单击OK（确定）按钮即可删除，如图2-52所示。

图2-52　删除工作区域

2.2.8 为工作界面设置快捷键

新建一个工作区界面方案。选择菜单栏中的Windows（窗口）|Workspace（工作区域）|New Workspace（新建工作区域）命令，然后将当前工作区域界面方案保存下来，命名为01，如图2-53所示。

选择菜单栏中的Windows（窗口）|Workspace（工作区域）|Assign Shortcut to "01" Workspace（为工作界面方案"01"指定快捷键）|Shift+F11（Replace "Animation"）（替换"动画"）命令。就可以将Shift+F11的快捷工作区域方案由原来的Animation（动画）替换为"01"，如图2-54所示。

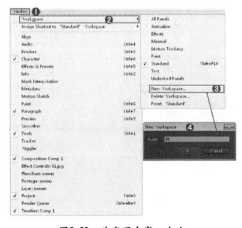

图2-53　改变两个窗口大小

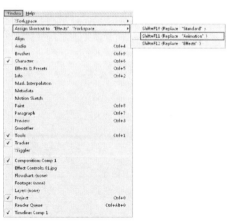

图2-54　改变三个窗口大小

2.3 支持文件格式

After Effects支持多种文件格式的导入，大致可分为动画格式、图像格式和音频文件格式三类，如图2-55所示。

图2-55 文件格式

2.3.1 动画格式

- Cineon（*.cin *.dpx）格式：cin文件通常用于将电影转为数字格式。
- Filmstrip（*.flm）格式：这是Adobe公司的一种文件格式，（Filmstrip）胶片格式。
- FLC/FLI（*.flc *.fli）格式：FLC文件是Autodesk公司在其出品的Autodesk Animator，Animator Pro，3D Studio等2D/3D动画制作软件中采用的彩色动画文件格式。
- Quicktime movie（*.mov *.aif *.gif *.swf *.dv *.mp4）格式：MOV格式是美国Apple公司开发的一种视频格式，默认的播放器是苹果公司的QuickTimePlayer。
- Video For Windows（*.avi）格式：AVI格式的英文全称为Audio Video Interleaved，即音频视频交错格式。这种格式是将语音和影像同步组合在一起的文件格式。
- Video For Windows（*.mpg）格式：MPG又称为MPEG（Moving Pictures Experts Group），即动态图像专家组，由国际标准化组织ISO（International Standards Organization）与IEC（International Electronic Committee）于1988年联合成立，专门致力于运动图像（MPEG视频）及其伴音编码（MPEG音频）的标准化工作。

2.3.2 图像格式

- BMP格式：是DOS和Windows平台上的标准图像格式，支持RGB、索引颜色、灰度和位图色彩模式，不支持Alpha通道。
- JPG（JPEG）格式：是一种图像压缩格式，可以存储RGB或CMYK模式的图像，不能存储Alpha通道。
- Generic Eps（*.ai *.eps *.pdf）格式：是用PostScript语言描述的一种ASCII图形文件格式，在PostScript图形打印机上能打印出高品质的图形图像，最高能表示32位图形图像。
- IFF（*.iff *.tdi）格式：*.iff（lmage File Format）是Amiga等超级图形处理平台上使用的一种图形文件格式，好莱坞的特技人员多采用该格式进行图像处理，可逼真再现原景。
- PCX（*.pcx）格式：最早是由Zsoft公司的PC Paintbrush图形软件所支持的一种经过压缩的PC位图文件格式。
- Photoshop（*.pdf *.psd）格式：PDF（Portable Document Format）文件格式是Adobe公司开发

的电子文件格式。

- PICT（*.pct）格式：PICT（pict resource）是包含在Mac OS文件资源部分的pict文件，如应用程序的首屏幕或"剪贴册"中的内容。PICT格式支持一个Alpha通道的RGB文件，不带Alpha通道的索引颜色、灰度及位图文件。
- PIXAR（*.pxr）格式：也许只有PIXAR工作站用户才比较了解*.pxr这种文件格式，该格式支持灰度图像和RGB彩色图像。
- PNG（*.png）格式：是一种能存储32位信息的图像文件格式，其图像质量远胜过*.gif。目前，越来越多的软件开始支持这个格式，*.png图像可以是灰阶的（16位）或彩色的（48位），也可以是8位的索引色。
- TGA（*.tga）格式：是True Vision公司为其显示卡开发的一种图像文件格式，创建时间较早，最高色彩数可达32位，其中包括8位Alpha通道，用于显示实况电视。

▶ 2.3.3　音频文件格式

- Video For Windows（*.wan）格式：WAN格式是为微软公司（Microsoft）开发的一种声音文件格式，它符合RIFF（Resource Interchange File Format）文件规范，用于保存Windows平台的音频信息资源。
- Video For Windows（*.mp3）格式：MP3格式是一种音频压缩技术格式，其全称是动态影像专家压缩标准音频层面3（Moving Picture Experts Group Audio Layer III），简称为MP3。

2.4　本章小结

通过对本章的学习，可以快速创建和编辑文件、更改界面布局和文件打包，并且完成After Effects CS6的基本的操作，是较为基础的章节。

- 启动After Effects时，会自动建立一个空的项目，也可以选择File（文件）|New（新建）|New Project（新建项目）。选择菜单栏中的File（文件）|Save（保存），在弹出Save As（保存为）对话框中设置存储路径和文件名称，单击Save（保存）即可将这个项目保存。
- 在项目窗口中空白处单击鼠标右键，然后在弹出的菜单中选择New Composition（新建合成），然后在弹出的Composition Settings（合成设置）窗口中设置相应属性，并单击OK（确定），完成新建合成。也可以利用▩（创建新合成）按钮和菜单栏中的Composition（合成）菜单命令来新建合成。
- 选择菜单栏中的File（文件）|Import File（文件）（快捷键为Ctrl+I），可以打开Import File（导入文件），然后选择所需素材文件并打开。或者在项目窗口中的空白处单击鼠标右键，后在弹出的菜单中选择Import（导入）|File（导入/文件）。还可以在项目窗口中的空白处双击鼠标左键，也会打开Import File（导入文件）窗口。
- 选择项目窗口中重复的素材文件，然后选择菜单栏中的File（文件）|Consolidate All Footage（整理素材）命令，即可将项目窗口中的重复素材进行删除整理。选择菜单栏中的File（文件）|Remove Unused Footage（删除未使用素材）命令，可以删除项目窗口中未使用的素材文件。
- 可以将项目窗口中的素材文件按住鼠标左键直接拖曳到时间线窗口中，然后进一步对其进行编辑调色、制作关键帧动画及添加特效等操作，并完成最终合成效果。
- 选择菜单栏中的File（文件）|Collect File...（打包文件）命令，然后在弹出的窗口中设置Collects Source Files（打包源文件）为All（全部），并单击Collect（打包）按钮，接着设置保存路径和文件名，并单击"保存"按钮，即对当前项目文件进行打包。
- 选择"开始"|"程序"|"Adobe After Effects CS6"命令，即可运行Adobe After Effects CS6

软件，如果已经在桌面上创建了Adobe After Effects CS6的快捷方式，则在桌面的Adobe After Effects CS6快捷图标上双击鼠标左键，即可启动。

- 单击Workspace（工作区域）右侧的 按钮，在下拉菜单中可以选择不同的界面效果。将鼠标图标移至两个或三个窗口之间时，鼠标图标会发生变化，此时按住鼠标左键左右或上下拖动，可以改变窗口的大小。

2.5 课后习题

1. 选择题

（1）在After Effects中保存文件的快捷键为_____。

    A．Ctrl+C   B．Alt+S

    C．Shift+Ctrl   D．Ctrl+S

（2）在Adobe After Effects CS6中，可以打包收集项目文件和所有素材的命令是_____。

    A．File | Collect Files   B．File | Save

    C．File | Save a Copy   D．File | Export

（3）在项目窗口中的空白处双击鼠标左键，会弹出的窗口是_____。

    A．Import File窗口   B．Composition Settings窗口

    C．Save As窗口   D．Collect File...窗口

2. 填空题

（1）使用_____命令，可以对项目进行查看或修改。

（2）当项目窗口中有未使用的素材文件时，使用_____命令可以进行整理。

（3）使用_____命令可以对面板和框架进行分离。

3. 判断题

（1）合成属于项目的一部分，保存项目文件的同时也将合成一同保存。（   ）

（2）在项目创建完成后，可以在Composition Settings窗口中进行修改。（   ）

（3）使用鼠标可以改变工作界面中区域的大小。（   ）

（4）如果对调整过的界面风格不满意，可以进行复原。工作界面恢复到初始状态或以前保存过的样子。（   ）

4. 上机操作题

新建一个如图2-56所示的工作区域界面方案。

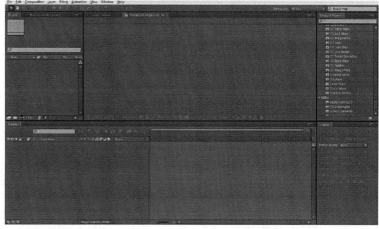

图2-56 工作区域界面方案

第3章
创建与使用图层

After Effects是Adobe公司推出的一款图形视频处理软件，可以制作出多种特殊视频效果。适用于从事设计和视频特技的机构，包括电视台、动画制作公司、个人后期制作工作室以及多媒体工作室。

学习要点

- 什么是图层
- 图层的选择
- 编辑图层

- 层的模式效果
- 层的类型
- 层的栏目属性

3.1 什么是图层

图层的原理就像分别在多个透明的玻璃上绘画，在玻璃1上进行绘画不会影响到其他玻璃上的图像；移动玻璃2的位置时，那玻璃2上的对象也会跟着移动；将玻璃4放在玻璃3上，那么玻璃3之上的对象将被玻璃4覆盖；将所有玻璃叠放在一起时则显现出图像的最终效果，如图3-1所示。

图3-1 图层原理

3.2 图层的选择

3.2.1 选择单个图层

在时间线中用鼠标单击目标层，如图3-2所示。或者在合成预览中选择目标图层，同样可以将在时间线中相对应的层选中，如图3-3所示。

图3-2 单击目标层

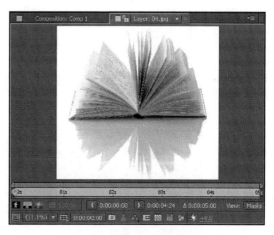

图3-3 合成预览窗口

时间线窗口中的每一层都有序号，从1层至9层分别对应小键盘上的数字键1至9，如图3-4所示。

图3-4　数字选择图层

▶ 3.2.2　选择多个图层

图层不仅可以逐次单个选择，也可以连续选择多个图层。在时间线窗口左侧的图层概述面板区域中，按住鼠标左键可直接框选图层，如图3-5所示。

选择连续的图层。首先在时间线窗口中单击起始图层，然后按住Shift键不放，再单击结束图层，如图3-6所示。

图3-5　框选图层

图3-6　选择连续的图层

需要分别选择多个不连续的图层时，按住Ctrl键不放，然后分别单击选择目标层，如图3-7所示。

选择菜单栏中的Edit（编辑）| Select All（全选）命令，快捷键为Ctrl+A，可以选择时间线上的所有图层。选择Edit（编辑）| Deselect All（全选）命令，快捷键为Ctrl+Shift+A，可以将选中的图层全部取消，如图3-8所示。

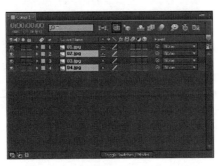

图3-7　分别选择多个不连续的图层

图3-8　Edit菜单栏

同时选择相同标签颜色的图层。可以为图层设置颜色，单击目标层的标签颜色在其中一个目标层的标签颜色上按住鼠标右键，在弹出的菜单栏中选择颜色然后单击Select Label Group（选择标签组），就可以将相同颜色的图层选中，如图3-9所示。

图3-9　选中图层

3.3　编辑图层

3.3.1　层的复制与粘贴

选择需要复制和粘贴的图层。然后按快捷键Ctrl+D，即在当前合成的当前位置复制和粘贴一个图层，如图3-10和图3-11所示。

图3-10　复制图层

图3-11　粘贴图层

在指定位置粘贴层。选择需要复制和粘贴的图层，按快捷键Ctrl+C（复制），如图3-12所示，再选择要粘贴的图层位置，按快捷键Ctrl+V（粘贴），如图3-13所示。

图3-12　选择要复制的图层

图3-13　在指定位置粘贴图层

3.3.2　创建层副本

- 复制/粘贴与创建层副本的区别在于，复制/粘贴可以在一个合成中或多个合成之间进行，创建

层副本只能在一个合成中进行。
- 同时复制多个图层时的粘贴顺序与选择顺序有关。在时间线窗口中，上面的图层会影响到下

面图层的画面，对于复制/粘贴操作，选择的
顺序会影响到粘贴后图层的顺序。
- 对于框选多个图层的操作，默认为从上到下
的顺序。
- 对于较多的图层选择，配合Shift键进行框选
时，复制/粘贴操作按框选的先后顺序产生新
层。单个框选范围内的图层顺序不变。

创建层副本的方法与层的复制和粘贴方法基
本一致，也可使用快捷键Ctrl+D直接复制一个新
备份，如图3-14所示。

图3-14　复制新图层

▶ 3.3.3　合并多个图层

在时间线窗口中选择需要合并的图层。然后在图层上单击鼠标右键，在弹出的菜单中选择
Pre-compose命令，或按快捷键Ctrl+Shift+C，如图3-15所示。然后在弹出的窗口中设置名称等选
项，单击OK（确定）按钮，如图3-16所示。

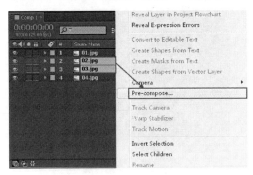

图3-15　合并图层

图3-16　设置合成

项目窗口和时间线窗口中已经出现了刚才合并的图层，如图3-17所示。

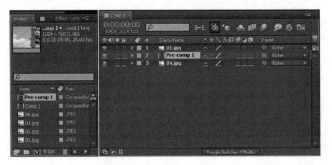

图3-17　合并图层的新合成

▶ 3.3.4　层的分割

在After Effects中，时间线窗口中的图层可以在首尾之间的任何位置分开。选择需要分割

的图层，将时间线拖到需要分割的位置，选择菜单栏中的Edit（编辑）| Split Layer（分割图层）命令或按快捷键Ctrl+Shift+D，将图层分割为两个，如图3-18所示。

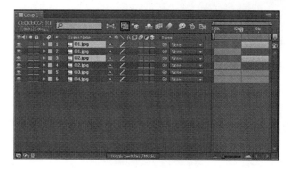

图3-18　分割图层

3.3.5　层的删除

选中一个或按住Ctrl键选择多个需要删除的图层，如图3-19所示。然后按键盘上的Delete（删除）键，即可将其删除，如图3-20所示。

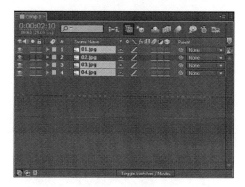

图3-19　选择图层

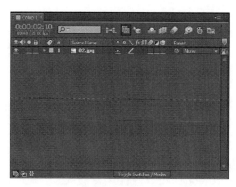

图3-20　删除图层

3.4　层的模式效果

图层之间可以通过层的混合模式来控制上层与下层之间的混合效果。图层混合模式就是指一个层与其下的图层的色彩叠加方式。各种混合模式都可以产生迥异的合成效果。利用图层的混合模式可以制作各种特殊的混合效果，且不会损坏原始图像。

在时间线窗口中的图层上单击鼠标右键，然后在弹出的菜单中选择Layer（层）| Bending Mode（混合模式）命令，选择相应的模式。或者单击时间线窗口中图层后面的Mode（模式）下拉菜单按钮，在显示的菜单中选择相应的模式，如图3-21所示。

Adobe After Effects CS6中的混合模式的种类为38种。各个混合模式的说明如下。

- Nomal（正常模式）：当不透明设置为100%时，此合成模式将根据Alpha通道正常显示当前层，并且层的显示不受其他层的影响；当不透明度设置小于100%时，当

图3-21　在菜单中选择相应的模式

前层的每一个像素点的颜色将受到其他层的影响，根据当前的不透明度值和其他层的色彩来确定显示的颜色。

- Dissolve（溶解模式）：该合成模式将控制层与层间的融合显示。因此该模式对于有羽化边界的层有较大的影响。如果当前层没有遮罩羽化边界或该层设定为完全不透明，则该模式几乎不起作用。所以该模式最终效果受到当前层的Alpha通道的羽化程度和不透明度的影响。

- Dacing Dissove（动态溶解模式）：该模式和Dissove模式相同，但它对融合区域进行了随机动画。

- Dark（变暗模式）：用于查看每个通道中的颜色信息，并选择基色或混和色中较暗的颜色作为结果色。

- Multiply（正片叠底模式）：一种减色混合模式，将基色与混和色相乘。素材图层相互叠加，可以使图像暗部更暗。任何颜色与黑色相乘产生黑色，与白色相乘则保持不变。

- Color Burn（颜色加深模式）：通过增加对比度，使基色变暗以反映混和色，素材图层相互叠加，可以使图像暗部更暗。若混合色为白色，则不产生变化。

- Classi Color Burn（典型颜色加深模式）：通过增加对比度，使基色变暗以反映混合色，优化于Color Burn模式。

- Linear Burm（线性加深）：用于查看每个通道中的颜色信息，并通过减小亮度，使基色变暗或变亮，以反映混和色，素材图层相互叠加可以使图像暗部更暗。与黑色混合则不发生变化。

- Add（添加模式）：将基色与混合色相加，得到更为明亮的颜色。素材相互叠加时，能够使图像亮部更亮。混合色为纯黑或纯白时不发生变化。

- Lighten（变亮模式）：与Darken模式相反，用于查看每个通道中的颜色信息，并选择基色或混合色中较为明亮的颜色作为结果色。该混合模式只显示Comp图层中对应像素较亮的部分。

- Screen（屏幕模式）：一种加色混合模式，将混合色和基色相乘，呈现出一种较亮的效果。素材进行相互叠加后，也能使图像亮部更亮。该模式与Multiply模式相反。

- Color Dodge（颜色简单模式）：通过减小对比度，使基色变亮以反映混合色，若混合色为白色则不发生变化。

- Classic Color Doge（典型颜色减淡模式）：通过减小对比度，使基色变亮以反映混合色，优化于Color Doge模式。

- Linear Doge（线性减淡）：用于查看每个通道中的颜色信息，并通过增加亮度使基色变亮以反映混合色。与黑色混合不发生任何变化。

- Lighter Color（亮色）：亮色模式可以对图像层次较少的暗部进行着色和层次感的提升，增加亮度可使图像变亮，颜色较浅，亮度相似。

- Overlay（叠加模式）：该模式会根据底层的颜色，将当前层的像素进行相乘或覆盖。不替换颜色，但是基色与混和色相混，以反映原色的亮度或暗度。该模式对于中间色调影响较明显，对于高亮度区域和暗调区域影响不大。

- Soft Light（柔光模式）：使颜色变亮或变暗，具体取决于混合色。此效果与发散的聚光灯照在图像上相似。若混合色比50%灰色亮则图像就变亮，好比被减淡了一样；若混合色比50%灰色暗则图像变暗，就像被加深了一样。用纯黑或纯白色绘画时产生明显的较暗或较亮的区域，但不会产生纯黑或纯白色。

- Hard Light（强光模式）：符合或过滤颜色，具体取决于混合色。与耀眼的聚光灯照在图像上相似。若混合色比50%灰色亮，则图像变亮，像过滤后的效果，这对于向图像中添加高光非常有用；若混合色比50%灰色暗，则图像变暗，就像复合后的效果，这有利于向图像中添加暗调。用纯黑或纯白色绘画会产生纯黑或纯白色。

- Linear Light（线性光）：通过减小或增加亮度来加深或减淡颜色，具体取决于混和色。若混合色比50%灰色亮，则通过增加亮度使图像变亮；混合色比50%灰色暗则通过减小亮度使图像变暗。

- Vivid Light（艳光）：通过减小或增加亮度来加深或减淡颜色，具体取决于混和色。若混合色比50%灰色亮，则减小对比度可使图像变亮；若混合色比50%灰色暗，则通过增加对比度使图像变暗。

- Pin Light（点光）：替换颜色，具体取决于混合色。若混合色比50%灰色亮，则替换比混合色暗的像素而不改变比混和色亮的像素；若混合色比50%灰色暗，则替换比混合色亮的像素，而不改变比混合色暗的像素，这向图像中添加特效时非常有用。

- Hard Mix（强烈混合）：该模式产生一种强烈的混合效果，使亮度区域变得更亮，暗部区域变得更深。

- Difference（差值）：从基色中减去混合色，或从混合色中减去基色，具体取决于哪个颜色的亮度更大。与白色混合将翻转基色值；与黑色混合则不产生变化。

- Classic Difference（典型差值）：从基色中减去混合色，或从混合色中减去基色，优于Difference模式。

- Exclusion（排除）：创建一种与差值模式相似，但对比度更低的效果。与白色混合将翻转基色值，与黑色混合则不产生变化。

- Subtract（减掉）：减去来源颜色的基色。如果来源颜色是黑色，则输出结果颜色的基色是黑色。

- Divide（分割）：除去来源颜色的基色。如果来源颜色是白色，则输出结果颜色的基色是白色。

- Hue（色调）：用基色的亮度和饱和度以及混合色的色相创建结果色。

- Saturation（饱和度）：用基色的亮度和色相以及混合色的饱和度创建结果色。在无饱和度（灰色）的区域上用此模式绘画不会产生变化。

- Color（颜色）：用基色的亮度以及混合色的色相和饱和度创建结果色，这样可以保留图像中的灰阶。还可以把当前层的色相和饱和度应用到它下面的图层影像中。

- Luminosity（亮度）：用基色的色相和饱和度以及混合色的亮度创建结果色，效果与Color模式相反。该模式是除了Nomal外唯一能够完全消除纹理背景干扰的模式。

- Stencil Alpha（Alpha通道模版）：该模式可以穿过Stencil层的Alpha通道显示多个层。

- Stencil Luma（亮度模板）：该模式可以穿过Stencil层的像素显示多个层。当使用此模式时，显示层中较暗的像素。

- Silhouette Alpha（Alpha 通道轮廓）：该模式可以通过层的Alpha通道在几层间切出一个洞。

- Silhouette Luma（亮度轮廓）：该模式可以通过层上的像素的亮度在几层间切出一个洞，使用此模式时，层中较亮的像素比较暗的像素透明。

- Alpha Add（Alpha添加）：底层与目标层的Alpha通道共同建立一个无痕迹的透明区域。

- Luminescent Premul（冷光模式）：该模式可以使层的透明区域像素和底层产生作用，给予Alpha通道边缘透镜和光亮的效果。

3.5 层的类型

在After Effects中，除了可以导入视频、音频、图像、序列等素材外，还可以创建不同类型的层。在After Effects中，可以直接创建的层包括Text（文字层）、Solid（固态层）、Light（灯光层）、Camera（摄像机层）、Null Object（空物体层）、Shape Layer（图形层）和Adjustment Layer（调节层）。选择Layer（层）| New（新建）命令即可进行创建，如图3-22所示。

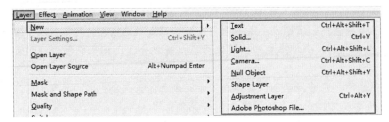

图3-22　New（新建）层类型

3.5.1　素材层

　　素材层是将图像、视频、音频等素材从外部导入到After Effects软件中，然后添加到时间线窗口中形成的层，可以对其进行移动、缩放、旋转等各种效果的设置，如图3-23所示。

图3-23　素材层

3.5.2　文字层

　　创建文字层。在时间线窗口中的空白处单击鼠标右键，然后在弹出的菜单中选择New（新建）| Text（文字）命令。使用文字层，可以快速地创建文字，并制作文字动画，还可以进行移动、缩放、旋转、透明度等参数的设置，如图3-24所示。

图3-24　文字层

3.5.3　固态层

　　创建固体层。在时间线窗口中的空白处单击鼠标右键，然后在弹出的菜单中选择New（新建）| Solid（固态）命令。在弹出的固态设置窗口中对固态层进行设置。各项参数设置如图3-25所示。

　　固态层主要用于制作影片中的蒙版效果，也可以作为承载编辑的图层。固态层不能转换为其他层，如图3-26所示。

- Name（名称）：设置固态层的名称。
- Size（尺寸）：设置固态层的高度、宽度和像素纵横比等。单击Make Comp Szie（建立合成尺寸）按钮，则按照合成尺寸设置固态层。

● Color（颜色）：设置固态层的颜色。

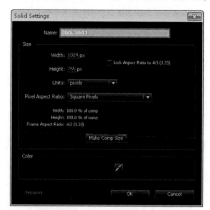

图3-25　固态层设置窗口

图3-26　固态层

实例：使用固态层制作蓝色背景

源 文 件：	源文件\第3章\使用固态层制作蓝色背景
视频文件：	视频\第3章\使用固态层制作蓝色背景.avi

本实例介绍如何利用固态层制作彩色图层效果，并添加遮罩制作出蓝色背景效果。实例效果如图3-27所示。

01 在项目窗口中的空白处单击鼠标右键，然后在弹出的菜单中选择New Composition（新建合成）命令，如图3-28所示。

图3-27　蓝色背景效果

图3-28　选择New Composition（新建合成）

02 在弹出的Composition Settings（合成设置）窗口中设置Composition Name（合成名称）为Comp 1，Width（宽）为1024，Height（高）为768，然后单击OK（确定）按钮，如图3-29所示。

03 在时间线窗口中单击鼠标右键，在弹出的菜单中选择New（新建）| Solid（固态层）命令，或者选择菜单栏中的Layer（层）| New（新建）| Solid（固态层）命令，如图3-30所示。

04 在弹出的Solid Settings（固体设置）窗口中设置Name（名字）为背景，Width（宽度）为1024，Heigh（高度）为768，颜色为蓝色（R:0，G:10，B:106），单击OK（确定）按钮，如图3-31所示。

05 此时的时间线窗口中出现了蓝色固态层。然后单击 ● （椭圆工具），在固态层窗口中拖曳出一个椭圆遮罩，如图3-32所示。

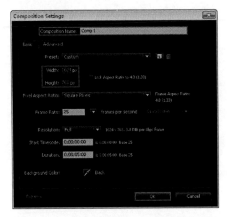

图3-29　Composition Settings（合成设置）窗口

图3-30　新建固态层

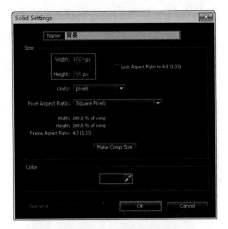

图3-31　Solid Settings（固体设置）窗口

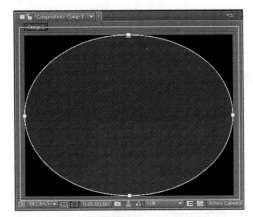

图3-32　绘制椭圆遮罩

06 设置遮罩属性。打开时间线窗口中固态层下的Masks（遮罩），并设置Mask Feather（遮罩羽化）为400，如图3-33所示。

07 此时拖动时间线滑块查看最终蓝色背景效果，如图3-34所示。

图3-33　设置遮罩羽化

图3-34　蓝色背景效果

3.5.4　灯光层

　　创建灯光层。在时间线窗口中的空白处单击鼠标右键，然后在弹出的菜单中选择New（新建）| Light（灯光）。灯光层可以模拟不同种类的真实光源，而且可以模拟出真实的阴影效果，因此会看起来更加真实。在灯光设置窗口中可以设置灯光种类和强度等参数，如图3-35所示。

　　灯光层的效果需要开启 （三维图层）按钮，才会起到作用，如图3-36所示。

图3-35　灯光设置窗口

图3-36　灯光层

3.5.5　摄像机层

　　创建摄像机层。在时间线窗口中的空白处单击鼠标右键，然后在弹出的菜单中选择New（新建）| Camera（摄像机）命令。摄像机层常起到固定角度的作用，并且可以制作摄像机动画，模拟真实的摄像机效果，如图3-37所示。

　　摄像机层的效果需要开启三维图层 按钮才会起到作用，如图3-38所示。

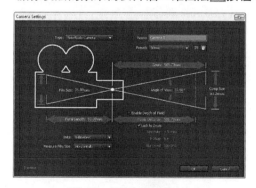

图3-37　摄像机设置窗口

图3-38　摄像机层

3.5.6　空物体层

　　创建空物体层。在时间线窗口中的空白处单击鼠标右键，然后在弹出的菜单中选择New（新建）| Null Object（空物体）命令。在时间线上建立的空物体层是一个线框物体。空物体层可以在素材上进行效果和动画设置，辅助动画制作，如图3-39所示。

空物体层可以进行父子链接制作，单击图层后面的Parent（父子）链接图标，选择Null.1（空物体1），将多个图层连接到空物体层上。在空物体层中进行操作时，其所链接的图层也会随之操作，如图3-40所示。

图3-39　空物体层

图3-40　Parent（父子）链接

3.5.7　图形层

创建图形层。在时间线窗口中的空白处单击鼠标右键，在弹出的菜单中选择New（新建）|Shape Layer（图形层）命令，如图3-41所示。

图形层常用于创建各种图形，利用形状工具和钢笔工具可以直接在合成窗口中绘制任意图形。绘制完成后在时间线窗口中自动生成图像，如图3-42所示。

图3-41　图形层

图3-42　绘制图形层

3.5.8　调节层

创建调节层。在时间线窗口中的空白处单击鼠标右键，在弹出的菜单中选择New（新建）|Adjustment Layer（调节层）命令。调节层未进行任何操作时呈透明效果，如图3-43所示。

在调节层上添加特效等，可以辅助场景影片进行色彩和效果调节。该层可以对Timeline时间线中位于它下面的层产生影响，且不应用到受影响图层本身，如图3-44所示。

图3-43　调节层

图3-44　调节层添加特效

实例：使用调节图层调节整体颜色

源 文 件：	源文件\第3章\使用调节图层调节整体颜色
视频文件：	视频\第3章\使用调节图层调节整体颜色.avi

本实例介绍如何利用调整图层为下面的图层统一调整颜色效果。实例效果如图3-45所示。

01 在项目窗口中的空白处双击鼠标左键，然后在弹出的窗口中选择所需素材文件，并单击"打开"按钮，如图3-46所示。

图3-45　利用图层调节整体颜色效果

图3-46　导入素材

02 将项目窗口中的01.jpg素材文件拖曳到时间线窗口中，如图3-47所示。

03 在时间线窗口中单击鼠标右键，在弹出的菜单中选择New（新建）| Adjustment Layer（调节图层）命令，如图3-48所示。

图3-47　时间线窗口

图3-48　新建调节层

04 为时间线窗口中的Adjustment Layer 1图层添加Hue/Saturation（色相/饱和度）特效，并设置Master Hue（主色相）为173°，Master Saturation（主饱和度）为45，如图3-49所示。

05 拖动时间线滑块可查看最终使用调节图层调节整体颜色的效果，如图3-50所示。

图3-49　特效设置

图3-50　调节图层调节整体颜色效果

3.6 层的栏目属性

层的栏目属性主要包括控制隐藏/显示视频图标、音频、单独、锁定、图层标签、图层的顺序等功能。其面板如图3-51所示。

图3-51 层的栏目属性

- ◉（隐藏/显示视频图标）按钮：单击此按钮可以控制图层的隐藏或显示。
- ◀）（音频）按钮：音频静音。在音频层中出现，单击按钮切换显示或隐藏，同时控制音频层的开启或关闭。
- ◉（单独）按钮：单击此按钮时，隐藏/显示除当前选择图层以外的其他图层。
- 🔒（锁定）按钮：图层锁定。单击此按钮后，所在图层将不会被选中，即使框选也不会被选中，但是可以对该图层进行显示/隐藏操作。
- ⬦（图层标签）按钮：可以设置不同的标签颜色，方便进行不同的层素材分类。
- #（图层的顺序）按钮：图层的序号由上至下递增仍不变，并且，图层的顺序改变后，序号顺序仍不变。
- Source Name（来源名称）按钮：来源图层的名称。单击此按钮可切换Source Name（源名称）和Layer Name（图层名称），便于查看图层的源名称与修改后的名称。
- ⬛（隐藏）按钮：用于隐藏图层，单击此按钮时，其样式会变为扁平，而图层不会隐藏。
- ❋（塌陷）按钮：单击此按钮后，嵌套层的质量提高，渲染时间减少。
- ◣（质量）按钮：控制合成窗口中素材的显示质量，单击此按钮可切换高质量与低质量显示。
- fx（特效）按钮：当图层添加滤镜特效时，当前层显示此按钮。单击此按钮后，图层就会取消特效的使用。
- ▦（帧融合）按钮：在渲染时对影片进行柔和处理。在时间面板中选择动态素材层，单击此按钮，然后单击时间面板上方的▦（帧融合）按钮，开启帧融合功能。
- ◉（运动模糊）按钮：记录层位移动画时产生模糊效果。使用时首先打开时间面板上方的◉（模糊）图标。
- ◢（层调整）按钮：用于将原层制作为透明层。
- ▣（三维属性）按钮：将二维层转化为三维层操作。开启后层具有Z轴属性。
- Mode（模式）按钮：层与层之间的融合模式。
- T（保持下面透明度）按钮：用于将当前图层下面的一层图像作为当前层的透明遮罩。首先放置一个具有透明背景的图像。
- TrkMat（轨道蒙版）按钮：控制轨道的蒙版。
- Comment（注释）按钮：对图层进行备注说明，起辅助作用。
- Parent（父子）按钮：为不同的层建立父子关系，即链接。单击其下的None按钮，选择连接的图层。
- Keys（关键帧控制）按钮：可以为图层在参数设置项中添加关键帧。在时间线面板中单击鼠标右键出现窗口。选择Columns（列）时单击Keys（关键帧）按钮。

- In（入点）按钮：显示当前入点时间。选中某一层时，将时间线拖到欲选定的入点位置，按Alt+[组合键可将入点设置到时间线所在处。
- Out（出点）按钮：显示当前出点时间。按Alt+]组合键可将入点设置到时间线所在处。
- Duration（长度）按钮：显示前层的时间长度。
- Stretch（伸缩）按钮：显示当前层的播放速度百分比。
- ▦（展开/折叠当前的入点/出点/长度/伸缩面板）按钮：统一控制In（入点）按钮，Out（出点）按钮，Duration（长度）按钮，Stretch（伸缩）按钮4个栏的显示或关闭。
- ▦（展开/折叠开关面板）按钮：显示开关面板。统一控制隐藏按钮，塌陷按钮，特效按钮，帧融合按钮，运动模糊按钮，层调整按钮，三维图层按钮和父子按钮。
- （展开/折叠变换控制面板）按钮▦：显示变换面板。统一控制模式，保持下面透明度，轨道蒙版三个栏的显示或关闭。
- ▦━━━━▲：控制图层显示尺寸为缩放到全部合成或者放大到帧尺寸。
- （合成标记）按钮▦：在该按钮上按住鼠标左键，再向左方拖动，即可获得一个新的标记▦1，用于在时间线中标记时间。
- ▦（合成）按钮：单击显示合成窗口。
- ▦━━━━━━━（时间范围）按钮：显示时间。
- ▦━━━━（工作区范围）按钮：显示时间和动画过程。
- ▦（当前时间指示线）按钮：指示当前所在时间。

▶ 图层Transform(变换) 属性

在时间线窗口中可以通过调整Transform(变换)属性下的参数精确控制合成中的对象。在一般图层下，Transform（变换）属性包括Anchor Point（轴心点）、Position（位置）、Scale（缩放）、Rotation（旋转）和Opacity（不透明度）五个参数。各项参数如图3-52所示。

图3-52　Transform(变换) 选项

- Anchor Point（轴心点）

Anchor Point（轴心点）可以控制素材的轴心位置。轴心点的坐标是相对于层窗口的，并不相对于合成窗口。若图像为3D层的话，还包括显示Z轴属性。展开Anchor Point（轴心点）属性的快捷键为A，如图3-53所示。

设置素材为不同Anchor Point（轴心点）参数的对比效果，如图3-54所示。

图3-53　设置Anchor Point（轴心点）

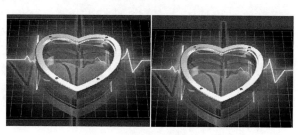

图3-54　不同轴心点的对比效果

● Position（位置）

Position（位置）可以控制素材的位置，可以通过输入数值来调节，也可以通过在合成窗口中手动移动来调节。展开Position（位置）属性的快捷键为P，如图3-55所示。

设置素材为不同Position（位置）参数的对比效果如图3-56所示。

图3-55　设置Position（位置）

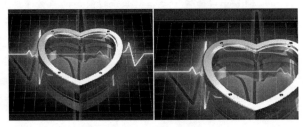

图3-56　不同位置的对比效果

● Scale（缩放）

Scale（缩放）是以轴心点为基准，将对象按比例进行大小缩放，也可以改变其比例大小进行缩放。若设置缩放为负值时，则会翻转图层。展开Scale（缩放）属性的快捷键为S，如图3-57所示。

设置素材为不同Scale（缩放）参数的对比效果如图3-58所示。

图3-57　设置Scale（缩放）

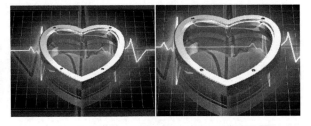

图3-58　不同缩放的对比效果

● Rotation（旋转）

Rotation（旋转）是以轴心点为基准，将对象进行旋转。当超过360度时，系统以旋转一圈来标记已旋转的角度，如旋转760度为2圈40度，反向旋转表示负的角度。也可以通过输入数值或手动进行旋转设置。展开Rotation（旋转）属性的快捷键为R，如图3-59所示。

设置素材为不同Rotation（旋转）参数的对比效果如图3-60所示。

图3-59　设置Rotation（旋转）

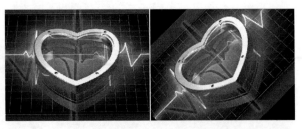

图3-60　不同旋转参数的对比效果

● Opacity（透明度）

Opacity（透明度）可以设置素材的透明效果。当数值为100%时，图像完全不透明；当数值为0%时，图像完全透明。展开Opacity（透明度）属性的快捷键为T，如图3-61所示。

设置素材为不同Opacity（透明度）参数的对比效果如图3-62所示。

图3-61　设置Opacity（不透明度）

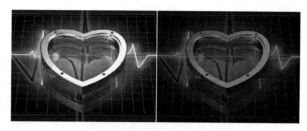

图3-62　不同透明度的对比效果

3.7　拓展练习

实例：创建真实灯光和阴影

源　文　件：	源文件\第3章\创建真实灯光和阴影
视频文件：	视频\第3章\创建真实灯光和阴影.avi

本节将结合前面所学内容，制作真实灯光和阴影效果。

实例效果如图3-63所示。

01 在项目窗口中的空白处双击鼠标左键，然后在弹出的窗口中选择所需素材文件，并单击"打开"按钮，如图3-64所示。

02 将项目窗口中的01.jpg和02.png素材文件按顺序拖曳到时间线窗口中，并开启 （三维图层），设置02.png图层的Position（位置）为（512，384，−80），如图3-65所示。

图3-63　灯光阴影效果

图3-64　导入素材

图3-65　时间线窗口

03 在时间线窗口中单击鼠标右键，在弹出的菜单中选择New（新建）/Light（灯光），如图3-66所示。

04 在弹出的窗口中设置Light Type（灯光类型）为Spot（聚光灯），Intensity（强度）为120%，Cone Angle（锥角）为180°，勾选Casts Shadows（投射阴影），并设置Shadow Diffusion（阴影扩散）为100。单击OK（确定）按钮，如图3-67所示。

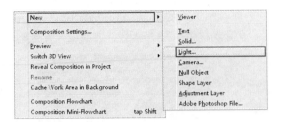

图3-66　新建灯光图层

05 打开时间线窗口中02.png图层下的Material Options（素材选项），设置Casts Shadows（投射阴影）为On（开启），如图3-68所示。

图3-67　灯光设置窗口

图3-68　开启素材投射阴影

06 设置时间线窗口中灯光图层的Position（位置）为（698，300，-756），如图3-69所示。

07 此时拖动时间线滑块查看最终真实灯光和阴影效果，如图3-70所示。

图3-69　设置灯光位置

图3-70　灯光阴影效果

3.8　本章小结

通过对本章的学习，了解图层的创建方法、图层的使用方法、图层的栏目属性等，并且可以使用不同的图层类型制作出不同的视觉效果。

- 在时间线窗口中单击鼠标右键，在弹出的菜单中选择New（新建）命令，可在子菜单中选择所要创建的图层类型。选中一个或多个需要删除的图层，然后按Delete（删除）键，即可将其删除。
- 按住Shift键或Ctrl键不放，然后单击鼠标左键选择图层，可选择连续的图层和分别多选图层。使用快捷键Ctrl+C（复制）和Ctrl+V（粘贴）可在指定位置复制和粘贴图层。
- 选择多个图层，然后在图层上单击鼠标右键，在弹出的菜单中选择Pre-compose命令，或按快捷键Ctrl+Shift+C，可将选择的图层合并为一个合成。
- 选择需要分割的图层，然后将时间线拖到需要分割的位置，接着选择菜单栏中的Edit（编辑）|Split Layer（分割图层）命令，快捷键为Ctrl+Shift+D，即可将图层分割为两个。

3.9 课后习题

1. 选择题

（1）在After Effects 中，展开当前图层Position属性的快捷键是什么？（　　）

    A．P键　　　　　　　　　　　　B．T键

    C．S键　　　　　　　　　　　　D．R键

（2）在After Effects 中，展开当前图层的Rotation属性的快捷键是什么？（　　）

    A．P键　　　　　　　　　　　　B．T键

    C．S键　　　　　　　　　　　　D．R键

（3）在After Effects 中，展开当前图层的Opacity属性的快捷键是什么？（　　）

    A．P键　　　　　　　　　　　　B．T键

    C．S键　　　　　　　　　　　　D．R键

（4）在After Effects 中，展开当前图层的Scale属性的快捷键是什么？（　　）

    A．P键　　　　　　　　　　　　B．A键

    C．S键　　　　　　　　　　　　D．T键

（5）在After Effects 中，展开当前图层的Anchor Point属性的快捷键是什么？（　　）

    A．P键　　　　　　　　　　　　B．A键

    C．S键　　　　　　　　　　　　D．T键

（6）将同一个素材复制后进行相互叠加，下列叠加模式中，能够使图像亮部更亮的是什么模式。（　　）

    A．Add　　　　　　　　　　　　B．Darken

    C．Screen　　　　　　　　　　　D．Luminosity

（7）将同一个素材复制后进行相互叠加，下列叠加模式中，能够使图像暗部更暗的是什么模式。（　　）

    A．Lighten　　　　　　　　　　B．Multiply

    C．Linear Burn　　　　　　　　D．Color Burn

（8）在时间线窗口中，当某个层 🔒（锁定）开关被选中后，还可以对当前层做以下哪些操作？（　　）

    A．做入出点编辑　　　　　　　B．做特效编辑

    C．改变层的位置　　　　　　　D．做隐藏/显示操作

2. 填空题

(1) 可以在_____窗口中通过调整参数精确控制合成中的对象。

(2) 在时间线窗口中，图层左侧的 （单独）开关的作用是_____。

(3) 对图层使用_____混合模式，会根据底层的颜色，将当前层的像素进行相乘或覆盖。

(4) _____混合模式是除了Nomal外唯一能够完全消除纹理背景干扰的模式。

(5) 一般情况下，在时间线窗口内图层下的Transform属性有_____、_____、_____、_____、_____五种。

(6) 在After Effects 中，能够直接建立的层包括_____、_____、_____、_____、_____、_____。

(7) 选择时间线窗口中的某一层，然后将时间线拖到欲选定的入点位置，按下_____组合键，可将入点设置到时间线指针所在处。

3. 判断题

(1) 任何一个时间线窗口中的固态层都可以转换为灯光层。（ ）

(2) Lighten（变亮）混合模式只显示Comp图层中对应像素较亮的部分。（ ）

(3) 复制/粘贴与创建层副本的区别在于，复制/粘贴可以在一个或多个合成之间进行，创建层副本只能在一个合成之间进行。（ ）

(4) Color（颜色）混和模式可以把当前层的亮度应用到它下面的图层影像中。（ ）

(5) 在时间线窗口中创建Adjust Layer（调节层），可以对Timeline时间线中的所有层产生影响。（ ）

4. 上机操作题

使用Transform（变换）下的属性和图层混合模式制作如图3-71所示的卷轴书法。

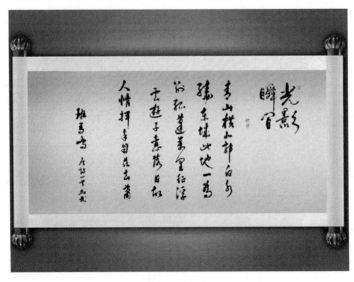

图3-71　卷轴书法

第4章
蒙版与遮罩动画

蒙版原指控制照片不同区域曝光的传统技术。而在After Effects中蒙版则常用于合成图像，由于蒙版可以遮盖住部分图像，使其避免受到操作的影响。这种隐藏而非删除的编辑方式是一种非常方便的非破坏性编辑方式。

学习要点

- 初识蒙版
- 创建蒙版
- 修改蒙版的形状
- 修改蒙版属性
- 遮罩工具

4.1 初识蒙版

蒙版与遮罩是非常实用的，当对图像的某一区域进行颜色变化、滤镜和其他效果设置时，没有被选中的区域就会受到保护和隔离，而不会被影响。在After Effects 中，每层画面能加无数个打开或关闭的遮罩。

4.2 创建蒙版

在After Effects 中，生成蒙版和遮罩（Mask）的方法很多，可以使用钢笔工具和蒙版工具绘制遮罩，可以使用文本字符创建遮罩，也可以转换层的Alpha、RGB、亮度通道为遮罩，还可以将Adobe Photoshop中绘制的路径作为遮罩。遮罩可以是一个密闭路径轮廓，也可以是一个开放路径。

创建蒙版的工具包括■（矩形工具）、■（椭圆工具）、■（圆角矩形）、■（多边形工具、★（五角星工具）。在创建蒙版时，按住Ctrl键拖动句柄，可以从蒙版中心开始建立Mask，如图4-1所示。

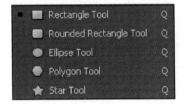

图4-1　蒙版工具

▶ 4.2.1　矩形工具

使用■（矩形工具）可以制作出矩形的蒙版效果，如图4-2所示。

图4-2　矩形工具

▶ 4.2.2　椭圆工具

使用■（椭圆工具）可以制作出圆形或椭圆形的蒙版效果，如图4-3所示。

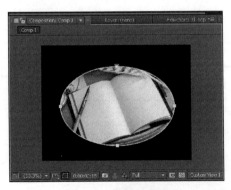

图4-3　绘制圆形蒙版

4.2.3　圆角矩形工具

使用■（圆角矩形）可以制作出圆角矩形
的蒙版效果，如图4-4所示。

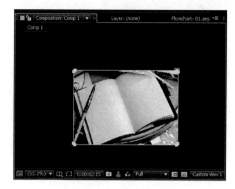

图4-4　圆角矩形

实例：制作圆角矩形卡片效果

源 文 件：	源文件\第4章\制作圆角矩形卡片效果
视频文件：	视频\第4章\制作圆角矩形卡片效果.avi

本实例介绍如何利用圆角矩形工具在素材
图层上绘制圆角矩形遮罩。实例效果如图4-5
所示。

01 在项目窗口中的空白处双击鼠标左键，然
后在弹出的窗口中选择所需素材文件，并
单击"打开"按钮，如图4-6所示。

02 将项目窗口中的"01.jpg"素材文件按顺序
拖曳到时间线窗口中，如图4-7所示。

图4-5　圆角矩形卡片效果

图4-6　导入素材

图4-7　时间线窗口

03 选择■（圆角矩形工具），然后在合成窗口中绘制一个圆角矩形遮罩，如图4-8所示。

04 此时拖动时间线滑块可查看最终圆角矩形卡片效果，如图4-9所示。

图4-8 绘制圆角矩形遮罩

图4-9 圆角矩形卡片效果

▶ 4.2.4 多边形工具

使用 ▣（多边形工具）可以制作出多边形的蒙版效果，如图4-10所示。

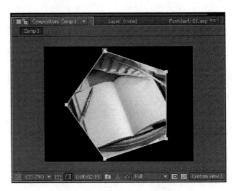

图4-10 绘制多边形蒙版

▶ 4.2.5 五角星工具

使用 ★（五角星工具）可以制作出五角星形的蒙版效果，如图4-11所示。

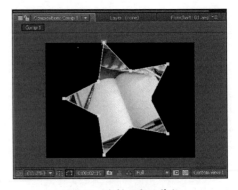

图4-11 绘制五角星蒙版

4.3 修改蒙版的形状

要对创建的蒙版形状进行修改，关键在于节点的移动变化，下面介绍节点的选择、移动、添加删除和转换技巧。

1. 移动节点

在菜单栏中单击 (选择工具) 按钮。按住 Shift键，可以选择多个节点。按住鼠标左键对节点进行拖动，可以改变蒙版的形状，如图4-12所示。

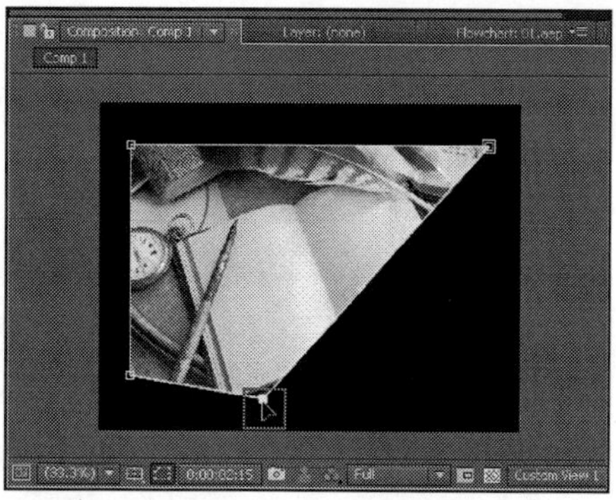

2. 添加节点

在菜单栏中选择钢笔工具下的 (添加节点工具)，将工具移动到需要添加节点的位置，单击鼠标左键即可，如图4-13所示。

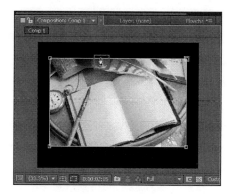

图4-12 移动节点

3. 删除节点

在菜单栏中选择钢笔工具下的删除节点工具，将工具移动到需要删除节点的位置，单击鼠标左键即可，如图4-14所示。

图4-13 添加节点

图4-14 删除节点

蒙版的节点分为两种，分别是角点和曲线点。角点和曲线点之间可以相互转化。在工具栏中选择钢笔工具下的 (转换点工具)，可以将角点和曲线点进行转化。或者在 (钢笔工具) 状态下移动到点附近时，按住Alt键，鼠标也会变为 (转换点工具)。

- 角点：点两侧的线条都为直线，如图4-15所示。
- 曲线点：点两侧都有控制柄，可以调节弧度，如图4-16所示。

图4-15 添加节点

图4-16 删除节点

角点转化为曲线点。选择 (转换点工具)，然后单击节点并进行拖曳，此时角点转化为曲线点，此时拖曳控制线可以调整点的弧度，如图4-17所示。

曲线点转化为角点。选择 ■（转换点工具），然后单击需要转化的点，此时曲线点转化为角点，如图4-18所示。

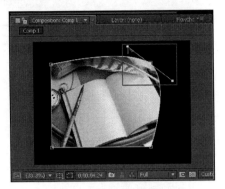

图4-17　角点转化为曲线点

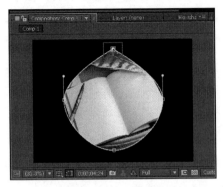

图4-18　曲线点转化为角点

4.4 修改蒙版属性

对于已生成的蒙版，其属性主要包括蒙版的混合模式、修改蒙版大小、蒙版锁定、蒙版边缘羽化、修改底色、设置不透明度、设置淡入动画、扩展蒙版和收缩蒙版。

在时间线窗口中的图层上建立一个Mask之后，图层中会显示Mask属性目标选项。快速打开Masks（遮罩）和Mask Path（蒙版路径）的快捷键为M。各项参数如图4-19所示。

图4-19　遮罩参数

- Inverted（反转）：勾选该参数可反向显示遮罩范围。
- Mask Path（蒙版路径）：设置蒙版形状。按快捷键M，可以直接展开参数。该属性是对蒙版形状的记录，制作动态蒙版形状时需要添加关键帧。
- Mask Feather（蒙版羽化值）：X轴和Y轴方向可以分别设置羽化值，可以将蒙版边缘进行羽化。
- Mask Opacity（蒙版透明度）：设置蒙版的透明度。
- Mask Expansion（蒙版伸缩）：设置蒙版边缘的收缩与扩展。正值为扩展，负值为收缩。

▶ 4.4.1 蒙版的混合模式

蒙版与层的混合模式原理相似，当一个图层内有多个蒙版时，可以通过蒙版间不同的混合模式产生不同的显示效果。

展开层的Masks属性，然后在蒙版右侧的下拉菜单中，呈现出蒙版的混合模式，如图4-20所示。

- None（无）：此模式的选择将使路径不起蒙版作用，仅作为路径存在，作为描边、光线动画或路径动画的依据，如图4-21所示。
- Add（添加）：蒙版相加模式，将当前蒙版区域与之上的蒙版区域进行相加处理，对于蒙版重叠处的不透明度采取在处理前不透明度值的基础上再进行一个百分比相加的方式处理，如图4-22所示。

- Subtract（相减）：蒙版相减模式，将当前蒙版上面所有蒙版组合的结果进行减去操作，当前蒙版区域内容不显示，类似于从上面蒙版中抠掉，如图4-23所示。

图4-20　蒙版的混合模式

图4-21　None（无）模式

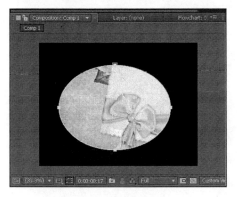

图4-22　Add（添加）模式

图4-23　Subtract（相减）模式

- Intersect（交叉）：采用交集方式混合蒙版，在合成窗口中只显示所选Mask与其他Mask相交部分的内容，所有相交部分的不透明度相减，如图4-24所示。
- Lighten（变亮）：对于可视范围区域来讲，此模式同"Add"模式一样，但是对于重叠之处的不透明则采用不透明度较高的那个值，如图4-25所示。

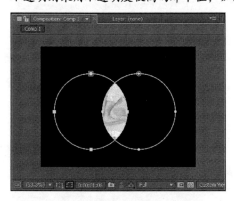

图4-24　Intersect（交叉）模式

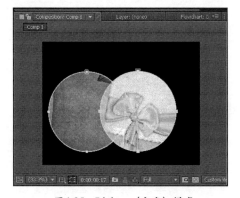

图4-25　Lighten（变亮）模式

- Darken（变暗）：对于可视范围区域来讲，此模式同"Intersect"模式一样，但是对于重叠之处的不透明度则采用不透明度较低的那个值，如图4-26所示。
- Difference（差值）：此模式对于可视区域采取的是并集减交集的方式，先将当前蒙版与上面所有蒙版组合结果进行并集运算，然后将当前蒙版与上面所有蒙版组合的结果相交部分进行

减去操作，如图4-27所示。

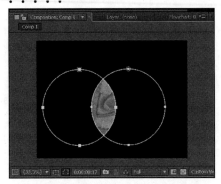

图4-26 Darken（变暗）模式

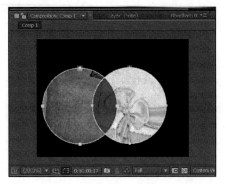

图4-27 Difference（差值）模式

4.4.2 修改蒙版大小

在时间线窗口中展开蒙版属性面板，单击Mask path（蒙版路径）右侧的Shape...（形状...）按钮，如图4-28所示。然后在弹出的Mask Shape蒙版形状对话框中修改蒙版大小。各项参数如图4-29所示。

图4-28 蒙版路径

图4-29 修改蒙版大小

- Bounding Box（边界框）：通过更改Top（顶）、Left（左）、Right（右）和Bottom（底）的数值改变大小。
- Units（单位）：在下拉菜单中选择合适的单位。
- Shape（形状）：修改当前的形状，分为矩形和椭圆形，在Reset to（重设）后面的菜单中直接选择即可变形。

4.4.3 蒙版的锁定

为了避免操作中出现失误，可以将蒙版锁定。锁定以后，蒙版将不能被更改。在时间线面板中，展开蒙版的属性。然后单击蒙版名称左侧的🔒（锁）对应的小方块，即可锁定蒙版，如图4-30所示。

图4-30 锁定蒙版

▶ 4.4.4　蒙版羽化

在Mask属性面板中，可以更改Mask Feather（蒙版羽化）数值，制作出蒙版边缘的羽化效果，如图4-31和图4-32所示。

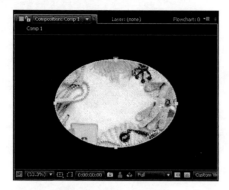 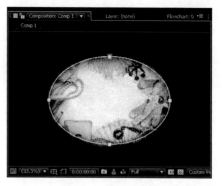

图4-31　蒙版羽化之前　　　　　　　　　　　　图4-32　蒙版羽化之后

➡ 实例：制作羽化的背景

源 文 件：	源文件\第4章\制作羽化的背景
视频文件：	视频\第4章\制作羽化的背景.avi

本实例介绍利用椭圆工具在黑色固态层上绘制一个椭圆遮罩，并调整椭圆遮罩的羽化数值的方法。实例效果如图4-33所示。

01 在项目窗口中的空白处双击鼠标左键，然后在弹出的窗口中选择所需素材文件，并单击"打开"按钮，如图4-34所示。

图4-33　羽化背景效果　　　　　　　　　　　图4-34　导入素材

02 将项目窗口中的"01.jpg"素材文件按顺序拖曳到时间线窗口中，如图4-35所示。

03 选择◯（椭圆工具），然后在合成窗口中绘制一个椭圆遮罩，如图4-36所示。

04 打开时间线窗口中"01.jpg"图层下的"Masks（蒙版）"，并设置"Mask Feather（蒙版羽化）"为260，如图4-37所示。

05 此时拖动时间线滑块可查看最终羽化的背景效果，如图4-38所示。

图4-35 时间线窗口

图4-36 绘制椭圆遮罩

图4-37 设置蒙版羽化

图4-38 羽化背景效果

4.4.5 修改底色

在菜单栏中选择Composition（合成）| CompositionSetting（合成设置），也可以使用快捷键Ctrl+K。然后在弹出的对话框中更改Backgrond Color（背景颜色），如图4-39所示。

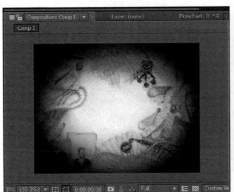
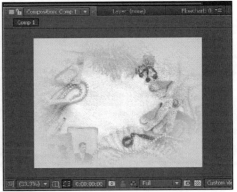

图4-39 修改底色对比效果

4.4.6 扩展蒙版

修改该蒙版属性下的Mask Expation（蒙版伸缩）数值为正值即可，如图4-40所示。

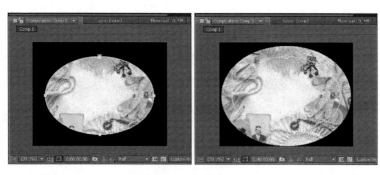

图4-40 扩展蒙版

4.4.7 收缩蒙版

修改该蒙版属性下的Mask Expation（蒙版伸缩）数值为负值即可，如图4-41所示。

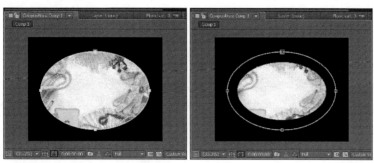

图4-41 收缩蒙版

4.5 遮罩工具

在Adobe After Effects CS6中，遮罩工具可分为 ▓ （钢笔工具）、▓ （铅笔工具）和 ▓ （橡皮擦工具）。

4.5.1 钢笔工具

使用 ▓ （钢笔工具）可以快速在画面中创建直角、圆角的遮罩，是应用最为广泛的遮罩工具。直接单击鼠标左键即可创建遮罩，如图4-42所示。创建完成后，按住Shift键在控制点上拖动鼠标，可以沿45度角度移动方向线，如图4-43所示。

图4-42 用钢笔工具绘制遮罩

图4-43 沿45度角移动方向线

4.5.2 铅笔工具

使用 ✐（铅笔工具）进行操作类似于用铅笔绘画，因此绘制起来比较随意，如图4-44所示。

图4-44 铅笔工具绘制

4.5.3 橡皮擦工具

使用 ✐（橡皮擦工具）进行操作类似于用橡皮擦擦除，可以对画面进行擦除，如图4-45所示。

图4-45 橡皮擦工具

4.5.4 多个遮罩操作

单个遮罩比较容易操作，而很多时候我们需要使用多个遮罩，因此熟练掌握多个遮罩的操作和设置是非常必要的。

实例：使用复合遮罩制作望远镜效果

源 文 件：	源文件\第4章\使用复合遮罩制作望远镜效果
视频文件：	视频\第4章\使用复合遮罩制作望远镜效果.avi

本实例介绍利用椭圆工具在黑色固态层上绘制两个叠加的正圆遮罩。实例效果如图4-46所示。

01 在项目窗口中的空白处双击鼠标左键，然后在弹出的窗口中选择所需素材文件，并单击"打开"按钮，如图4-47所示。

图4-46　望远镜效果

图4-47　导入素材

02　将项目窗口中的"01.jpg"素材文件按顺序拖曳到时间线窗口中，如图4-48所示。

03　选择■（椭圆工具），然后在合成窗口中绘制两个椭圆遮罩，如图4-49所示。

04　此时拖动时间线滑块可查看最终的望远镜效果，如图4-50所示。

图4-48　时间线窗口

图4-49　绘制圆形遮罩

图4-50　望远镜效果

4.6　拓展练习

➡ 实例：制作朦胧画面

源　文　件：	源文件\第4章\朦胧画面效果
视频文件：	视频\第4章\朦胧画面效果.avi

　　本实例介绍利用椭圆工具在黑色固态层上绘制一个椭圆遮罩，并调整椭圆遮罩的羽化数值。实例效果如图4-51所示。

01　在项目窗口中的空白处双击鼠标左键，然后在弹出的窗口中选择所需素材文件，并单击"打开"按钮，如图4-52所示。

图4-51 制作朦胧画面

图4-52 导入素材

02 将项目窗口中的"01.jpg"素材文件按顺序拖曳到时间线窗口中，如图4-53所示。

03 在时间线窗口中的空白处单击鼠标右键，然后在弹出的菜单中选择New（新建）| Solid（固态层）命令，如图4-54所示。

图4-53 时间线窗口

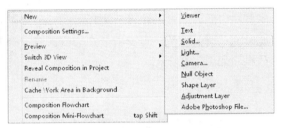

图4-54 新建固态层

04 在弹出的窗口中设置Name（名称）为白色，Width（宽）为1024，Height（高）为768，Color（颜色）为白色（R:255，G:255，B:255），然后单击OK（确定）按钮，如图4-55所示。

05 选择 ■（钢笔工具），然后在白色固态层上绘制一个心形遮罩，如图4-56所示。

图4-55 设置固态层

图4-56 绘制心形遮罩

06 打开白色固态层下面的Masks，设置模式为Subtract（相减），Mask Feather（遮罩羽化）为200，Mask Opacity（遮罩不透明度）为87%，如图4-57所示。

07 此时拖动时间线滑块可查看最终朦胧画面效果，如图4-58所示。

图4-57　设置遮罩

图4-58　制作朦胧画面

4.7　本章小结

通过对本章的学习，可了解对作品创建蒙版与遮罩的方法，并了解修改蒙版形状、修改蒙版属性和使用遮罩工具的方法，同时还可以为蒙版与遮罩添加动画效果。

- 选择多边形工具和钢笔工具等，可在合成窗口中绘制各种形状的蒙版与遮罩。
- 使用添加节点和删除节点工具，可为蒙版添加或删除节点。使用选择工具，然后选择某一点进行拖动，即可更改所选节点的位置。对某一节点使用，可以将角点和曲线点进行转化。
- 打开图层下的遮罩，然后设置Mask Feather（蒙版羽化）等属性数值，即可修改当前蒙版的属性。为Mask Path（蒙版路径）添加关键帧，可以制作蒙版变化动画。
- 展开图层的Masks属性，在蒙版右侧的下拉菜单中可以选择不同的蒙版与遮罩的混合模式。
- 使用和，可以在图层窗口中绘制蒙版和擦除蒙版。

4.8　课后习题

1. 选择题

（1）在合成窗口中只显示所选Mask与其他Mask相交部分的内容，所有相交部分的不透明度相减，应该选择哪种混和模式？（　　）

　　A．Add　　　　　　　　　　　　B．Subtract

　　C．Intersect　　　　　　　　　　D．Darken

（2）在After Effects中，生成蒙版和遮罩（Mask）的方法有以下哪几种？（　　）

　　A．使用钢笔工具绘制遮罩　　　　B．使用文本字符创建遮罩

　　C．Alpha、RGB、亮度通道转为遮罩　　D．Adobe Photoshop中绘制的路径作为遮罩

（3）在After Effects中，每层画面最多能加多少个打开或关闭的遮罩？（　　）

　　A．128个　　　　　　　　　　　B．256个

　　C．512个　　　　　　　　　　　D．无数个

（4）在After Effects中，多个蒙版之间什么模式对于可视区域采取的是先将当前蒙版与上面所有蒙版组合结果进行并集运算，然后将当前蒙版与上面所有蒙版组合的结果相交部分进行减去

操作。（　　）
    A．Difference   B．Add
    C．Lighten   D．Darken

（5）在After Effects中，用下面的什么运算可以求一个图层上Mask1和Mask2之间的交集。（　　）
    A．Mask都为Subtract模式   B．Mask都为Intersect模式
    C．Mask都为Difference模式   D．Mask都为Add模式

（6）使用矩形蒙版工具绘制Mask时，按住什么键可以绘制出正方形Mask。（　　）
    A．Shift键   B．Ctrl键
    C．Alt键   D．空格键

（7）在After Effects中，对于已生成的蒙版，可以进行哪些调节？（　　）
    A．对蒙版边缘进行羽化   B．设置蒙版的不透明度
    C．扩展和收缩蒙版   D．对蒙版进行反转

2. 填空题

（1）在使用椭圆工具绘制Mask时，按住Ctrl键拖动句柄，可以从_____开始建立Mask。

（2）时间线窗口中的图层上建立_____之后，会显示Mask属性的目标选项。

（3）通过勾选遮罩属性的_____参数可反向显示遮罩范围。

（4）选中时间线窗口中包含Mask的层后，按快捷键_____键可以直接展开该层的Masks（遮罩）和Mask Path（蒙版路径）。

3. 判断题

（1）使用钢笔工具绘制遮罩时，产生控制点后，按住Shift键拖动鼠标，控制点方向线可以沿30度角度移动。（　　）

（2）在After Effects中，可以在准备建立遮罩的目标层上单击鼠标右键，执行Mask（遮罩）|New Mask（新建遮罩）命令来绘制各种遮罩。（　　）

（3）遮罩可以是一个密闭路径轮廓，也可以是一个开放路径。（　　）

4. 上机操作题

使用钢笔工具和遮罩混合模式制作如图4-59所示的创意撕裂。

图4-59　创意撕裂

第5章
关键帧动画

关键帧动画，就是给需要动画效果的属性添加一组与时间相关的值，这些值都是在动画序列中比较关键的帧中提取出来的，而其他时间帧中的值，可以用这些关键值，采用特定的差值方法计算得到，从而达到比较流畅的动画效果。

学习要点

- 什么是关键帧
- 创建关键帧

- 编辑关键帧
- 制作关键帧动画

5.1 什么是关键帧

关键帧是一个计算机动画术语。帧是动画中最小单位的单幅影像画面，相当于电影胶片上的每一张胶片。在动画软件的时间轴上，帧表现为一格或一个标记。关键帧相当于二维动画中的原画。指角色或者物体运动或变化中的关键动作所处的那一帧。关键帧与关键帧之间的动画可以由软件来创建，叫做过渡帧或中间帧。

5.2 创建关键帧

打开时间线窗口中需要添加关键帧的层，然后单击某一属性前面的 ⬚（关键帧）按钮，如图5-1所示。将时间线继续拖到某一位置，修改其参数，会看到该位置自动添加了关键帧，如图5-2所示。

图5-1　开启关键帧　　　　　　　　　图5-2　添加关键帧

打开时间线窗口中需要添加关键帧的层，然后单击某一属性前面的 ⬚（关键帧）按钮，如图5-3所示。然后将时间线拖到某一位置，单击该属性左侧的 ◄ ◆ ►（添加/删除关键帧）按钮，该位置会添加一个关键帧，接着可以修改其参数，如图5-4所示。

图5-3　开启关键帧　　　　　　　　　图5-4　添加关键帧

🔁 实例：创建关键帧

源　文　件：	源文件\第5章\创建关键帧
视频文件：	视频\第5章\创建关键帧.avi

本实例是通过对图层的不同属性设置关键帧，从而在图层制作动画。实例效果如图5-5所示。

图5-5　关键帧动画效果

01. 在项目窗口中的空白处双击鼠标左键，在弹出的窗口中选择所需素材文件，并单击"打开"按钮，如图5-6所示。

02. 将项目窗口中的01.jpg和02.png素材文件按顺序拖曳到时间线窗口中，并设置02.png图层的Scale（缩放）为70，如图5-7所示。

图5-6　导入素材

图5-7　时间线窗口

03. 将时间线拖到起始帧的位置，然后单击Position（位置）前面的 ☑（关键帧）按钮，即可在此位置添加一个关键帧，设置Position（位置）为（1270,80）。将时间线拖到第2秒的位置，设置Position（位置）为（257,560），如图5-8所示。

04. 此时拖动时间线滑块可查看最终创建关键帧的效果，如图5-9所示。

图5-8　开启追踪面板

图5-9　关键帧动画效果

5.3 编辑关键帧

要对关键帧进行修改，就需要重新编辑关键帧。重新编辑关键帧包括选择关键帧、移动关键帧、复制粘贴关键帧和删除关键帧。

5.3.1 移动关键帧

在制作过程中，可以对关键帧进行编辑修改和移动，选中需要修改或移动的关键帧，然后按住鼠标左键进行移动，如图5-10和图5-11所示。

图5-10 选择关键帧

图5-11 移动关键帧

5.3.2 复制关键帧

可以在同一层或者不同层的相同属性上进行帧的复制。

01 选中需要复制的关键帧，如图5-12所示。

02 然后单击菜单栏中的Edit（编辑）| Copy（复制），快捷键Ctrl+D。将时间线拖至需要关键帧的位置，并选中该层，最后选择Edit（编辑）| Paster（粘贴）命令，快捷键Ctrl+V，即可完成复制与粘贴关键帧的操作，如图5-13所示。

图5-12 选择关键帧

图5-13 复制关键帧

5.3.3 删除关键帧

选择不需要的关键帧，然后按键盘上的Delete（删除）键或者将时间线拖到该关键帧上，单击该属性右侧的◀◆▶（添加/删除关键帧）按钮进行删除，如图5-14所示。也可以选择菜单栏中的Edit(编辑)| Clear（清除）命令，如图5-15所示。

图5-14　选择关键帧　　　　　　　　　图5-15　删除关键帧

▶ 5.3.4　关键帧差值

关键帧差值包括Spatial Interpolation（空间差值）和 Temporal Interpolation（时间差值）两种类型。

- Spatial Interpolation（空间差值）

Spatial Interpolation（空间差值）用于控制关键帧的运动路径。是通过为关键帧设置不同的空间运算，完成空间运动动画。在层的属性中，只有Position（位置）、Anchor Point（中心点）和特效控制点具有运动路径，即只有Position（位置）、Anchor Point（中心点）和特效控制点具备空间差值属性。

每个关键帧都有很多参数可供调节，选择一个关键帧，然后在该关键帧上单击鼠标右键，即可在弹出的菜单中看到许多参数，如图5-16所示。

- 512.0,384.0：当前帧的数值。
- Edit Value（编辑数值）：编辑当前帧的数值。
- Select Equal Keyframes（选择相同关键帧）：选择所有相同数值的关键帧。
- Select Previous Keyframes（选择上一个关键帧）：选择当前位置的上一个关键帧。
- Select Following Keyframes（选择下一个关键帧）：选择当前位置的下一个关键帧。
- Toggle Hold Keyframe（切换静止关键帧）：将当前关键帧切换成静止关键帧。
- Keyframe Interpolation（关键帧差值）：关键帧的差值，选择该命令时会弹出对话框。也可以选择菜单栏中的Animation（动画）| Keyframe Interpolation（关键帧差值）命令，如图5-17所示。
- Temporal Interpolation（时间差值）：在制作过程中，非匀速的运动不仅可以使动画更为真实，还能通过运动速度的变化使画面产生节奏感，起到渲染情绪的作用。Temporal Interpolation（时间差值）用来修改关键帧的运动速度，使关键帧动画完成加速、减速等变速效果。然后可以在其下拉菜单中选择时间差值的运算方式。
- 时间差值的五种运算方式如下。
- Linear（线性）：匀速动画方式。

- Bezier（贝塞尔曲线）：自由调节速度变化方式，分别调整关键帧入速度与出速度。
- Continuous Bezier（连续贝塞尔曲线）：速度调节方式，同时调整关键帧入速度与出速度。
- Auto Bezier（自动贝塞尔曲线）：用调整曲线形态来控制运动速度。
- Hold（静止）：关键帧之间没有过渡变化，实现突变效果。该选项只能用于时间差值。

图5-16　在关键帧上单击鼠标右键

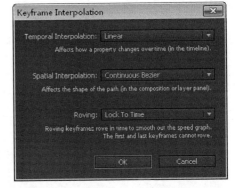

图5-17　Keyframe Interpolation（关键帧差值）对话框

- 关键帧的形态如下。
  - ◀Linear（线性）入，Linear（线性）出。
  - ◀Linear（线性）入，Hold（静止）出。
  - ◀Linear（线性）入，Bezier（贝塞尔）出。
  - ▢Hold（静止）方式。
  - ▢Auto Bezier（自动贝塞尔）方式。
  - ▮Bezier（贝塞尔）入，Bezier（贝塞尔）出。
  - ▶Bezier（贝塞尔）入，Linear（线性）出。
  - ▮Bezier（贝塞尔）入，Hold（静止）出。
- Spatial Interpolation（空间差值）的下拉菜单参数选项如下。
  - Linear（线性）：其运动路径表现为直线与直线构成的角，变化节奏比较强，且运动路径中没有调节手柄。可以产生直线运动。
  - Bezier（贝塞尔曲线）：其运动路径由平滑曲线构成，每个关键帧处都会发生方向的突变。该曲线路径中包含Bezier调节手柄，拖动手柄可改变运动路径的曲线。Bezier是通过保持控制手柄的位置平行于前一个和后一个关键帧来实现的。
  - Continuous Bezier（连续贝塞尔曲线）：Continuous Bezier和Bezier的原理相同，运动路径皆为平滑曲线构成。它在穿过一个关键帧时，会产生一个平稳的变化，与Bezier不同的是，连续贝塞尔差值的方向手柄总是处于一条直线。
  - Auto Bezier（自动贝塞尔曲线）：自动贝塞尔曲线路径表现为平滑的曲线。关键帧距两个调节手柄的距离相同，且两个调节手柄总处于一条直线。可用于制作线性向曲线的平滑过渡。
- Roving（匀速）：该功能可以在不影响关键帧参数的情况下通过统一关键帧的时间距离，使多个关键帧形成匀速运动。各项参数如下。
  - Rove Across Time：依据时间匀速。
  - Lock To Time：锁定时间。
- Rove Across Time：游动交叉时间。
- Keyframe Velocity：关键帧速率。
- Keyframe Assistant：关键帧助手。其下包含的子菜单命令如图5-18所示。

- Convert Audio to Keyframes （转换音频到关键帧）：将音频转换到关键帧。
- Convert Expression to Keyframes（转换表达式到关键帧）：将表达式转换到关键帧。
- Easy Ease（易于淡化）：将关键帧设置为易于淡化。
- Easy Ease In（易于淡入）：将关键帧转换为易于淡入。
- Easy Ease Out（易于淡出）：将关键帧转换为易于淡出。
- Exponential Scale（缩放指数）：设置缩放的指数。
- RPF Camera Import（RPF摄影机导入）：设置RPF摄影机导入。
- Sequence Layers（序列图层）：设置序列图层。
- Time-Reverse Keyframes（时间反向关键帧）：可以对层上的关键帧进行反转。

Convert Audio to Keyframes	
Convert Expression to Keyframes	
Easy Ease	F9
Easy Ease In	Shift+F9
Easy Ease Out	Ctrl+Shift+F9
Exponential Scale	
RPF Camera Import	
Sequence Layers...	
Time-Reverse Keyframes	

图5-18　关键帧助手的子菜单

5.3.5　动画辅助功能

在Adobe After Effects CS6中提供了多个功能来辅助动画制作，使动画制作更加丰富。

1. Smoother（关键帧平滑）

Smoother（平滑）功能可使关键帧之间的运动变得平滑流畅，使运动达到手工添加关键帧无法企及的自然平稳。使用该功能的条件是至少具备两个不同数值的关键帧且关键帧处于同一属性中。选择菜单栏中的Windows（窗口）| Smoother（平滑）命令，其各项参数如图5-19所示。

- Apply To（应用到）：选择对关键帧的空间差值还是时间差值进行平滑操作。
- Tolerance（容差）：对平滑值的设置，数量越大越平滑。
- Apply（应用）：单击该按钮应用此功能。

2. Wiggle（关键帧抖动）

Wiggle（抖动）功能可以在某属性的两个关键帧间自动添加不规则变化的关键帧，完成由第一个关键帧向第二个关键帧过渡的随机变化动画。应用该功能，可呈现出自然、随意的动画效果。选择菜单栏中的Windows（窗口）| Wiggler（抖动）命令，其各项参数如图5-20所示。

图5-19　Smoother（平滑）参数

图5-20　Wiggle（抖动）参数

- Apply To（应用到）：选择应用对象的类型。包括Spatial Path（添加空的偏移量），用于空间变化属性的关键帧：Temporal Grraph（添加速度的偏移量），用于速度变化属性的关键帧。
- Noise Type（噪波类型）：指定随机式分布像素值（噪声）的偏移类型。包括Smooth（平滑偏移），可以创建更多渐进缓和的偏移，而不是突然的改变：Jagged（锯齿偏移），可以创建锯

齿状的颤抖效果。

- Dimensions（偏移）：选择要影响的维数。包括One Dimensions（一个维数偏移），可以添加所需属性的一个维数的偏移；All Dimensions Independently（所有维数独立偏移），可以添加每个维数不同设置的偏移；All Dimensions the same（所有维数相同偏移），可以对所有的维数进行相同设置的偏移。
- Frequency（频率）：指定每秒对所选关键帧添加多少维数，较小的值产生临时偏移，较高的值可以产生较多的不稳定效果。
- Magnitude（量级）：设置偏移量的最大尺寸。
- Apply（应用）：单击此按钮应用抖动设置。

5.4 制作关键帧动画

为图层下的Transform(变换) 选项属性添加关键帧，制作出图层的基本关键帧动画。

实例：旋转动画

源 文 件：	源文件\第5章\旋转动画
视频文件：	视频\第5章\旋转动画.avi

本实例通过为旋转的属性添加关键帧，并调整关键帧的参数制作出旋转动画效果。实例效果如图5-21所示。

01 在项目窗口中的空白处双击鼠标左键，然后在弹出的窗口中选择所需素材文件，并单击"打开"按钮，如图5-22所示。

02 将项目窗口中的01.jpg和02.png素材文件按顺序拖曳到时间线窗口中，设置02.png图层的Position（位置）为（750,386），Scale（缩放）为74，如图5-23所示。

图5-21 旋转动画效果

图5-22 导入素材

图5-23 时间线窗口

03 将时间线拖到起始帧的位置，单击Rotation（旋转）前面的 ⏱ （关键帧）按钮，并设置 Rotation（旋转）为0°。将时间线拖到结束帧的位置，设置Rotation（旋转）为2x+327°，如图5-24所示。

04 此时拖动时间线滑块查看最终旋转动画效果，如图5-25所示。

图5-24　开启追踪面板

图5-25　旋转动画效果

5.5　拓展练习

➡ 实例：不透明度动画效果

源 文 件：	源文件\第5章\不透明度动画效果
视频文件：	视频\第5章\不透明度动画效果.avi

　　本实例通过为旋转的属性添加关键帧，并调整关键帧的参数来制作旋转动画效果。实例效果如图5-26所示。

01 在项目窗口中的空白处双击鼠标左键，然后在弹出的窗口中选择所需素材文件，单击"打开"按钮，如图5-27所示。

02 将项目窗口中的01.jpg和02.png素材文件按顺序拖曳到时间线窗口中，设置02.png图层的Position（位置）为（750,386），Scale（缩放）为74，如图5-28所示。

图5-26　不透明度动画效果

03 在时间线窗口中的空白处单击鼠标右键，在弹出的菜单中选择New（新建）|Text（文字）命令，如图5-29所示。

04 在合成窗口中输入文字，设置字体为FZXiHei I-Z08S，字体大小为131，字体颜色为蓝色（R:32，G:56，B:167），然后单击 T （粗体）按钮，如图5-30所示。

图5-27 导入素材

图5-28 时间线窗口

图5-29 导入素材

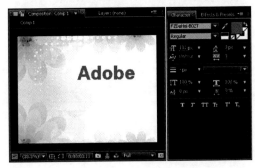

图5-30 时间线窗口

05 再次新建文字图层，在合成窗口中输入文字，设置字体为FZXiHei I-Z08S，字体大小为140，字体颜色为粉色（R:237，G:35，B:124），然后单击 **T**（粗体）按钮，如图5-31所示。

06 将时间线拖到起始帧的位置，单击第一个文字图层下Opacity（不透明度）的关键帧，并设置Opacity（不透明度）为0%，将时间线拖到第1秒的位置，设置Opacity（不透明度）为100%，如图5-32所示。

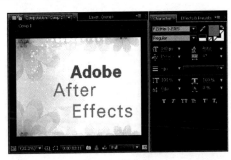

图5-31 导入素材

图5-32 时间线窗口

07 将时间线拖到第1秒的位置，单击第二个文字图层下Opacity（不透明度）的关键帧，设置Opacity（不透明度）为0%，将时间线拖到第2秒的位置，设置Opacity（不透明度）为100%，如图5-33所示。

08 此时拖动时间线滑块可查看最终不透明度动画效果，如图5-34所示。

图5-33 添加关键帧

图5-34 不透明度动画效果

5.6 本章小结

通过对本章的学习，可以熟练掌握关键帧的创建、编辑方法，以及制作关键帧动画的方法，并且可以综合多种属性为文件添加关键帧，制作出丰富的动画效果。

- 单击图层下的某一属性前面的 ◎（关键帧）按钮，设置该属性参数，将时间线拖到某一位置，修改其参数，则该位置自动添加关键帧。即创建出关键帧动画。
- 单击添加了关键帧的属性的 ◀◆▶（添加/删除关键帧）按钮的左右箭头，可选择当前位置的前一个或后一个关键帧。
- 选中需要修改或移动的关键帧，然后按住鼠标左键拖动即可进行移动。选择不需要的关键帧，然后按Delete（删除）键或者将时间线拖到该关键帧上，单击该属性的 ◀◆▶（添加/删除关键帧）按钮即可进行删除。
- 选择关键帧，然后选择Windows（窗口）| Smoother（平滑）命令，在弹出的面板中设置平滑，使动画运动变得平滑流畅，达到手工添加关键帧无法企及的自然平稳。
- 选择关键帧，选择Windows（窗口）| Wiggle（抖动）命令，在弹出的面板中设置抖动，可以在两个关键帧间自动添加不规则变化的关键帧，完成过渡的随机变化动画。

5.7 课后习题

1. 选择题

（1）下列哪种方法可以对层上的关键帧进行反转？（ ）

　　A．Time-Reverse Keyframes　　　　　B．按快捷键Ctrl + Alt + R

　　C．改变层的入点　　　　　　　　　　D．改变层的出点

（2）可使关键帧之间的运动变得平滑流畅的命令是什么？（ ）

　　A．Motion Sketch　　　　　　　　　　B．Smoother

　　C．Roving　　　　　　　　　　　　　D．Wiggler

（3）某层的运动路径表现为直线与直线构成的角，且运动路径中没有调节手柄的是什么空间差值？（ ）

　　A．Bezier　　　　　　　　　　　　　B．Linear

　　C．Hold　　　　　　　　　　　　　　D．Continuous Bezier

（4）制作由第一个关键帧向第二个关键帧过渡的随机变化动画，应在全选两个关键帧后使用下列哪个命令？（　）

A．Animation/Keyframe Assistant　　　B．Windows/Wiggler

C．Windows/Smoother　　　D．Animation/Keyframe Interpolation

（5）下列那些属性间可以进行关键帧的复制？（　）

A．层A的位置关键帧可以复制到层B的位置关键帧

B．层A的位置关键帧可以复制到层B的缩放关键帧

C．层A的位置关键帧可以复制到层B的旋转关键帧

D．层A的位置关键帧可以复制到层B的透明关键帧

（6）在层的属性中具备空间差值的属性有哪些？（　）

A．Position　　　B．Anchor Point

C．特效控制点　　　D．Scale

（7）下列哪种差值方法只能用于时间差值？（　）

A．线性　　　B．贝赛尔

C．连续贝塞尔　　　D．静止

2. 填空题

（1）选择不需要的关键帧进行删除，可以按键盘上的_____键或者单击菜单栏中的_____命令。

（2）关键帧差值可分为_____和_____两种类型，产生关键帧动画需有至少两个关键帧。

（3）_____命令可以在不影响关键帧参数的情况下统一关键帧的时间距离，使多个关键帧形成匀速运动。

（4）SpatialInterpolation（空间差值）的四种运算方式中，_____差值可以产生直线运动。

3. 判断题

（1）在一个层中，可以将位置属性上的关键帧复制到缩放属性上。（　）

（2）时间差值的Bezier（贝塞尔曲线）可以自由调节速度变化方式，并分别调整关键帧的入速度与出速度。（　）

（3）将关键帧的间隔时间加长，可以加快动画的运动速度。（　）

（4）在制作过程中，可以对关键帧进行再次编辑修改和移动。（　）

4. 上机操作题

使用旋转属性关键帧制作如图5-35所示的黑板摇摆。

图5-35　黑板摇摆

第6章
跟踪与稳定

在使用摄影机拍摄时，最常见的问题是容易产生摄影机晃动。使用After Effects CS6进行后期处理时，可以将晃动的画面进行稳定处理。有时在拍摄完成后，我们需要将画面中的一部分进行替换，那么也需要使用After Effects CS6进行跟踪处理，并进行替换。这两种技术是After Effects CS6非常实用的。

学习要点

- 初识跟踪与稳定
- 使用Wiggler（摇摆器）
- 使用Motion Sketch（运动轨迹）

6.1 初识跟踪与稳定

　　运动跟踪和运动稳定在影视后期处理中应用相当广泛。不过，一般在前期的拍摄中，摄像师就要注意拍摄时跟踪点的位置。设置合适的跟踪点，可以使后期的跟踪动画制作更加容易。

　　在After Effects 中，进行运动追踪前，首先需要定义一个追踪范围，追踪范围由两个方框和一个十字线构成。根据追踪类型的不同，追踪范围框数目也不同，可以进行一点追踪、二点追踪、三点追踪或四点追踪。

1. Tracker（跟踪）面板

　　After Effects CS6对运动跟踪和运动稳定的设置，主要在Tracker（跟踪）面板中进行。在默认情况下，After Effects 的跟踪是基于画面的RGB通道进行处理的。可以根据图像的RGB、Luminance和Saturation等差异比较来进行追踪。

　　在时间线面板中选择要跟踪的层，然后在菜单栏中选择Animation（动画）| Track Motion（运动跟踪）命令，如图6-1所示。此时的跟踪窗口效果如图6-2所示。

图6-1　运动跟踪

图6-2　跟踪窗口

　　在时间线面板中选择要跟踪的层，然后在菜单栏中执行Window（窗口）| Tracker（跟踪）命令，如图6-3所示。接着在Tracker（跟踪）面板中单击Track Motion（运动跟踪）或Stabilize Motion（运动稳定）按钮，如图6-4所示。

图6-3　开启跟踪面板

图6-4　跟踪面板

在使用Track Motion（运动跟踪）时，画面中要有明显的运动物体。在使用Motion Tracker（运动跟踪）时，在Layer（层）窗口中可以同步预览跟踪的画面和显示跟踪范围，还可以手动设置跟踪范围。

在After Effects中，运动追踪工具可以对位置、旋转、位置及旋转、仿射边角与透视边角四种运动方式进行追踪。

6.2 使用Wiggler（摇摆器）

Wiggler（摇摆器)可以在现有关键帧的基础上，自动创建随机关键帧，并产生随机的差值，使属性产生偏差并制作成动画效果。因此可以通过摇摆器来控制关键帧的数量，还可以控制关键帧间的平滑效果及方向，它是制作随机动画的理想工具。

在菜单栏中选择Window（窗口）| Wiggler（摇摆器）命令，打开Wiggler（摇摆器）面板，如图6-5所示。

图6-5 摇摆器面板

- Apply To（应用到）：设置摇摆器曲线类型。
  - Temporal Graph（时间图表）：空间动画轨迹。
  - Spatial Path（空间路径）：时间曲线图。
- Noise Type（噪波类型）：设置噪波的类型。
  - Smooth（平滑）：噪波类型为平滑。
  - Jagged（锯齿）：噪波类型为锯齿。
- Dimensions（方向）：设置轴向。
  - X：X轴方向。
  - Y：Y轴方向。
  - All the same（全部相同）：每个维数相同的变化。
  - All Independently（全部独立）：每个维数不同的变化。
- Frequency（频率）：设置变化频率的大小。
- Magnitude（大小）：设置变化幅度的大小。

6.3 使用Motion Sketch（运动轨迹）

运动轨迹命令是以绘画的形式随意地绘制运动路径，并根据绘制的轨迹自动创建关键帧，制作出运动的动画效果。

在菜单栏中选择Window（窗口）| Motion Sketch（运动轨迹）命令，可以打开Motion Sketch（运动轨迹）面板，各项参数如图6-6所示。

图6-6 运动轨迹面板

- Capture speed at（捕捉速度）：通过输入百分比参数，设置捕捉的速度，值越大，捕捉的动画越多，速度也越快。
- Smoothing：设置平滑度。
- Show（显示）：用于设置捕捉时图像的显示情况。
- Wireframe（线框）：表示在捕捉时，图像以线框的形式显示，方便控制动画的线路。
- Background（背景）：表示在捕捉时，合成预览时显示下一层的图像效果，如果不选择该项，将显示黑色背景。

- Start（开始）：表示当前时间滑块所在的位置，也是捕捉动画的开始位置。
- Duration（持续时间）：表示当前合成文件的持续时间。
- Start Capture（开始捕捉）：单击该按钮，鼠标指针将变成十字形，在合成窗口中单击并拖动鼠标，可以开始制作捕捉动画。

对影像进行运动追踪时，如果特征区域脱离追踪目标。可以在Layer窗口中调整跟踪分离处的跟踪区域及其他设置，从此处重新进行追踪或手动调整出现分离的帧的跟踪区域。还可以提高追踪精度和适当加大搜索区域。

实例：替换广告牌

源 文 件：	源文件\第6章\替换广告牌
视频文件：	视频\第6章\替换广告牌.avi

本实例根据四点追踪的内框识别当前选定范围的颜色和亮度，外框识别和内框的颜色与亮度有差别的地方的特点，对广告牌进行追踪替换。实例效果如图6-7所示。

图6-7　替换广告牌效果

01 在项目窗口中的空白处双击鼠标左键，然后在弹出的窗口中选择所需素材文件，单击"打开"按钮，如图6-8所示。

02 将项目窗口中的01.jpg和02.png素材文件按顺序拖曳到时间线窗口中，设置02.png图层的Scale（缩放）为70，如图6-9所示。

图6-8　导入素材

图6-9　时间线窗口

03 在菜单栏中选择Window（窗口）| Tracker（追踪）命令。开启Tracker（追踪）面板，如图6-10所示。

04 选择01.avi图层，单击Tracker（追踪）面板中的Track Motion（运动追踪）按钮，设置Track Type（追踪类型）为Perspective corner pin（透视边角定位），如图6-11所示。

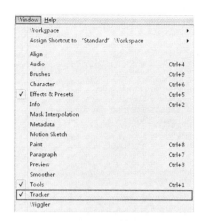

图6-10　开启追踪面板

图6-11　设置追踪类型

05 将时间线拖到起始帧的位置，在01.avi监视器窗口中，分别将四个Track Point（追踪点）移动到广告牌的四个边角位置，如图6-12所示。

06 选择时间线窗口中的01.avi图层，单击Tracker（追踪）面板中的 ▶（分析前进）按钮，如图6-13所示。

图6-12　设置追踪点

图6-13　开始追踪

07 此时01.avi监视器窗口中出现许多追踪运动的关键帧，如图6-14所示。

08 单击Tracker（追踪）面板的Apply（应用）按钮，如图6-15所示。

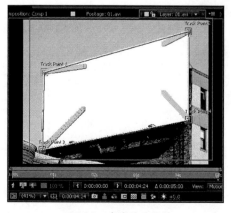

图6-14　追踪的关键帧

图6-15　应用追踪

09 此时拖动时间线滑块可查看最终替换广告牌效果，如图6-16所示。

图6-16　替换广告牌效果

6.4　拓展练习

➡️ 实例：替换摇摆相框效果

源　文　件：	源文件\第6章\替换摇摆相框效果
视频文件：	视频\第6章\替换摇摆相框效果.avi

本实例根据四点追踪方法，调节追踪点的内框和外框大小，提高追踪效果和放大追踪范围，对摇摆相框进行追踪替换。实例效果如图6-17所示。

01 在项目窗口中的空白处双击鼠标左键，然后在弹出的窗口中选择所需素材文件，单击"打开"按钮，如图6-18所示。

图6-17　替换摇摆相框效果

图6-18　导入素材

02 将项目窗口中的01.jpg和02.png素材文件按顺序拖曳到时间线窗口中，设置02.png图层的Scale（缩放）为70，如图6-19所示。

03 在菜单栏中选择Window（窗口）| Tracker（追踪）命令。开启Tracker（追踪）面板，如图6-20所示。

图6-19　时间线窗口　　　　　　　　　　　图6-20　开启追踪面板

04 选择01.avi图层，单击Tracker（追踪）面板中的Track Motion（运动追踪）按钮，设置Track Type（追踪类型）为Perspective corner pin（透视边角定位），如图6-21所示。

05 将时间线拖到起始帧的位置，然后在01.avi监视器窗口中，分别将四个Track Point（追踪点）移动到广告牌的四个边角位置，如图6-22所示。

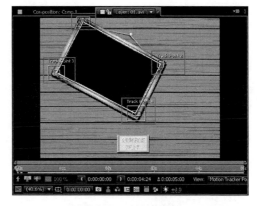

图6-21　设置追踪类型　　　　　　　　　　图6-22　设置追踪点

06 选择时间线窗口中的01.avi图层，单击Tracker（追踪）面板中的 ▶（分析前进）按钮，如图6-23所示。

07 此时01.avi监视器窗口中出现许多追踪运动的关键帧，如图6-24所示。

图6-23　开始追踪　　　　　　　　　　　　图6-24　追踪的关键帧

[08] 单击Tracker（追踪）面板的Apply（应用）按钮，如图6-25所示。

[09] 此时拖动时间线滑块可查看最终替换广告牌效果，如图6-26所示。

图6-25　应用追踪

图6-26　替换广告牌效果

6.5 本章小结

通过对本章的学习，可以解决影视后期拍摄中常遇到的问题。了解更换局部画面、稳定拍摄镜头、制作追踪动画的方法。

- 选择追踪素材，单击Tracker（追踪）面板中的Track Motion（运动追踪）按钮，然后设置Track Type（追踪类型）和四个Track Point（追踪点）的位置。最后单击Tracker（追踪）面板中的▶ （分析前进）按钮，即可完成四点追踪。
- 进行运动追踪前，首先需要定义一个追踪范围，根据追踪类型的不同，追踪范围框数目也不同，可以对素材进行一点追踪、二点追踪、三点追踪或四点追踪。

6.6 课后习题

1. 选择题

(1) 在默认情况下，After Effects 的跟踪是基于画面的哪个通道进行处理的？（　）

  A．RGB   B．Luminance

  C．Saturation   D．YIQ

(2) 在使用Track Motion（运动跟踪）时，要求画面中有下列哪项？（　）

  A．明显的运动物体   B．图像为静止状态

  C．物体运动不明显   D．素材可以是图片

(3) 在使用Motion Tracker（运动跟踪）时，在Layer（层）窗口中可以显示什么？（　）

  A．显示跟踪名称   B．同步预览跟踪的画面

  C．显示跟踪范围   D．手动设置跟踪范围

(4) After Effects 的运动追踪中，Parallel Corner Pin（平行边角）类型属于哪种追踪？（　）

  A．一点追踪   B．二点追踪

  C．三点追踪   D．四点追踪

2. 填空题

（1）After Effects 的运动追踪工具可以对_____、_____、_____、_____四种运动方式进行追踪。

（2）在After Effects 中，进行运动追踪前，首先需要定义一个追踪范围，追踪范围由两个方框和一个十字线构成。根据追踪类型的不同，追踪范围框数目也不同，可以进行_____、_____、_____、_____。

（3）_____可以在现有关键帧的基础上，自动创建随机关键帧，并产生随机的差值，使属性产生偏差并制作成动画效果。

（4）使用_____，可以以绘画的形式随意地绘制运动路径，并根据绘制的轨迹自动创建关键帧，制作出运动的动画效果。

3. 判断题

（1）可以在菜单栏中选择Window（窗口）| Motion Sketch（运动轨迹）命令，打开Motion Sketch（运动轨迹）面板。（　）

（2）在Motion Sketch（运动轨迹）面板中可以对图像进行稳定处理。（　）

（3）利用Motion Sketch（运动草图）可以控制关键帧间的平滑效果及方向，制作随机动画。（　）

（4）Capture speed at（捕捉速度）可以通过输入百分比参数，设置捕捉的速度，值越小，捕捉的动画越多，速度也越快。（　）

4. 上机操作

使用Tracker（追踪）面板制作如图6-27所示的广告牌替换效果。

图6-27　广告牌替换

第 **7** 章
创建与编辑文字效果

创建与编辑文字效果是After Effects中很重要的一部分。可以快速完成文字的创建，并且进行相应的编辑处理。文字效果是电影、广告中使用频率最高、传达效果最快的部分，掌握本章知识不仅要了解其技术，也要结合构图、色彩等知识。

学习要点

- 创建文字
- 编辑文字
- 基础文字动画
- 高级文字动画

7.1 创建文字

文字是静态作品和动态作品中都必不可缺的元素。文字不仅是信息的传达，也是视觉传达最直接的方式。Adobe After Effects CS6中的文字工具非常强大，而且操作非常便捷，因此可以非常高效地创建出很多常用的文字效果。

▶ 输入文字

输入文字的方法很多，可以使用Basic Text特效和Path Text特效输入文字，也可以使用Text文字层。而且可以对导入的PSD 格式的文字图层使用Convert To Editable Text 命令转化，然后可以使用文字工具进行编辑，并支持Photoshop CS 文件中的段落文字和路径文字。

使用Text文字层输入文字。

在时间线窗口中的空白处单击鼠标右键，然后在弹出的菜单中选择New（新建）| Text（文字）命令，或按快捷键Ctrl+Shift+Alt+T，即可创建文字层，如图7-1所示。然后在Composition（合成）窗口中输入文字即可。在Character（字符）和Paragraph（段落）面板里可以进一步修改文字效果，如图7-2所示。

图7-1　创建文字层　　　　　　　　　　　　图7-2　输入文字

还可以用下列方式输入文字：在工具栏中选择█（横排文字工具）或█（竖排文字工具），然后在合成窗口中单击鼠标，出现文字光标时输入文字即可。使用█（横排文字工具）输入的文字即是横向文字，使用█（竖排文字工具）输入的文字即是竖向文字，如图7-3和图7-4所示。

图7-3　输入横排文字　　　　　　　　　　　图7-4　输入竖排文字

在工具栏中选择█（横排文字工具），
然后在合成窗口中拖动鼠标，绘制矩形文本
框，如图7-5所示。

在合成窗口的文本框中输入文字，然后
按Enter键完成输入，如图7-6所示。

拖动合成窗口中的文本框可以调整大
小，文本框的大小同时影响文字的排列顺
序，如图7-7所示。

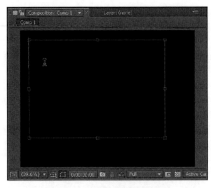

图7-5　绘制矩形文本框

图7-6　输入文字

图7-7　拖动合成窗口中的文本框

7.2　编辑文字

▶ 7.2.1　修改字体

在合成窗口中选择需要修改字体的文字，也可以双击文字层来全选文字，然后在Character
（字符）面板中修改字体，如图7-8所示。

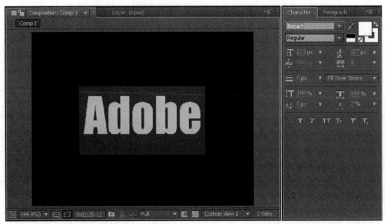

图7-8　修改字体

7.2.2 修改颜色

在合成窗口中选择需要修改颜色的文字，然后在Character（字符）面板中单击颜色方块，在弹出的拾色器中创作设置颜色。也可以使用 ✐（吸管工具）直接吸取所需的颜色，如图7-9所示。

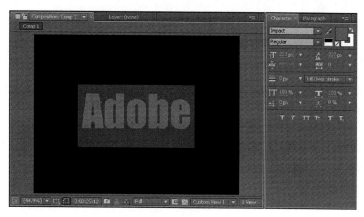

图7-9 修改颜色

7.2.3 修改大小

在合成窗口中选择需要修改大小的文字，然后在Character（字符）面板中设置文字的大小即可。也可以拖动文字外框的边缘来调节文字的大小，如图7-10所示。

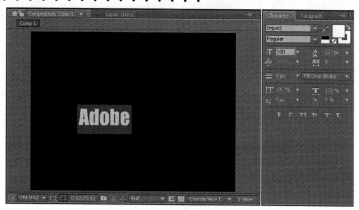

图7-10 修改文字大小

7.3 基础文字动画

常用的文字效果很多，使用After Effects可以快速模拟制作出多种文字效果，并且可以为其设置绚丽的动画。After Effects为文字层提供了动画制作手段，能够实现丰富、复杂的文本动画效果。除了变换属性动画外，文字层还可以实现独特的Source Text（源文本）动画、Path Option（路径选项）动画和更为丰富的Animation Text（文本动画）。

▶ 7.3.1 文字的基础动画

文字层除了Transform（变换）属性下的基本属性外，还包括文字层自带的Text（文字）属性栏。

1. Source Text（源文本）动画

Source Text（源文本）动画属性只具备一个关键帧自动记录器，该关键帧能够控制Character（字符）面板和Paragraph（段落）面板，也可以制作出打字机式的逐字出现的效果。各项参数如图7-11所示。

- Source Text（源文本）：在此添加关键帧可制作源文本动画，即使源文字发生变化从而制作文字变化的动画效果。
- Parh Opations（路径选项）：在Path（路径）中选择路径。
- More Options（更多选项）：在此可对文字参数进行进一步的设置。
- Anchor Point Grouping（定位点群组）：选择定位点的范围。
- Grouping Alinment（分组排列）：设置文本的分组排列。
- Fill & Stroke（填充和描边）：设置文字层的填充和描边的区域。
- Inter-Character Blending（字符间混合）：选择字符间的混合模式。

2. Path Option（路径选项）动画

Path Option（路径选项）可以为文字制作路径动画，使文字沿绘制的遮罩路径形状进行排列和运动。各项参数如图7-12所示。

图7-11 Source Text（源文本）动画

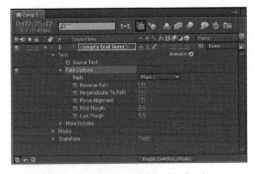
图7-12 Path Option（路径选项）动画

- Reverse Path（反转路径）：开启反转路径时，可以将路径上的文字进行反转。
- Perpendicular To Path（垂直于路径）：设置文字是否垂直于路径。
- Force Alignment（强制对齐）：设置文本是否与路径两端对齐。
- First Margin（首缩）：设置首字母的缩进量。
- Last Margin（尾缩）：设置尾字母的缩进量。

▶ 7.3.2 文字的高级动画

文字层具有独特的Animate（动画）系统，可以为文字层的文字制作出基本变换、填充颜色、字体描边、字间距和字符偏移等属性动画。

打开文字层，单击Text（文本）属性右侧的 Animate: ◐ （动画）三角按钮，然后在弹出的菜单中选择需要添加的动画类型。各项参数如图7-13所示。

- Enable Per-character 3D（字符转换为3D模式）：可以将每个字符转换成三维属性。
- Anchor Point（锚点）：制作锚点的位置动画。
- Position（位置）：制作文字位置动画。
- Scale（缩放）：制作文字缩放动画。
- Skew（倾斜）：制作文字的倾斜程度动画。
- Rotation（旋转）：制作文字的旋转动画。
- Opacity（透明度）：制作文字的透明度动画。
- All Transform Properties（全部种子属性）：单击该选项，可以弹出锚点、位置、缩放、倾斜、倾斜轴和旋转等参数。
- Fill Color（填充颜色）：设置文字的填充颜色。
- Stroke Color（描边颜色）：设置文字描边的颜色。
- Stroke Width（描边宽度）：设置文字描边宽度。
- Tracking（字距）：设置文字间的间距动画。
- Lin Anchor（行基线）：制作行基线动画。
- Line Spacing（行间距）：制作行间距动画。
- Character Offset（字符偏移）：制作字符偏移量动画。
- Character Value（字符数值）：制作字符的数值动画。
- Blur（模糊）：制作文字的模糊动画。

图7-13　选择动画类型

　　在为文字添加了Animater（动画）后，文字层的下方将出现Animater 1，其下包括Range Selector（范围控制器）和Animater的选项。单击其右侧的Add（添加）三角按钮可添加新的属性，限定文本的动画影响范围。

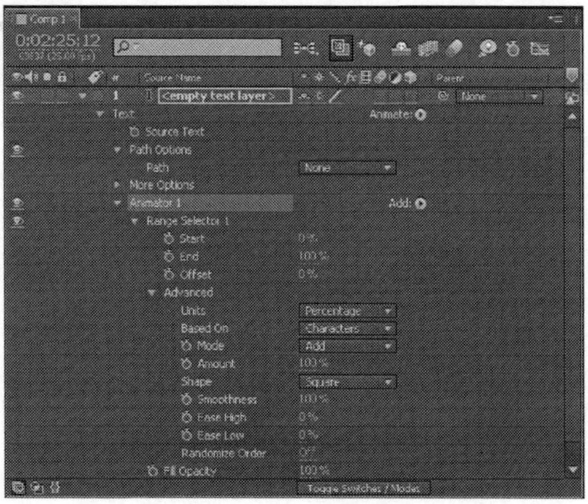

- Range Selector（范围控制器）：以字符和百分比的形式选择文本设置选区范围，动画效果将对该选区内的文字起作用，还可以设置Advanced（高级）中的各项参数，对选区进行进一步的控制，如图7-14所示。

图7-14　Range Selector（范围控制器）

  - Start（开始）：设置开始的百分比。
  - End（结束）：设置结束的百分比。
  - Offset（偏移）：设置偏移的百分比。
  - Units（单位）：设置单位。包括Percentage（百分比）和Index（索引）。
  - Based On（基准）：选择应用效果的对象。
  - Mode（模式）：选择模式，包括Add（相加）、Subtract（相减）、Interset（相交）、Min（最小）、Max（最大）和Difference（差值）。
  - Amount（数量）：设置数量的百分比。
  - Shape（外形）：设置外形。包括Square（矩形）、Ramp Up（向上渐变）、Ramp Down（向下渐变）、Triangle（三角形）、Round（圆形）和Smooth（平滑）。
  - Smoothness（平滑）：设置平滑百分比。
  - Ease High（放高）：设置放高的百分比。
  - Ease Low（放低）：设置放低的百分比。
  - Randomize Order（随机顺序）：开启状态下，可以设置随机种子的数量。

7.4 高级文字动画

　　文字是电影、电视、广告等中最为重要的元素之一，是传递信息的媒介。在After Effects中，综合使用多种技术，如使用文字工具、光效滤镜、粒子滤镜、调色滤镜等可以制作出奇妙的文字效果。

➤ 实例：扫光文字

源 文 件：	源文件\第7章\扫光文字
视频文件：	视频\第7章\扫光文字.avi

　　本实例介绍利用文字、镜头光晕和快速模糊特效制作扫光文字动画效果的方法。实例效果如图7-15所示。

01 在项目窗口中的空白处双击鼠标左键，在弹出的窗口中选择所需素材文件，并单击"打开"按钮，如图7-16所示。

02 将项目窗口中的01.jpg素材文件拖曳到时间线窗口中，如图7-17所示。

图7-15　扫光文字效果

图7-16　导入素材

图7-17　时间线窗口

03 选择 **T**（横排文字工具），然后在合成窗口中输入文字SHINEE，设置字体为Cordia New，字体类型为Bold（粗体），颜色为浅黄色（R:255，G:211，B:106），字体大小为200。接着单击 **T**（粗体）按钮，如图7-18所示。

04 将时间线拖到起始帧的位置，单击文字图层下Position（位置）和Scale（缩放）前面的关键帧，设置Position（位置）为（-83,515），Scale（缩放）为246。将时间线拖到第2秒16帧的位置，设置Position（位置）为（267,420），Scale（缩放）为100，如图7-19所示。

图7-18 新建文字图层

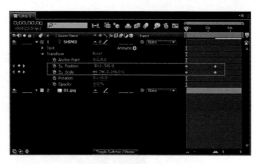

图7-19 设置文字动画

05 单击文字图层下 **Animate:** ▶ （动画）后面的三角按钮，在菜单中选择Blur（模糊）。然后将时间线拖到起始帧位置，单击Blur（模糊）前面的关键帧，并设置为100。将时间线拖到第1秒15帧的位置，设置Blur（模糊）为0，如图7-20所示。

06 在时间线窗口中的空白处单击鼠标右键，然后在弹出的菜单中选择New（新建）|Solid（固态层）命令，如图7-21所示。

图7-20 添加快速模糊特效

图7-21 新建固态层

07 在弹出的窗口中设置Name（名称）为光晕，Width（宽）为1024，Height（高）为768，颜色为黑色（R:0，G:0，B:0），然后单击OK（确定）按钮，如图7-22所示。

08 设置光晕图层的Mode（模式）为Add（添加）。为光晕图层添加Lens Flare（镜头光晕）特效，将时间线拖到起始帧的位置，单击Flare Center（光晕中心）前面的关键帧按钮，并设置为（-198,374）。继续将时间线拖到结束帧的位置，设置Flare Center（光晕中心）为（895,374），如图7-23所示。

图7-22 固态层设置窗口

图7-23 添加镜头光晕特效

09 此时拖动时间线滑块可查看最终扫光文字效果，如图7-24所示。

图7-24 扫光文字效果

实例：手写文字

源 文 件：	源文件\第7章\手写文字
视频文件：	视频\第7章\手写文字.avi

本实例介绍利用钢笔工具绘制遮罩路径，并添加描边特效模拟手写字动画效果的方法。实例效果如图7-25所示。

01 在项目窗口中的空白处双击鼠标左键，然后在弹出的窗口中选择所需素材文件，并单击"打开"按钮，如图7-26所示。

02 将项目窗口中的01.jpg素材文件拖曳到时间线窗口中，如图7-27所示。

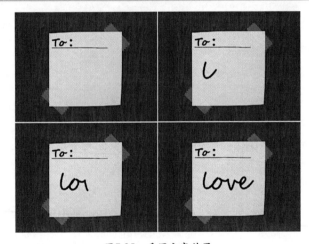

图7-25 手写文字效果

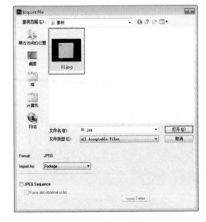

图7-26 导入素材

图7-27 时间线窗口

03 选择 ▣（横排文字工具），在合成窗口中输入文字"Love"，设置字体为Segoe Script，字体类型为Bold（粗体），颜色为黑色（R:0，G:0，B:0），字体大小为163，如图7-28所示。

04 选择 ▣（钢笔工具），在01.jpg图层上按照文字图层绘制曲线路径，如图7-29所示。

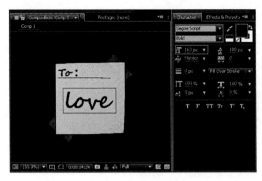 

图7-28　新建文字　　　　　　　　　　　　　　　图7-29　绘制曲线路径

05 隐藏时间线窗口中的文字图层。为01.jpg图层添加Stroke（描边）特效，设置Brush Size（笔刷大小）为0。将时间线拖到起始帧的位置，单击End（结束）前面的关键帧，并设置为0%，继续将时间线拖到第3秒的位置，设置End（结束）为100%，如图7-30所示。

06 此时拖动时间线滑块可查看最终手写文字效果，如图7-31所示。

 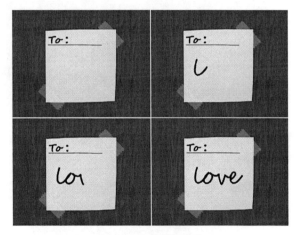

图7-30　设置描边动画　　　　　　　　　　　　　　图7-31　手写文字效果

7.5 拓展练习

➡ 实例：图案文字

源 文 件：	源文件\第7章\图案文字
视频文件：	视频\第7章\图案文字.avi

本实例介绍利用文字和轨道蒙板制作出图案文字效果的方法。实例效果如图7-32所示。

01 在项目窗口中的空白处双击鼠标左键，然后在弹出的窗口中选择所需素材文件，并单击"打开"按钮，如图7-33所示。

图7-32　图案文字效果

图7-33　导入素材

02 将项目窗口中的01.jpg素材文件拖曳到时间线窗口中，如图7-34所示。

03 选择**T**（横排文字工具），然后在合成窗口中输入文字"Chrisatine"，设置字体为 AdineKirnberg，字体大小为308，然后单击**T**（粗体）按钮，如图7-35所示。

图7-34　时间线窗口

图7-35　新建文字

04 选择时间线窗口中的图案.jpg图层，设置TrkMat（轨道蒙板）为Alpha Matte"Chrisatine"，如图7-36所示。

05 选择◯（椭圆工具），然后在背景.jpg图层上绘制一个椭圆遮罩，如图7-37所示。

图7-36　添加花纹素材

图7-37　设置描边动画

06 打开背景.jpg图层下的Masks，设置Mask Feather（遮罩羽化）为350，Mask Expansion（遮罩扩展）为-80，如图7-38所示。

07 此时拖动时间线滑块可查看最终图案文字效果，如图7-39所示。

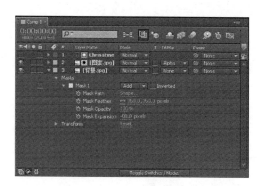

图7-38 手写文字效果　　　　　　　　图7-39 最终图案文字效果

7.6 本章小结

通过对本章的学习，了解创建文字、编辑文字、基础文字动画等方法，可以制作出多种风格的文字效果，并为文字添加动画。

- 在时间线窗口中的空白处单击鼠标右键，然后在弹出的菜单中选择New（新建）| Text（文字）命令，快捷键为Ctrl+Shift+Alt+T，即可创建文字层。或者使用工具栏中的文字工具，直接在合成窗口中输入文字。
- 在合成窗口中选择需要修改字体的文字，也可以双击文字层来全选文字，然后在Character（字符）面板中修改文字的字体、大小、颜色和描边等。
- 打开文字层自带的Text（文字）属性栏，在文字图层上绘制遮罩路径，然后设置Path Option（路径选项）的路径，即可令文字沿遮罩路径排列。对Text（文字）下的属性添加关键帧，可以制作出多种动画效果。
- 打开文字层，单击Text（文本）属性右侧的 Animate: ◎（动画）三角按钮，在弹出的菜单中选择需要添加的动画类型。然后为添加的动画属性设置关键帧，即可制作出不同属性效果的动画。

7.7 课后习题

1. 选择题

（1）在After Effects中可以采用如下哪种方式输入文字？（　　）
　　A. Basic Text特效　　　　　　　　B. Path Text特效
　　C. Paint特效　　　　　　　　　　D. Text文本层

（2）After Effects是否可以对PSD格式的文字图层进行再编辑？（　　）
　　A. 可以直接使用文字工具进行编辑。
　　B. 需要应用Convert To Editable Text菜单命令转化之后方可使用文字工具进行编辑。
　　C. After Effects支持Photoshop CS文件中的段落文字和路径文字。
　　D. 导入的时候会对PSD格式的文字图层进行栅格化，所以无法进行再编辑。

（3）制作打字机式的文本逐个出现动画需要什么属性设置关键帧？（　　）
　　A. Path Option　　　　　　　　　B. Source Text
　　C. Grouping Alignment　　　　　　D. Anchor Point

（4）将垂直文本中的双字节字符更改为水平方向显示的命令是下列哪个命令？（　　）

    A．Convert To Enable Text命令   B．Tate-Chuu-Yoko命令

    C．Horizontal命令   D．Vertical命令

（5）要限定Text的动画影响范围，需设置下列哪些参数？（　　）

    A．Start   B．End

    C．Offset   D．Smoothness

2. 填空题

（1）Text可以转化为Mask，而且Text可以沿指定的_____路径运动。

（2）在_____和_____面板里可以进一步修改文字效果。

（3）_____动画属性只具备一个关键帧自动记录器，该关键帧能够控制Character（字符）面板和Paragraph（段落）面板。

（4）在为文字添加了Animater（动画）后，文字层下面将出现Animater 1，其下包括_____和_____的选项。

3. 判断题

（1）在修改文字大小时，可以拖动文字外框的边缘来调节文字的大小。（　　）

（2）在Path Option（路径选项）动画属性中，可以将路径上的文字反转和垂直于路径。（　　）

（3）拖动合成窗口中的文本框可以调整大小，文本框大小的改变不会影响文字的排列顺序。（　　）

（4）文字层具有独特的Animate（动画）系统，可以为文字层的文字制作出基本变换、填充颜色、字体描边、字间距、字符偏移等属性动画。（　　）

4. 上机操作题

使用文字工具和字符面板中的属性制作出如图7-40所示的彩色文字效果。

图7-40　彩色文字

第8章
应用与编辑滤镜

应用与编辑滤镜是After Effects中非常重要的一部分。使用滤镜可以模拟制作出很多视频特效。After Effects滤镜可以叠加多个同时使用，从而模拟出非常震撼的动画效果。

学习要点

- 初识滤镜
- 滤镜组

8.1 初识滤镜

滤镜是After Effects CS6中最为强大的工具，其中自带了数百种特效，因此可以使用这些特效制作出各种丰富的效果。这些效果可以应用到电视、电影、广告中。当然也有非常多的外挂滤镜可以安装到After Effects CS6中，可以制作出更加强大的特效。

8.1.1 滤镜的分类

Adobe After Effects CS6将各个特效按类别保管于Effect&Presets（特效&预置）窗口的文件夹中，如图8-1所示。

图8-1 Effect&Presets（特效&预置）窗口

8.1.2 滤镜的使用方法

选择需要添加滤镜的图层，然后选择菜单栏中的Effect（效果）菜单，从中选择所需的滤镜。或者在图层上单击鼠标右键，然后在弹出的菜单中选择Effect（效果）命令，如图8-2所示。

在Adobe After Effects CS6中的Effect & Presets（效果&预设）面板中选择所需的滤镜，或者在面板上方搜索需要的滤镜，然后按住鼠标左键将其拖曳到图层上或该图层的Effect Controls（特效控制）面板上，如图8-3所示。

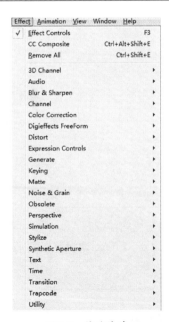

图8-2 特效菜单

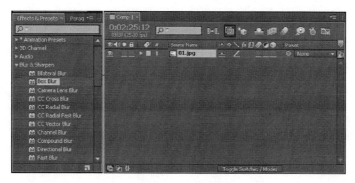

图8-3 添加滤镜

8.2 滤镜组

8.2.1 3DChannel（3D通道）

Adobe After Effects CS6支持3D类型的素材导入，3D文件就是含有Z轴深度通道的图案文件。3D软件输出的RLA、RPF、Softimage PIC/ZPIC与Electric Image EI/EIZ格式文件都能被After Effects识别。

提 示

使用3D Channel（3D通道）特效组只是读取和编辑某些3D信息，而不会修改这些文件。

1. 3D Channel Extract（3D通道提取）

3D Channel Extract（3D通道提取）特效可以将通道内的3D信息以彩色图像通道或灰度图来显示，这样可以比较直观地观察附加在通道上的信息。常作为辅助特效使用。各项参数如图8-4所示。

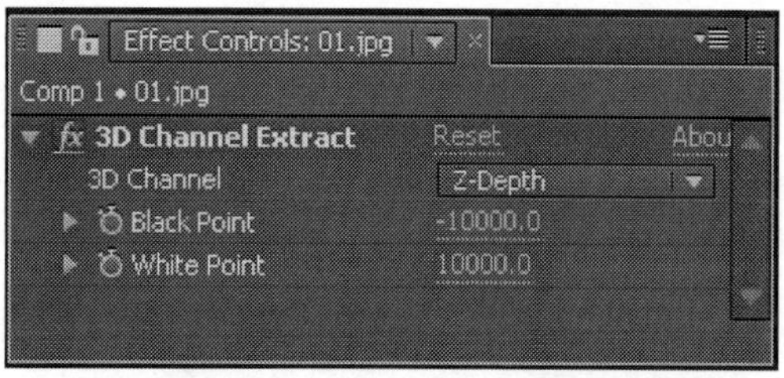

- 3D Channel（3D 通道）：在其右侧的下拉列表中可以选择当前图像附加的以下3D通道的信息。

图8-4 3D Channel Extract（3D通道提取）

- Black Point（黑点）：黑点处对应的通道信息数值。
- White Point（白点）：白点处对应的通道信息数值。

2. Depth Matte（深度蒙版）

Depth Matte（深度蒙版）特效可以辨别出3D图像的Z轴信息深度数值，根据指定的深度数值在其中建立蒙版，截取显示图像，这个指定的数值一般都在图像有效的深度数值范围之内。各项参数如图8-5所示。

- Depth（深度）：指定建立蒙版的z轴向深度数值。
- Feather（羽化）：指定蒙版的羽化值。
- Invert（反转）：反转蒙版的内外显示。

3. Depth of Field（景深）

Depth of Field（景深）特效是使通过Z轴某深度数值为中心的一定范围内的图像清晰，在这个范围之外的图像模糊。各项参数如图8-6所示。

图8-5　Depth Matte（深度蒙版）　　　　　　图8-6　Depth of Field（景深）

- Focal Plane（聚焦平面）：沿Z轴向聚焦的3D场景的平面距离。
- Maximum Radius（最大半径）：控制聚焦平面之外部分的模糊数值，数值越小模糊越明显。
- Focal Plane Thickness（聚焦面厚度）：控制聚焦区域的厚度。
- Focal Bias（聚焦偏移）：设置焦点偏移的距离。

4. ExtractoR（提取）

ExtractoR（提取）特效用于三维软件输出的图像中，根据所选区域提取画面相应的通道信息。各项参数如图8-7所示。

- Process（处理）：处理。
- Black Point（黑点）：黑点处对应的信息数值。
- White Point（白点）：白点处对应的信息数值。
- UnMult（非倍增）：非倍增的信息数值。

5. Fog 3D（雾化3D）

Fog 3D（雾化3D）特效可以根据3D图像中的Z轴深度创建雾化效果，使雾具有远近浓度不一样的距离感。各项参数如图8-8所示。

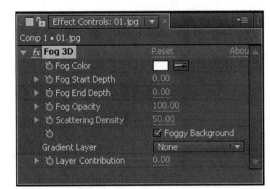

图8-7　ExtractoR（提取）特效　　　　　　图8-8　Fog 3D（3D烟雾）

- Fog Color（雾颜色）：雾使用的颜色。
- Fog Start Depth（雾开始深度）：雾效果开始出现时Z轴的深度数值。
- Fog End Depth（雾结束深度）：雾效果最后结束时Z轴的深度数值。
- Fog Opacity（雾不透明度）：雾的不透明度。
- Scattering Density（散射密度）：雾散射的密度。

- Foggy Background（雾化背景）：不选择时背景为透明的，勾选时为雾化背景。
- Gradient Layer（渐变参考层）：在时间线上选择一个图层作为参考，用于增加或减少雾的密度。
- Layer Contribution（层影响）：控制渐变参考层对雾密度的影响程度。

6. ID Matte（ID蒙版）

ID Matte（ID蒙版）特效可以将3D图像中含有不同ID号的元素分离开，并可以指定某些ID物体显示，而其他物体不显示。

> 🔍 **提 示**
>
> Use Coverage（使用覆盖）仅用于3D通道图像中包含一个存储物体后面颜色信息的通道。

7. IDentifier（标识符）

IDentifier（标识符）特效用于提取带有通道的3D图像中所包含的ID数据。各项参数如图8-9所示。

图8-9　IDentifier（标识符）

- Channel Info（Click for Dialog）（通道信息）：通道信息。
- Channel Object ID（通道物体ID数字）：通道物体ID数字。
- Display（显示）：显示类型分别为Colors（颜色）、Luma Matte（亮度蒙版）、Alpha Matte（Alpha蒙版）和Raw（不加蒙版）。
- ID：可以设置ID数字。

▶ 8.2.2　Blur&Sharpen（模糊&锐化）

Blur&Sharpen（模糊&锐化）特效组主要用于对图像进行各种模糊和锐化处理。可以快速提升画面的空间感和视觉效果。

1. Bilateral Blur（双向模糊）

Bilateral Blur（双向模糊）特效可以自动地把对比度较低的地方进行选择性模糊，并保留边缘和细节。各项参数如图8-10所示。使用效果如图8-11所示。

- Radius（半径）：模糊的半径。
- Threshold（阈值）：模糊的阈值。
- Colorize（色彩化）：画面的色彩化，默认画面为灰度模式，勾选后为彩色模式。

图8-10　Bilateral Blur（双向模糊）

图8-11　双向模糊特效使用前后对比效果

2. Box Blur（盒状模糊）

Box Blur（盒状模糊）特效是以临近像素颜色的平均值为基准，在模糊的图像的四周形成一个盒状像素边缘。各项参数如图8-12所示。使用效果如图8-13所示。

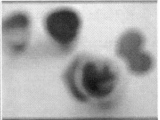

图8-12　Box Blur（盒状模糊）　　　　　图8-13　盒状模糊特效使用前后对比效果

- Blur Radius（模糊半径）：模糊半径的大小。
- Iterations（反复）：反复模糊的次数。
- Blur Dimensions（模糊方向）：模糊的方向包括3种，分别为Horizontal and Vertical（水平和垂直）、Horizontal（水平）和Vertical（垂直）。
- Repeat Edge Pixels（重现边缘像素）：可以使画面的边缘清晰地显示。

3. Camera Lens Blur（摄像机镜头模糊）

Camera Lens Blur（摄像机镜头模糊）特效可以在素材图像上产生摄像机镜头的模糊效果。各项参数如图8-14所示。

- Blur Radius（模糊半径）：模糊半径的大小。
- Iris Properties（光圈属性）：该选项用于控制镜头光圈属性。
  - Shape（形状）：控制模糊的形状，方式有三角形、方形等。
  - Roundness（圆度）：控制模糊的圆度程度。
  - Aspect Ratio（长宽比）：控制模糊的长宽比程度。
  - Rotation（旋转）：控制模糊的旋转程度。
  - Diffraction Fringe（衍射条纹）：控制产生模糊的衍射条纹程度。

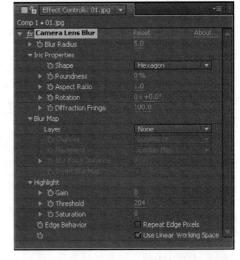

图8-14　Camera Lens Blur（摄像机镜头模糊）

- Blur Map（模糊贴图）：该选项可以为模糊添加贴图效果。
  - Layer（图层）：模糊贴图的图层。
- Highlight（高亮部分）：该选项控制模糊的高亮部分。
  - Gain（增益）：在图像高亮部分增加亮度。
  - Threshold（阈值）：模糊的阈值。
  - Saturation（饱和）：模糊图像的饱和度。
  - Edge Behavior（边缘特性）：模糊边缘的属性。
- Repeat Edge Pixels（重复边缘像素）：勾选时可让边缘保持清晰。
- Use Linear Working Space（使用线性的工作空间）：勾选时可运行使用线性的工作空间。

4. CC Cross Blur（CC 交叉模糊）

CC Cross Blur（CC 交叉模糊）特效可以在素材图像上按照X轴和Y轴方向产生交叉的模糊效果。各项参数如图8-15所示。

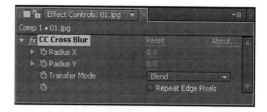

- Radius X（X轴半径）：设置X轴的半径数值。
- Radius Y（Y轴半径）：设置Y轴的半径数值。

图8-15　CC Cross Blur（CC 交叉模糊）

- Transfer Mode（传输模式）：设置传输的混合模式。

5. CC Radial Blur（CC螺旋模糊）

CCRadial Blur（CC螺旋模糊）特效可以设置素材图像的指定位置为中心点，并产生螺旋状的模糊效果。各项参数如图8-16所示。使用效果如图8-17所示。

图8-16　CC Radial Blur（CC螺旋模糊）

图8-17　CC螺旋模糊特效使用前后对比效果

- Type（模糊方式）：可以选择模糊的方式，包括Straight Zoom（直线放射）、Fading Zoom（变焦放射）、Centered（居中）、Rotate（旋转）和Scratch（刮）。
- Amount（数量）：用于设置图像的旋转层数，值越大，层数越多。
- Quality（质量）：用于设置模糊的程度，值越大，模糊程度越大，最小值为10。
- Center（模糊中心）：用于指定模糊的中心点位置。

6. CC Radial Fast Blur（CC快速放射模糊）

CC Radial Fast Blur（CC快速放射模糊）特效可以产生快速变焦式的放射模糊效果。各项参数如图8-18所示。使用效果如图8-19所示。

图8-18　CC Radial Fast Blur（CC快速放射模糊）

图8-19　CC快速放射模糊特效使用前后对比效果

- Center（模糊中心）：用于指定模糊的中心点位置。可以直接修改参数来改变中心点的位置，也可以单击参数前方的██按钮，然后在Composition（合成）窗口中通过单击鼠标来设置中心点。
- Amount（数量）：用于设置模糊的程度，值越大，模糊程度也越大。

- Zoom（爆炸叠加方式）：从右侧的下拉菜单中可以选择设置模糊的方式，包括Standard（标准）、Brightest（变亮）、Darkest（变暗）3个选项。

7. CC Vector Blur（CC向量区域模糊）

CC Vector Blur（CC向量区域模糊）特效可以在素材图像上模拟水纹交融式的模糊效果。各项参数如图8-20所示。使用效果如图8-21所示。

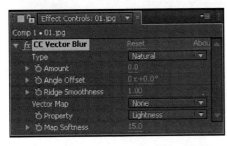

图8-20　CC Vector Blur（向量区域模糊）

图8-21　通道矢量模糊特效使用前后对比效果

- Type（模糊方式）：可以选择模糊的方式，包括Natural（自然）、Constant Length（固定长度）、Perpendicular（垂直）、Direction Center（方向中心）和Direction Fading（方向衰减）5个选项。
- Amount（数量）：用于设置模糊的程度，值越大，模糊程度也越大。
- Angle Offset（角度偏移）：用于设置模糊的偏移角度。
- Revolutions（转数）：用于设置图像边缘的模糊转数，值越大，转数越多。
- Vector Map（矢量图）：可以选择进行模糊的图层。模糊层中亮度高的区域，模糊程度大一些，模糊层亮度低的区域，模糊程度小一些。
- Property（参数）：可以选择设置通道的方式，包括Red（红）、Green（绿）、Blue（蓝）、Alpha（透明）、Luminance（亮度）、Lightness（灯）、Hue（色调）、Saturation（饱和度）。
- Map Softness（柔化图像）：用于设置图像的柔化程度，值越大，柔化程度也越大。

8. Channel Blur（通道模糊）

Channel Blur（通道模糊）特效分别对图像中的红、绿、蓝和Alpha通道进行模糊，并且可以设置水平还是垂直，或者两个方向同时进行。可以根据画面的颜色分布，分别进行模糊。各项参数如图8-22所示。

图8-22　Channel Blur（通道模糊）

- Red Blutriness（红色模糊）：设置红色通道模糊程度。
- Green Blutriness（绿色模糊）：设置绿色通道模糊程度。
- Biue Blurriness（蓝色模糊）：设置蓝色通道模糊程度。
- Alph Blutriness（Alpha通道模糊）：设置Alph通道模糊程度。

9. Compound Blur（混合模糊）

Compound Blur（混合模糊）特效是依据某一层画面的亮度值对该层进行模糊处理，或者为此层设置模糊映射层进行模糊控制，也就是用一个层的亮度变化去控管另一个层的模糊。各项参数如图8-23所示。使用效果如图8-24所示。

图8-23　Compound Blur（混合模糊）　　　　图8-24　混合模糊特效使用前后对比效果

- Blur Layer（模糊图层）：用于指定当前合成中模糊的映射层。
- Maximum Blur（最大模糊）：设置模糊的数值，以像素为单位。
- If Layer Sizes Differ（伸缩自动适配）：如果模糊映射层和本层尺寸不同，可以勾选伸缩自动适配。
- Invert Blur（反向模糊）：将模糊效果进行反向。

10. Directional Blur（方向模糊）

Directional Blur（方向模糊）特效是一种十分具有动感的模糊效果，可以产生任何方向的运动模糊感觉。各项参数如图8-25所示。

- Direction（方向）：设置运动模糊的方向，以度数为单位。
- Blur Length（模糊长度）：用于设置运动模糊的长度。

11. Fast Blur（快速模糊）

Fast Blur（快速模糊）特效用于设置图像的模糊程度，在面积比较大时应用速度较快。各项参数如图2-26所示。

图8-25　Directional Blur（方向模糊）　　　图8-26　Fast Blur（快速模糊）

Blurrriness（模糊）：设置模糊程度。

Blur Dimensions（模糊方向）：设置模糊方向，包括Horizontal and Vertical（水平和垂直两个方向），Horizontal（水平方向）和Vertical（垂直方向）三种方式。

Repeat Edge Pixels（重复边缘像素）：勾选时可让边缘保持清晰。

12. Gaussian Blur（高斯模糊）

Gaussian Blur（高斯模糊）特效用于模糊和柔化图像，可以去除杂点，层的质量设置对高斯模糊没有影响。各项参数如图8-27所示。

- Blutrriness（模糊）：设置模糊程度。

图8-27　Gaussian Blur（高斯模糊）

- BIur Dimensions（模糊方向）：设置模糊方向，包括 Horizontal and Vertical（水平和垂直）、Horizontal（水平方向）和Vertical（垂直方向）。

13. Radial Blur（放射模糊）

Radial Blur（放射模糊）特效可以在指定点的位置，产生放射式的模糊效果或围绕式的模糊效果，中心部分较弱，越向外模糊越强。各项参数如图8-28所示。使用效果如图8-29所示。

图8-28　Radial Blur（放射模糊）

图8-29　放射模糊特效使用前后对比效果

- Amount（数量）：模糊强度的大小。
- Center（中心）：设置模糊的中心位置。
- Type（类型）：模糊类型，选择Spin（旋转）时，模糊呈现旋转状；选择Zoom（变焦）时，模糊呈放射状。
- Antialiasing（Best Quality）（抗锯齿（最高质量））：选择抗锯齿选项，包括High（高质量）和Low（低质量）。

14. Reduce Interlace Flicker（减弱隔行扫描闪烁）

Reduce Interlace Flicker（减弱隔行扫描闪烁）特效用于消除隔行闪烁现象，通过降低过高的色度来减弱隔行闪烁现象。各项参数如图8-30所示。

- Softness（柔化）：柔化图像的边界，避免细线条隔行扫描时产生闪烁。

图8-30　Reduce Interlace Flicker（降低隔行扫描闪烁）

15. Sharpen（锐化）

Sharpen（锐化）特效可以强化素材图像的边缘对比度，使画面更加锐化清晰。各项参数如图8-31所示。使用效果如图8-32所示。

图8-31　Sharpen（锐化）

图8-32　锐化特效使用前后对比效果

- Sharpen Amount（锐化数量）：用于设置锐化的程度。

16. Smart Blur（智能模糊）

Smart Blur（智能模糊）特效能够选择图像中的部分区域进行模糊处理，对比较强的区域保持清晰，对比较弱的区域进行模糊。各项参数如图8-33所示。

图8-33　Smart Blur（智能模糊）

- Radius（半径）：模糊的半径值。
- Threshold（阈值）：模糊的容差度，值越大，被模糊的部分就越小。
- Mode（模式）：有3种模式，分别为Normal（正常）、Edge Only（仅边缘）和Ocerlay Edge（覆盖边缘）。

17. Unsharp Mask（反遮罩锐化）

Unsharp Mask（反遮罩锐化）特效通过增强色彩或亮度像素边缘的对比度，不是对颜色边缘进行突出，而是使整体对比度增强。各项参数如图8-34所示。使用效果如图8-35所示。

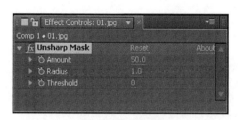

图8-34　Unsharp Mask（反遮罩锐化）

图8-35　反遮罩锐化使用前后对比

- Amount（数量）：设置锐化程度的百分比。
- Radius（半径）：指定调整像素的范围。
- Threshold（阈值）：指定边界的容差值，调整容许的对比度范围，避免调整整个画面的对比度而产生杂点。

▶ 8.2.3　Distort（扭曲）

Distort（扭曲）特效组主要用于对图像进行扭曲变形，这是很重要的一类画面技巧，可以对画面的形状进行校正，更可以使画面变形为特殊的效果。

1. Bezier Warp（贝塞尔扭曲）

Bezier Warp（贝塞尔扭曲）特效是在素材图像的边界创建一个封闭曲线，并可以通过曲线中的多点来控制图像的变形程度。各项参数如图8-36所示。使用效果如图8-37所示。

- Top Left Vertex（上左顶点）：用于定位上面的左侧顶点。
- Top Left/Right Tangent（上左/右切点）：用于定位上面的左右两个切点。
- Right Top Vertex（右上顶点）：用于定位右面的上侧顶点。
- Right Top/Bottiom Tangent（右上/下切点）：用于定位右面的上下两个切点。
- Bottom Right Vertex（下右顶点）：用于定位下面的右侧顶点。
- Bottom Left/Right Tangent（下左/右切点）：用于定位下面的左右两个切点。

- Left Bottom Vertex（左下顶点）：用于定位左面的下侧顶点。
- Left Top/Bottom Tanget（左上/下切点）：用于定位左面的上下两个切点。
- Quality（质量）：调节曲线的精细程度。

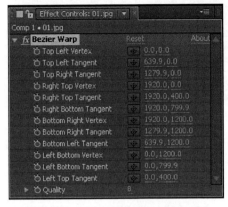

图8-36　Bezier Warp（贝塞尔扭曲）

图8-37　扭曲使用前后的对比效果

2. Bulge（凹凸镜）

Bulge（凹凸镜）特效可以制作出凹凸效果，可以模拟素材图像透过气泡或放大镜所产生的变形效果。各项参数如图8-38所示。使用效果如图8-39所示。

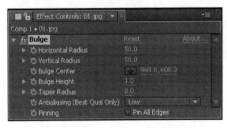

图8-38　Bulge（凹凸镜）

图8-39　凹凸镜使用前后对比效果

- Horizontal Radius（水平半径）：凹凸镜效果的水平半径大小。
- Vertical Radius（垂直半径）：凹凸镜效果的垂直半径大小。
- Bulge Center（凹凸中心）：凹凸镜效果的中心定位点。
- Bulge Height（凹凸高度）：凸凹程度设置，正值为凸，负值为凹。
- TaPer Radius（锥度范围）：用于设置凸凹边界的锐利程度。
- Antialiasing（抗锯齿）：反锯齿设置，只用于最高质量。
- Pinning（固定）：选择Pin All Edges（固定所有边缘）为定位所有边界。

3. CC Bend It（CC区域弯曲）

CC Bend It（CC区域弯曲）特效可以利用图像两个边角坐标位置的变化对图像进行变形处理，主要用于根据需要定位图像，可以拉伸、收缩、倾斜和扭曲图像。各项参数如图8-40所示。使用效果如图8-41所示。

- Bend（弯曲）：设置图像的弯曲程度。
- Start（开始）：设置开始坐标的位置。
- End（结束）：设置结束坐标的位置。
- Render Prestart（渲染前）：从右侧的下拉菜单中选择一种模式来设置图像起始点的状态。

- Distort（扭曲）：从右侧的下拉菜单中可以选择一种模式来设置图像结束点的状态。

图8-40　CC Bend It（CC两点弯曲）　　　　图8-41　CC区域弯曲特效使用前后对比效果

4. CC Bender（CC卷曲）

CC Bender（CC卷曲）特效可以使图像产生画面卷曲的效果。各项参数如图8-42所示。

- Amount（数量）：设置图像的卷曲程度。
- Style（样式）：从右侧的下拉菜单中，可以选择一种模式来设置图像卷曲的方式以及卷曲的圆滑程度，包括Bend、Marilyn、Sharp和Boxer四个选项。
- Adjust To Distance（调整方向）：勾选该复选框可以控制卷曲的方向。
- Top（顶部）：设置顶部坐标的位置。
- Base（底部）：设置底部坐标的位置。

5. CC Blobbylize（CC融化）

CC Blobbylize（CC融化）特效可以在素材图像上制作出画面融化的效果。各项参数如图8-43所示。

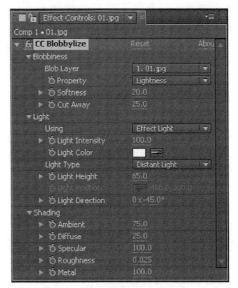

图8-42　CC Bender（CC卷曲）　　　　图8-43　CC Blobbylize（CC融化）

- Blobbiness（滴状斑点）：调整整个图像的扭曲程度与样式。
  - Blob Layer（滴状斑点层）：从右侧的下拉菜单中可以选择一个层，为特效层指定遮罩层。这里的层即是当前时间线上的某个层。
  - Property（特性）：从右侧的下拉菜单中可以选择一种特性，用于改变扭曲的形状。
  - Softness（柔和）：设置滴状斑点边缘的柔化程度。

- Cut Away（剪切）：调整被剪切部分的多少。
- Light（光）：用于调整图像光强度的大小以及整个图像的色调。
    - Light Intensity（光强度）：调整图像的明暗强度。
    - Light Color（光颜色）：设置光的颜色来调整图像的整体色调。
    - Light Type（光类型）：从右侧的下拉菜单中可以选择一种光的类型，用于改变光照射的方向，包括Distsnt Light（远距离光）和Point Light（点光）两种类型。
    - Light Height（光线高度）：设置光线的长度来调整图像的曝光度。
    - Light Position（光的位置）：设置高光的位置，此项只有当Light Type（光类型）为Point Light（点光）时才可被激活使用。
    - Light Direction（光方向）：调整光照射的方向。
- Shading（遮光）：设置图像的明暗程度。
    - Ambient（环境）：控制整个图像的明暗程度。
    - Diffuse（漫反射）：调整光反射的程度，值越大，反射程度越强，图像越亮。
    - Specular（高光反射）：设置图像的高光反射的强度。
    - Roughness（边缘粗糙）：调整图像的粗糙程度。
    - Metal（光泽）：使图像的亮部具有光泽。

6. CC Flo Motion（CC折叠运动）

CC Flo Motion（CC折叠运动）特效可以在素材图像上制作出画面两点收缩变形的效果。各项参数如图8-44所示。

图8-44　CC Flo Motion（CC折叠运动）

- Kont1（控制点1）：设置控制点1的位置。
- Amount1（数量1）：设置控制点1位置图像拉伸的重复度。
- Kont2（控制点2）：设置控制点2的位置。
- Amount2（数量2）：设置控制点2位置图像拉伸的重复度。
- Tile Edges（边缘拼贴）：不勾选该复选框，图像将按照一定的边缘进行剪切。
- Antialiasing（抗锯齿）：设置拉伸的抗锯齿程度。
- Falloff（衰减）：设置图像拉伸的重复度。值越小，重复度越大；值越大，重复度越小。

7. CC Griddler（CC方格）

CC Griddler（CC方格）特效可以使图像产生方格状的旋转扭曲效果。各项参数如图8-45所示。使用效果如图8-46所示。

图8-45　CC Griddler（CC方格）

图8-46　CC方格特效使用前后对比效果

- Horizontal Scale（横向缩放）：设置方格横向的偏移程度。

- Vertical Scale（纵向缩放）：设置方格纵向的偏移程度。
- Tile Size（拼贴大小）：设置方格尺寸的大小。值越大，方格越大；值越小，网格越小。
- Rotation（旋转）：设置方格的旋转程度。
- Cut Tiles（拼贴剪切）：勾选复选框，方格边缘出现黑边，有凸起的效果。

8. CC Lens（CC镜头）

CC Lens（CC镜头）特效可以使图像产生镜头扭曲效果。各项参数如图8-47所示。

- Center（镜头中心）：设置变形中心的位置。
- Size（大小）：设置变形图像的尺寸大小。
- Convergence（会聚）：设置后，图像产生向中心会聚的效果。

图8-47　CC Lens（CC镜头）

9. CC Page Turn（CC翻页）

CC Page Turn（CC翻页）特效可以使素材图像产生书页卷起的效果。各项参数如图8-48所示。使用效果如图8-49所示。

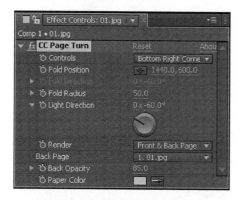

图8-48　CC Page Turn（CC翻页）

图8-49　CC翻页特效使用前后对比效果

- Fold Position（折叠位置）：设置书页卷起的程度。在合适的位置为该项添加关键帧，可以产生书页翻动的效果。
- Fold Direction（折叠方向）：设置书页卷起的方向。
- Fold Radius（折叠半径）：设置折叠时的半径大小。
- Light Direction（光方向）：设置折叠时产生的光的方向。
- Render（渲染）：可以选择一种方式来设置渲染的部位，包括Front&Back Page（前&背页）、Back Page（背页）和Front Page（前页）3个选项。
- Back Page（背页）：从右侧的下拉菜单中可以选择一个层，作为背页的图案。这里的层即是当前时间线上的某个层。
- Back Opacity（背页不透明度）：设置卷起时背页的不透明度。

10. CC Power Pin（CC四角扯动）

CC Power Pin（CC四角扯动）特效可以利用图像4个边角坐标位置的变化对图像进行变形处理，可以拉伸、收缩、倾斜和扭曲图形，也可以用于模拟透视效果。各项参数如图8-50所示。

- Top Left（左上角）：在合成窗口中单击鼠标壳改变左上角控制点的位置，也可以输入数值的形式来修改，或选择该特效后，通过在合成窗口中拖动图标来修改左上角控制点的位置。

- Top Right（右上角）：设置右上角控制点的位置。
- Bottom Left（左下角）：设置左下角控制点的位置。
- Bottom Right（右下角）：设置右下角控制点的位置。
- Perspective（透视）：设置图像的透视强度。
- Expansion（扩充）：设置变形后图像边缘的扩充程度。

11. CC Ripple Pulse（CC波纹脉冲）

CC Ripple Pulse（CC波纹脉冲）特效可以在素材图像上产生波纹扩散的变形效果，但需要设置关键帧才能产生效果。各项参数如图8-51所示。

图8-50　CC Power Pin（CC四角扯动）

图8-51　CC Ripple Pulse（CC波纹脉冲）

- Center（波纹脉冲中心）：设置变形中心的位置。
- Pulse Level（脉冲等级）：设置波纹脉冲的扩展程度。
- Time Span（时间长度）：设置波纹脉冲的时间长度。当Time Span（时间长度）为0时，表示没有波纹脉冲效果。
- Amplitude（振幅）：设置波纹脉冲的振动幅度。

12. CC Slant（CC倾斜）

CC Slant（CC倾斜）特效可以对素材画面产生倾斜变形效果。各项参数如图8-52所示。

- Slant（倾斜）：设置图像的倾斜程度。
- Stretching（拉伸）：勾选该复选框时，可以将倾斜后的图像拉宽。
- Height（高度）：设置倾斜后图像的高度。
- Floor（地面）：设置倾斜后图像与视图底部的距离。

图8-52　CC Slant（CC倾斜）

- Set Color（设置颜色）：勾选该复选框后，可以为图像进行颜色填充。
- Color（颜色）：指定填充颜色，该项只有在勾选Set Color（设置颜色）复选框后才可以使用。

13. CC Smear（CC涂抹）

CC Smear（CC涂抹）特效通过调节两个控制点的位置、涂抹范围和半径，使图像产生涂抹变形效果。各项参数如图8-53所示。使用效果如图8-54所示。

- From（开始点）：设置涂抹开始点的位置。
- To（结束点）：设置涂抹结束点的位置。
- Reach（涂抹范围）：设置涂抹开始点与结束点之间的范围大小。

- Radius（涂抹半径）：设置涂抹半径的大小。

图8-53　CC Smear（CC涂抹）

图8-54　CC涂抹特效使用前后对比效果

14. CC Split（CC分裂）

CC Split（CC分裂）特效可以使图像在两个点之间产生分裂效果。各项参数如图8-55所示。

- PointA（分裂点A）：设置分裂点A的位置。
- PointB（分裂点B）：设置分裂点B的位置。
- Split（分裂）：设置分裂的程度。

15. CC Split2（CC分裂2）

CC Split2（CC分裂2）特效可以使图像在两个点之间产生不对称的分裂效果。各项参数如图8-56所示。

图8-55　CCSplit（CC分裂）

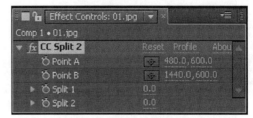

图8-56　CC Split2（CC分裂2）

- PointA（分裂点A）：设置分裂点A的位置。
- PointB（分裂点B）：设置分裂点B的位置。
- Split1（分裂1）：设置分裂1的程度。
- Split2（分裂2）：设置分裂2的程度。

16. CC Tiler（CC拼贴）

CC Tiler（CC拼贴）特效可以将图像进行水平和垂直的拼贴，产生重复多画面的效果。各项参数如图8-57所示。

- Scale（缩放）：设置拼贴图像的多少。
- Center（拼贴中心）：设置图像拼贴的中心位置。
- Blend w.Original（与原始图像混合）：调整拼贴后的图像与源图像之间的混合程度。

图8-57　CC Tiler（CC拼贴）

17. Corner PIn（边角定位）

Corner PIn（边角定位）特效可以通过改变素材的四个角的位置来对图像进行变形，可以模

拟透视效果。各项参数如图8-58所示。使用效果如图8-59所示。

图8-58　Corner PIn（边角定位）

图8-59　边角定位特效使用前后对比效果

- Upper Left（左上）：左上定位点。
- Upper Right（右上）：右上定位点。
- Lower Left（左下）：左下定位点。
- Lower right（右下）：右下定位点。

18. Displacement Map（置换映射）

Displacement Map（置换映射）特效可以将其他层作为映射层，映射层的某个通道值将对本层进行水平或垂直方向的变形，还可以利用映射的像素颜色值来影响本层的变形效果。各项参数如图8-60所示。使用效果如图8-61所示。

图8-60　Displacement Map（置换映射）

图8-61　置换映射特效使用前后对比效果

- Displacement Map Layer（置换映射图层）：选择本合成中的映射层。
- Use ForHorizontal/Vertical Displacement（使用水平置换）：选择映射层对本层水平或垂直方向起作用的通道。
- Max Horizontal/Vertical Displacement（最大水平/垂直置换）：最大水平/垂直变形程度。
- Use For Vertical Displacement（使用垂直置换）：选择映射层对本层垂直方向起作用的通道。
- Max Vertical Displacement（最大垂直置换）：最大垂直变形程度。
- Displacement Map Behavlor（置换映射方式）：设置置换方式，包括Center Map（映射居中）、Stretch Map toFit（伸缩自适应）和Tile Map（置换平铺）。
- Edge Behavior（边缘动作）：边缘设置，勾选Warp Pixels Around（包围像素）变形像素包围。勾选Expand Output（向外扩展）将原始图像的边缘像素向外进行扩展。

19. Liquify（液化）

Liquify（液化）特效能够对图像产生类似水波般的变形效果，可以使用多个工具选项对部分区域进行扭曲、旋转等调节变形。各项参数如图8-62所示。使用效果如图8-63所示。

- Tools（工具）：选择对图像产生变形的工具。
- View Options（视图设置）：对视图进行设置。

- Distortion Mesh（扭曲网格）：扭曲网格是相关选项。
- Distortion Mesh Offset（扭曲网格偏移）：设置扭曲偏移位置。
- Distortion Percentage（扭曲百分比）：设置扭曲的百分比程度。

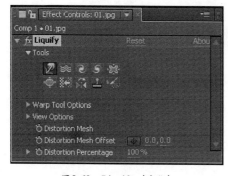

图8-62　Liquify（液化）

图8-63　液化特效使用前后对比效果

20. Magnify（放大）

Magnify（放大）特效可以对局部位置进行放大，产生类似放大镜的效果。各项参数如图8-64所示。使用效果如图8-65所示。

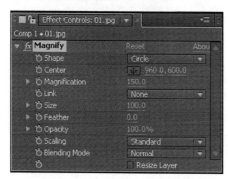

图8-64　Magnify（放大）

图8-65　放大特效使用前后对比效果

- Shape（外形）：选择放大区域以何种方式呈现，包括圆形和正方形两种。
- Center（中心）：设置放大区域中心在画面中的位置。
- Magnification（放大倍率）：设置放大的倍率。
- Link（链接）：有3种链接方式。
- Size（尺寸）：设置放大区域的面积。
- Feather（羽化）：是否将放大区域的边缘进行羽化处理。
- Opacity（不透明度）：设置放大区域的不透明度。
- Blending Mode（混合模式）：选择放大区域与原画面的混合方式。

21. Mesh Warp（网格变形）

Mesh Warp（网格变形）特效是在图像上添加网格，然后通过曲线化的网格线的节点来控制图像的变形。各项参数如图8-66所示。使用效果如图8-67所示。

- Rows（行）：设置行数。
- Columns（列）：设置列数。
- Quality（品质）：设置品质。
- Distortion Mesh（扭曲网格）：网格值显示，用于改变分辨率，当行列数发生变化时显示。

图8-66　Mesh Warp（网格变形）

图8-67　网格变形特效使用前后对比效果

22. Mirror（镜像）

Mirror（镜像）特效通过设定角度的直线，将画面分成两个对称的画面，产生镜面对称效果。各项参数如图8-68所示。使用效果如图8-69所示。

图8-68　Mirror（镜像）

图8-69　镜像特效使用前后对比效果

- Reflection Center（反射中心）：设置反射中心，也就是反射参考线的位置。
- Reflection Angle（反射角度）：设置反射角度，也就是反射参考线的斜率。

23. Offset（偏移）

Offset（偏移）特效可以使图像产生前后左右的偏移，空余的位置由偏移出的画面进行填充。各项参数如图8-70所示。使用效果如图8-71所示。

图8-70　Offset（偏移）

图8-71　偏移特效使用前后对比效果

- Shift Center To（中央位移到）：用于设置原图像的偏移中心。
- Blend With original（与原始图像混合）：与原始图像的混合程度。

24. Optics Compensation（镜头变形）

Optics Compensation（镜头变形）特效可以模拟摄像机的透视效果，用于添加或校正摄像变形效果。各项参数如图8-72所示。使用效果如图8-73所示。

- Field Of View（FOV）（视野）：镜头的视野范围，数值大时效果更明显。
- Reverse Lens Distortion（反向镜头扭曲）：反转镜头的变形效果。

- FOV Orientation（视野方向）：选择视野的方向。
- View Center（视野中心）：设置镜头的观察中心点位置。
- Optimal Pixels（lnvaildates Reversal）（最佳像素，反向无效）：对变形的像素进行优化设置，反向时无效。
- Resize（修改尺寸）：对反转效果的大小进行调节，在选中Reverse Lens Distortion（反向镜头扭曲）后才有效。

图8-72 Optics Compensation（镜头变形）

图8-73 镜头变形特效使用前后对比效果

25. Polar Coordinates（极坐标）

Polar Coordinates（极坐标）特效可以将图像的直角坐标转换为极坐标，以产生扭曲效果。各项参数如图8-74所示。使用效果如图8-75所示。

图8-74 Polar Coordinates（极坐标）

图8-75 极坐标特效使用前后对比效果

- Interpolation（插补）：设置扭曲程度。
- Type of Conversion（变换类型）：设置转换类型，有两种，Polar to Rect表示将极坐标转化为直角坐标；Rect to polar表示将直角坐标转化为极坐标。

26. Reshape（再成形）

Reshape（再成形）特效需要借助几个封闭的遮罩才能实现，通过同一层中的多个遮罩，重新限定图像的形状，产生变形效果。即在素材的起始位置和结束位置分别建一个遮罩，再建一个能框住前两个遮罩的遮罩。红色遮罩定义原始目标，黄色遮罩定义变形结果，蓝色遮罩限制变形的影响范围。各项参数如图8-76所示。使用效果如图8-77所示。

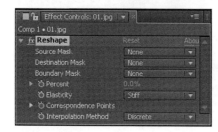

图8-76 Reshape（再成形）

图8-77 再成形特效使用前后对比效果

- Source Mask（来源遮罩）：设置再成形的来源遮罩。
- Destination Mask（目标遮罩）：设置再成形的目标遮罩。
- Boundary Mask（边界遮罩）：设置再成形的边界遮罩。
- Percent（百分比）：设置变化百分比。
- Elasticity（弹性）：弹性设置。
- Correspondence Points（相应锚点）：指定源遮罩和目标遮罩对应点的数量。
- Interpolation Method（插值方式）：有3种方式，Discrete表示离散的，Linear表示线性的，Smooth表示平滑的。

27. Ripple（波纹）

Ripple（波纹）特效可以在画面上产生波纹涟漪效果，类似水池表面的波纹效果。各项参数如图8-78所示。使用效果如图8-79所示。

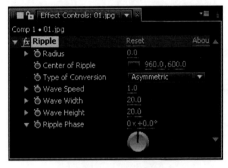

图8-78　Ripple（波纹）

图8-79　波纹特效使用前后对比效果

- Radius（半径）：设置所产生的波纹的半径大小。
- Center of Ripple（波纹中心）：指定波纹的中心位置。
- Type of Conversion（变换类型）：选择波纹的类型共有两种，Asymmetric为非对称，Symmetric为对称。
- Wave Speed（波纹速度）：设置波纹扩散的速度，正值为向外扩散，负值为向内收缩。
- Wave Width（波纹宽度）：设置波纹两个波峰之间的宽度距离。
- Wave Phase（波纹相位）：设置波纹的相位，设置不同数值的关键帧可以产生波纹波动的动画。

实例：制作水面涟漪效果

源 文 件：	源文件\第8章\制作水面涟漪效果
视频文件：	视频\第8章\制作水面涟漪效果.avi

本实例介绍如何利用波纹特效在素材表面制作类似波纹涟漪的效果。实例效果如图8-80所示。

01 在项目窗口中的空白处双击鼠标左键，然后在弹出的窗口中选择所需素材文件，并单击"打开"按钮，如图8-81所示。

02 将项目窗口中的01.jpg素材文件拖曳到时间线窗口中，如图8-82所示。

图8-80　水面涟漪效果

图8-81　导入素材

图8-82　时间线窗口

{03} 在Effect&Presets（特效与预设）面板中搜索Ripple（波纹）特效，然后将其拖曳到时间线窗口中的01.jpg素材文件上，如图8-83所示。

{04} 选择时间线窗口中的01.jpg素材文件，在Effect Controls（特效控制）面板中设置Ripple（波纹）特效下的Radius（半径）为24，Center of Ripple（波纹中心）为（938,302），Type of Conversion（类型转换）为Symmetric（对称），Wave Width（弯曲宽度）为26，Wave Height（弯曲高度）为400，如图8-84所示。

图8-83　选择波纹特效

图8-84　设置波纹特效

{05} 此时拖动时间线滑块可查看最终制作水面涟漪效果，如图8-85所示。

图8-85　水面涟漪效果

1. Rolling Shutter Repair（消除滚动快门）

Rolling Shutter Repair（消除滚动快门）特效可以在不强制稳定化的情　下，消除偏移和晃。各项参数如图8-86所示。

- Rolling Shutter Repair（消除滚动快门）：消除滚动快门的百分比。
- Scan Direction（扫描方向）：设置扫描方向。
- Advanced（高级）：高级选项。
- Method（模式）：设置模式。
- Detailed Analysis（详细分析）：设置详细分析的百分比。

2. Smear（涂抹）

Smear（涂抹）特效通过先使用遮罩在图像中定义区域，以遮罩移动位置的方式对其涂抹变形。各项参数如图8-87所示。

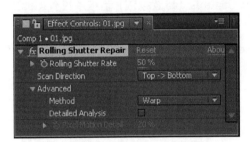

图8-86　Rolling Shutter Repair（消除滚动快门）

图8-87　Smear（涂抹）

- Source Mask（来源遮罩）：选择来源遮罩。
- Boundary Mask（边界遮罩）：选择边界遮罩。
- Mask Offset（遮罩偏移）：设置遮罩的偏移位置点。
- Mask Rotation（遮罩旋转）：设置遮罩的旋转角度。
- Mask Scale（遮罩缩放）：设置遮罩缩放的大小。
- Precent（百分比）：变化程度百分比。
- Elasticity（弹性）：设置弹性。
- Interpolation Method（插补方式）：插值的方式有3种，Discrete表示离散，Linear表示线性，Smooth表示平滑。

3. Spherize（球面）

Spherize（球面）特效可以在图像上产生球面放大的效果。各项参数如图8-88所示。使用效果如图8-89所示。

图8-88　Spherize（球面）

图8-89　球面特效使用前后对比效果

- Radius（半径）：设置球面半径的大小。
- Center of Sphere（球心）：设置球心的位置点。

4. Transform（变换）

Transform（变换）可以使图像产生二维空间的变换。各项参数如图8-90所示。使用效果如图8-91所示。

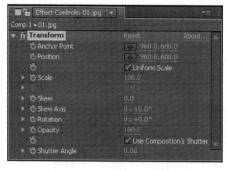

图8-90　Transform（变换）

图8-91　变换特效使用前后对比效果

- Anchor Point（锚点）：定位锚点位置。
- Position（位置）：设置变换位置。
- Uniform Scale（固定纵横比）：勾选此项时，Scale Width（宽度缩放）可用。
- Scale Height（缩放高度）：对高度设置缩放值。
- Scale Width（缩放宽度）：对宽度设置缩放值。
- Skew（倾斜）：设置倾斜的大小。
- Skew Axis（斜轴）：设置倾斜轴线的角度。
- Rotation（旋转）：设置旋转的角度。
- Opacity（不透明度）：设置不透明度。
- Shutter Angle（快门角度）：快门角度设置，由此决定运动模糊的程度。

5. Turbulent Displace（强烈置换）

Turbulent Displace（强烈置换）特效可以使画面产生强烈的扭曲变化效果。各项参数如图8-92所示。使用效果如图8-93所示。

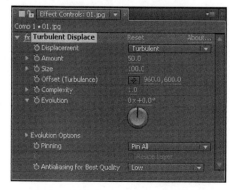

图8-92　Turbulent Displace（强烈置换）

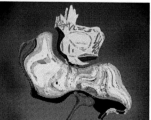

图8-93　强烈置换特效使用前后对比效果

- Displacement（置换）：选择置换位移的方式。
- Amount（数量）：设置位移的程度。

- Size（尺寸）：设置位移的周期，值越小，波纹的效果越明显。
- Offset（偏移）：设置偏移量。
- Complexity（复杂性）：设置位移的复杂性，值越大，越模糊。
- Evolution（演变）：设置演变的角度。
- Evolution Options（演变选项）：进一步设置演变。
- Pinning（固定）：设置边界是否固定，被固定的边界就不会发生偏移。
- Antialiasing for Best Quality（最高品质抗锯齿）：选择置换处理的质量。

6. Twirl（漩涡）

Twirl（漩涡）特效可以在画面的指定点位置产生类似漩涡状的扭曲变形效果。各项参数如图8-94所示。使用效果如图8-95所示。

图8-94　Twirl（漩涡）

图8-95　漩涡特效使用前后对比效果

- Angle（角度）：设置旋转的角度，正值为顺时针，负值为逆时针。
- Twirl Radius（旋转半径）：设置旋转区域的半径。
- Twirl Center（旋转中心）：设置旋转的中心位置。

7. Warp（弯曲）

Warp（弯曲）特效可以在图像上产生弯曲的变形效果。各项参数如图8-96所示。使用效果如图8-97所示。

图8-96　Warp（弯曲）

图8-97　弯曲特效使用前后对比效果

- Warp Style（弯曲风格）：选择弯曲的风格，预设有15种风格。
- Warp Axis（弯曲轴）：选择让画面以哪个方向为轴心弯曲。
- Bend（弯曲）：设置图像的弯曲程度。
- Horizontal Distortion（水平扭曲）：设置水平扭曲来加强弯曲效果。
- Vertical Distortion（垂直扭曲）：设置垂直扭曲来加强弯曲效果。

8. Warp Stabilizer（弯曲稳定）

Warp Stabilizer（弯曲稳定）特效对视频素材起作用，可以轻松地使晃动的相机平稳地移动并自动锁定镜头。可消除抖动和滚动式快门伪像以及其他与运动相关的异常情况。各项参数如

图8-98所示。

- Stabilization（稳定）：弯曲的稳定属性。
  - Result（结果）：结果里包括Smooth Motion（稳定运动）和No Motion（没有运动）两项。
  - Smoothness（平滑度）：弯曲稳定的平滑度。
  - Method（模式）：弯曲模式。
- Borders（边框）：弯曲稳定的边框。
  - Framing（最佳取景）：最佳取景方式。
  - Auto-scale（自动缩放）：弯曲稳定的自由缩放。
  - Additional Scale（附加比例）：附加的比例。
- Advanced（高级）：高级属性。
  - Detailed Analysis（详细分解）：对弯曲稳定进行详细分解。
  - Rolling Shutter Ripple（滚动波纹）：滚动的波纹。

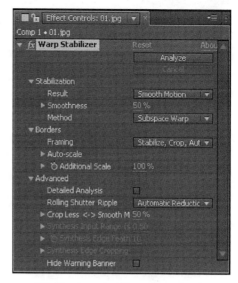

图8-98　Warp Stabilizer（弯曲稳定）

  - Crop Less<->Smooth More（裁剪<->平滑）：裁剪或平滑。
  - Synthesis Input Range（seconds）（合成输入范围/秒）：在合成中每秒输入的范围。
  - Synthesis Edge Feather（合成边缘羽化）：将合成的边缘进行羽化。
  - Synthesis Edge Cropping（合成边缘裁剪）：将合成的边缘进行裁剪。
  - Hide Warning Banner（隐藏警告横幅）：将合成窗口中的警告横幅隐藏。

9. Wave Warp（波形弯曲）

Wave Warp（波形弯曲）特效可以在图像上模拟出飘动和波纹弯曲的动画效果，而不需要添加关键帧制作动画。各项参数如图8-99所示。使用效果如图8-100所示。

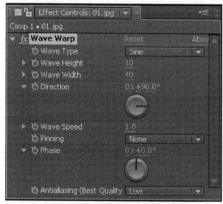

图8-99　Wave Warp（波形弯曲）　　　图8-100　波形弯曲特效使用前后对比效果

- Wave Type（波形类型）：选择波形类型，包括正弦、三角波、方波和噪波等。
  - Wave Hight（波形高度）：设置波形高度。
  - Wave Width（波形宽度）：设置波形宽度。
  - Direction（方向）：设置波动方向。
  - Wave Speed（波形速度）：设置波形速度。
- Pinning（固定）：设置边角定位，用于显示或不显示图像边缘的各种波浪效果，可以分别控

制某个边缘。

- ■ Phase（相位）：设置相位。
- Antialiasing（Best Quality）（抗锯齿，最高质量）：选择抗锯齿程度，在最高质量显示时有效。

▶ 8.2.4 Expression Controls（表达式控制）

Expression Controls（表达式控制），在Adobe After Effects CS6中是实现特效和动画的一种方式。可以通过表达式的参数链接来控制一个或多个参数。

1. 3D Point Control（三维点控制）

3D Point Control（三维点控制）特效可以设置三维点控制。各项参数如图8-101所示。

- 3D Point（三维点）：三维点的位置。

2. Angle Conrol（角度控制）

Angle Conrol（角度控制）特效可以设置角度变化控制。各项参数如图8-102所示。

图8-101 3D Point Control（三维点控制）

图8-102 Angle Conrol（角度控制）

- Angle（角度）：角度的数值。

3. Checkbox Control（检验盒控制）

Checkbox Control（检验盒控制）特效可以勾选打开和关闭参数值来控制动画特效是否启用。各项参数如图8-103所示。

- Checkbox（检验盒）：开启和关闭检验盒。

4. Color Control（色彩控制）

Color Control（色彩控制）特效可以控制颜色变化，调整表达式的色彩或色彩变换程度。各项参数如图8-104所示。

图8-103 Checkbox Control（检验盒控制）

图8-104 Color Control（色彩控制）

- Color（颜色）：所要控制的颜色。

5. Layer Control（图层控制）

Layer Control（图层控制）特效可以选择应用表达式的层。各项参数如图8-105所示。

- Layer（图层）：表达式所控制的图层。

6. Point Control（锚点控制）

Point Control（锚点控制）特效可以控制位置点的动画。各项参数如图8-106所示。

图8-105　Layer Control（图层控制）　　　　图8-106　Point Control（锚点控制）

- Point（点）：锚点控制的点的位置。

7. Slider Control（滑块控制）

Slider Control（滑块控制）特效可以设置
表达式的数值变化。各项参数如图8-107所示。

- Slider（滑块）：滑块控制的数值设置。

图8-107　Slider Control（滑块控制）

8.2.5　Generate（生成）

Generate（生成）特效可以在图像上创造各种常见的特效，如闪电、镜头光晕等，还可以对图像进行颜色填充，如四色渐变、滴管填充等。

4-Color Gradient（4色渐变）

4-ColorGradient（4色渐变）特效可以设置四个
定位点的位置和颜色，使画面产生四种渐变颜色效
果。各项参数如图8-108所示。

- Positions & Color（位置&色彩）：设置4种颜色
的位置和自身颜色。
- Blend（混合）：设置4种颜色的混合度。
- Jitter（抖动）：设置抖动数值。
- Opacity（不透明度）：设置不透明度数值。
- Blending Mode（混合模式）：设置混合叠加模
式。包括None（无）、Normal（正常）、Add
（添加）等模式。

图8-108　4-ColorGradient（4色渐变）

实例：制作四色渐变风景画

源 文 件：	源文件\第8章\制作四色渐变风景画
视频文件：	视频\第8章\制作四色渐变风景画.avi

本实例介绍如何利用四色渐变特效在素材画面上产生四种渐变颜色的混合叠加效果。实例效果如图8-109所示。

01 在项目窗口中的空白处双击鼠标左键，然后在弹出的窗口中选择所需素材文件，并单击"打开"按钮，如图8-110所示。

图8-109 四色渐变风景画

图8-110 导入素材

02 将项目窗口中的01.jpg素材文件拖曳到时间线窗口中，如图8-111所示。

03 为01.jpg图层添加4-Color Gradient（4色渐变）特效，设置Blending Mode（混合模式）为Overlay（叠加），Color 1（颜色1）为粉色（R:255，G:138，B:248），Color2（颜色2）为橙色（R:255，G:132，B:0），Color 3（颜

图8-111 时间线窗口

色3）为黄色（R:253，G:221，B:46），Color 4（颜色4）为绿色（R:40，G:152，B:26），如图8-112所示。

04 此时拖动时间线可查看最终制作四色渐变风景画的效果，如图8-113所示。

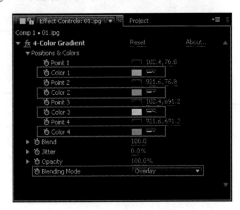

图8-112 设置波纹特效

图8-113 四色渐变风景画效果

1. Advanced Lightning（高级闪电）

Advanced Lightning（高级闪电）特效可以模拟不同形状的真实闪电效果。各项参数如图8-114所示。使用效果如图8-115所示。

- Lightning Type（闪电类型）：选择闪电的类型，包括Direction（方向）、Strike（穿透）、Breaking（阻断）、Bouncey（活跃）、Omni（全向）、Anywhere（任意）、Vertical（垂直）、Two-Way Strike（双向穿透）。
- Origin（起源）：设置闪电的开始位置。

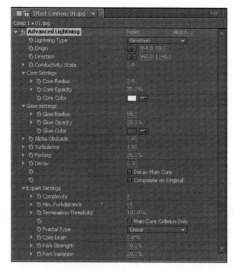

图8-114　Advanced Lightning（高级闪电）

图8-115　高级闪电特效使用前后对比效果

- Direction（方向）：设置闪电的结束位置。
- Conductivity State（转导状况）：设置闪电的随机度。
- Core Settings（核心设置）：设置核心闪电半径、不透明度、颜色的特性。
- Glow Setting（辉光设置）：设置闪电外围辉光的半径、不透明度和颜色。
- Alpha Obstacle（阿尔法阻碍）：设置闪电受alpha通道的影响。
- Turbulence（紊乱）：设置闪电混乱数值。
- Forking（分支）：设置分支数量。
- Decay（衰减）：设置分支闪电的衰减数值。
- Decay Main Core（主核心衰减）：设置主核心衰减数值。
- Composite On Origina（合成到原始素材）：闪电与原始素材的合成状态。当取消选择时，只有闪电是可见的。
- Expert Settings（专家设置）：闪电的高级和精细的设置。
- Complexity（复杂性）：设置闪电的复杂性。
- Min. Forkdistance（最小分支距离）：设置闪电分支的延长和疏密度。
- Termination Threshold（结束阈值）：设置闪电分支的极限。
- Main Core Collision Only（仅核心碰撞）：仅闪电的分支产生碰撞效果。
- Fractal Type（分形类型）：用于创建闪电形动荡的类型。
- Core Drain（核心消耗）：指定核心在创建一个新的分支时消耗的百分比。
- Fork Strength（分支强度）：设置分支强度数值。
- Fork Variation（分支变化）：设置分支变化频率。

2. Audio Spectrum（音频频谱）

Audio Spectrum（音频频谱）特效可以产生音频频谱，将看不见的声音图像化。各项参数如图8-116所示。

- Audio Layer（音频频谱）：选择合成的音频参考层。
- Start Point（起点）：指定频谱的开始位置。
- End Point（终点）：指定频谱的终点位置。
- Path（路径）：选择路径，在层上设立一个路径，可以让频谱沿路径变化。

- Use Polar Path（使用极地路径）：勾选使用极地路径。
- Start Frequency（起始频率）：设置参考最低音频频率。
- End Frequenc（终止频率）：设置参考最高音频频率。
- Frequency Bands（频段）：频率波段的显示数量。
- Maximum Height（最大高度）：显示频谱的振幅。
- Audio Duration（milliseconds）（音频长度）：音频持续时间。以毫秒为单位，用于计算频谱。
- Audio Offset（milliseconds）t（音频偏移）：音频的波形位移。

图8-116　Audio Spectrum（音频频谱）

- Thickness（厚度）：音频的图像厚度。
- Softness（柔化）：频谱的边缘柔化度。
- Inside Color（内部颜色）：设置频谱的内部颜色。
- Outside Color（外部颜色）：设置频谱的外部颜色。
- Blend Overlapping Colors（混合重叠颜色）：勾选此项时指定重叠频谱混合的颜色。
- Hue Interpolation（色相插值）：频谱的颜色插值。
- Dynamic Hue Phase（动态色调相位）：频谱的颜色相位变化。
- Color Symmetry（颜色对称）：勾选此项时使颜色对称。
- Display Options（显示选项）：指定是否显示Digital（数字）、Analog Line（模拟谱线）、Analog Dots（模拟频点）。
- Side Options（旁通选项）：指定是否显示上述路径（A面）的频谱，在下面的路径（B面），或两者（A面和B面）。
- Duration Averaging（长度拉平）：设置音频频率是否一起平均化，勾选此项时会产生较小的随机性变化。
- Composite On Original（合成到原始素材）：勾选此项时与原画面合成。

3. Audio Waveform（音频波形）

Audio Waveform（音频波形）特效与音频频谱特效相似，利用指定的音频层的某段频率的振幅变化产生声音的波形效果。各项参数如图8-117所示。使用效果如图8-118所示。

- Audio Layer（音频频谱）：选择合成的音频参考层。
- Start Point（起点）：指定频谱的开始位置。
- End Point（终点）：指定频谱的终点位置。
- Path（路径）：选择路径，在层上设立一个路径，可以让频谱沿路径变化。
- Displyed Samples（显示采样）：设置图像化频率的采样数。
- Maximum Height（最大高度）：显示频谱的振幅。
- Audio Duration（milliseconds）（音频长度）：音频持续时间。以毫秒为单位，用于计算频谱。
- Audio Offse t（milliseconds）（音频偏移）：音频的波形位移。
- Thickness（厚度）：音频的波形厚度。
- Softness（柔化）：频谱的边缘柔化度。

- Random Seed（Analog）随机种子（相似）：设置波形显示的数量。
- Inside Color（内部颜色）：设置波形的内部颜色。
- Outside Color（外部颜色）：设置波形的外部颜色。
- Waveform Options（波形选项）：设置波形的显示方式。
- Composite On Original（合成到原始素材）：勾选此项时与原画面合成。

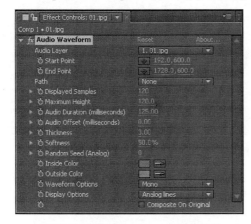

图8-117　Audio Waveform（音频波形）

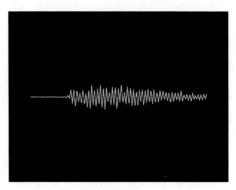

图8-118　音频波形特效使用前后对比效果

4. Beam（光束）

Beam（光束）特效可以模拟类似激光的光束效果。各项参数如图8-119所示。使用效果如图8-120所示。

图8-119　Beam（光束）

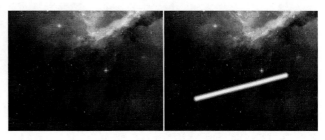

图8-120　光束特效使用前后对比效果

- Starting Point（点）：设置激光光束的起点。
- End Point（点）：设置激光光束的结束点。
- Length（长度）：设置激光光束的长度。
- Time（时间）：设置激光光束从开始位置到结束位置的时间。
- Starting Thickness（开始厚度）：设置开始宽度。
- End Thickness（结束厚度）：设置结束宽度。
- Softness（柔化）：设置激光光束边缘的柔化。
- Inside Color（内部颜色）：设置激光光束的内部颜色。
- Outside Color（外部颜色）：设置激光光束的外部颜色。
- 3D Perspective（3D透视图）：勾选此项时使用三维透视。
- Composite On Original（合成到原始素材）：勾选此项时与原画面合成。

5. CC Glue Gun（CC胶水喷枪）

CC Glue Gun（CC胶水喷枪）特效可以使图像用斑点状的粒子产生胶水喷射的效果。各项参数如图8-121所示。使用效果如图8-122所示。

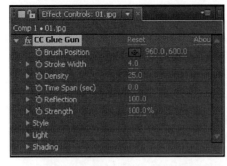

图8-121　CC Glue Gun（CC胶水喷枪）　　　　图8-122　CC胶水喷枪特效使用前后对比效果

- Brush Position（画笔位置）：设置画笔中心点的位置。
- Stroke Width（笔触角度）：设置画笔笔触的宽度。
- Density（密度）：设置密度。
- Time Span（sec）：设置每秒的时间范围。
- Reflection（反射）：使图像向中心会聚。
- Strength（强度）：设置图像的大小。

6. CC Light Burst 2.5（CC光线爆裂2.5）

CC Light Burst 2.5（CC光线爆裂2.5）特效可以使图像产生强光线放射效果。各项参数如图8-123所示。使用效果如图8-124所示。

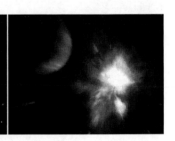

图8-123　CC Light Burst 2.5（CC光线爆裂2.5）　　　图8-124　CC光线爆裂2.5特效使用前后对比效果

- Center（中心）：设置爆裂中心点的位置。
- Intensity（亮度）：设置光线的亮度。
- Ray Length（光线强度）：设置光线的强度。
- Burst（爆裂）：设置爆裂的方式，包括Straight、Fade和Center。

7. CC Light Rays（CC光芒放射）

CC Light Rays（CC光芒放射）特效可以利用图像上不同的颜色产生不同的光芒放射，并有变形效果。各项参数如图8-125所示。

- Intensity（亮度）：设置光芒放射的亮度。
- Center（中心）：设置放射的中心点位置。
- Radius（半径）：设置光芒放射的半径。

- Warp Softness（柔化光芒）：设置光芒的柔化程度。
- Shape（形状）：从右侧的下拉菜单中可以选择一个选项来设置光芒的形状，包括Round（圆形）、Square（方形）两种形状。
- Direction（方向）：设置光芒的方向。当Shape（形状）为Square（方形）时，此项才被激活。
- Color from Source（颜色来源）：勾选该复选框，光芒会呈放射状。
- Allow Brightening（中心变亮）：勾选该复选框，光芒中心变亮。

图8-125　CC Light Rays（CC光芒放射）

- Color（颜色）：设置光芒的填充颜色。当取消勾选Color from Source（颜色来源）时此项才可以使用。
- Transfer Mode（转换模式）：从右侧的下拉菜单中选择一个选项，设置光芒与源图像的叠加模式。

8. CC Light Sweep（CC光线扫描）

CC Light Sweep（CC光线扫描）特效可以模拟制作出光线扫描的效果。各项参数如图8-126所示。

- Center（中心）：设置扫光的中心点位置。
- Direction（方向）：设置扫光的旋转角度。
- Shape（形状）：从右侧的下拉菜单中可以选择一个选项，来设置光线的形状，包括Linear（线性）、Smooth（光滑）、Sharp（锐利）3个选项。

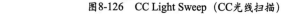

图8-126　CC Light Sweep（CC光线扫描）

- Width（宽度）：设置扫光的宽度。
- Sweep Intensity（扫光亮度）：调节扫光的亮度。
- Edge Intensity（边缘亮度）：调节光线与图像边缘相接触时的明暗程度。
- Edge Thickness（边缘厚度）：调节光线与图像边缘相接触时的光线厚度。
- Light Color（光线颜色）：设置产生的光线颜色。
- Light Reception（光线接收）：用于设置光线与源图像的叠加方式。

9. CC Threads（CC线）

CC Threads（CC线）特效可以将图像模拟出带有纹理编织交叉效果。各项参数如图8-127所示。使用效果如图8-128所示。

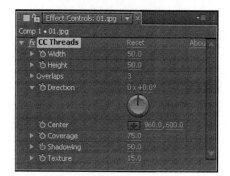

图8-127　CC Threads（CC线）

图8-128　CC线特效使用前后对比效果

- Width（宽）：设置线的宽度
- Height（高）：设置线的高度。
- Overlaps（重叠）：设置线的编织重叠次数。
- Direction（方向）：设置线的编织方向。
- Center（中心）：设置编织线的中心点。
- Coverage（覆盖）：设置线与图像的覆盖程度。
- Shadowing（阴影）：设置线的阴影。
- Texture（纹理）：设置线条上的纹理数量。

10. Cell Pattern（单元图案）

CellPattern（单元图案）特效可以制作多种类型的蜂窝状的纹理图案效果。各项参数如图8-129所示。使用效果如图8-130所示。

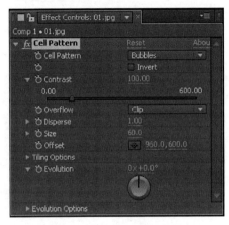

图8-129　CellPattern（单元图案）

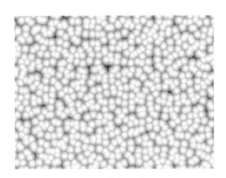

图8-130　单元图案效果

- Cell Pattern（单元图案）：选择图案类型。包括Bubbbles（泡沫）、Crystals（结晶）、Plates（电镀）、Static Plates（静态电镀）等类型。
- Invert（反转）：反转图案模式。
- Contrast/Sharpness（对比度/锐度）：设置图案的对比度或锐度。
- Overflow（溢出）：设置溢出数值。可以选择Clip（修剪）、Soft Clamp（柔化碎片）、Wrap Back（包裹背面）。
- Disperse（分散）：设置图案的分散。
- Size（尺寸）：设置图案的大小。
- Offset（偏移）：设置图案的偏移值。
- Tiling Options（平铺选项）：勾选Enable Tiling（启用平铺）选项时使用此效果，并设置Cell Horizontal（图案水平）、Cells Vertical（图案垂直）的数值。
- Evolution（演变）：设置动画，并记录动画效果。
- Evolution Options（演变选项）：设置演变的各种选项。
- Cycle Evolution（循环演变）：勾选此项是出现循环演变的效果。
- Random Seed（随机种子）：设置图案的随机数量。

11. Checkerboard（棋盘格）

Checkerboard（棋盘格）特效可以在图层上创建类似棋盘格的图案效果，格子以填充和透明间隔呈现。各项参数如图8-131所示。使用效果如图8-132所示。

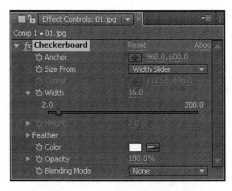

图8-131　Checkerboard（棋盘格）　　　　图8-132　棋盘格特效使用前后对比效果

- Anchor（定位点）：设置棋盘格的位置。
- Size Form（尺寸来自）：选择棋盘格的尺寸类型，可以选择Corner Point（角点）、Width Slider（宽度滑块）、Width & Height Sliders（宽度&高度滑块）。
- Coner（交角）：在Size Form（尺寸来自）中选择Corner Point（角点）时可使用此项。
- Width（宽度）：在Size Form（尺寸来自）中选择Width Slider（宽度滑块）时可使用此项。
- Height（高度）：在Size Form（尺寸来自）中选择Width & Height Sliders（宽度&高度滑块）时可使用此项。
- Feather（羽化）：设置棋盘格水平或垂直方向边缘的羽化程度。
- Color（颜色）：设置棋盘格的颜色。
- Opacity（不透明）：设置棋盘格的不透明度。
- Blending Mode（混合模式）：选择棋盘格与原图像的混和类型。

12. Circle（圆）

Circle（圆）特效可以在当前层上创建一个圆形或环形的图案效果。各项参数如图8-133所示。使用效果如图8-134所示。

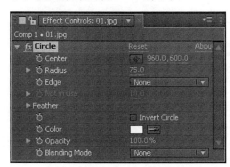

图8-133　Circle（圆）　　　　图8-134　圆特效使用前后对比效果

- Center（中心）：设置圆形的中心位置。
- Radius（半径）：设置圆形的半径。
- Edge（边缘）：选择边缘的表现形式。
- Not in use（没有使用）：当Edge（边缘）选择为None时为此状态。当Edge（边缘）为其他选项时产生相应的参数设置。
- Feather（羽化）：设置边缘的羽化程度。
- Invert Circle（反转圆形）：勾选该选项时会出现反转选择圆形的效果。
- Color（颜色）：设置圆形的颜色。

- Opacity（不透明）：设置圆形的不透明度。
- Blending Mode（混合模式）：选择圆与原图像的混和类型。

13. Ellipse（椭圆）

Ellipse（椭圆）特效可以产生椭圆形或发光圆形的效果。各项参数如图8-135所示。使用效果如图8-136所示。

图8-135　Ellipse（椭圆）

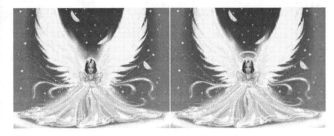

图8-136　椭圆特效使用前后对比效果

- Center（中心）：设置椭圆形的中心位置。
- Width（宽度）：设置椭圆的宽度。
- Height（高度）：设置椭圆的高度。
- Thickness（厚度）：设置椭圆的边缘厚度。
- Softness（柔化）：设置椭圆边缘的柔化。
- Inside Color（内部颜色）：设置椭圆的中间颜色。
- Outside Color（外部颜色）：设置椭圆的外部颜色。

14. Eyedropper Fill（拾色器填充）

EyedropperFill（拾色器填充）特效可以在图像中采集一种颜色并将它填充在原始画面中。各项参数如图8-137所示。使用效果如图8-138所示。

图8-137　EyedropperFill（拾色器填充）

图8-138　拾色器填充特效使用前后对比效果

- Sample Point（采样点）：设置效果的颜色采样点。
- Sample Radius（样品半径）：设置采样区域的半径。
- Average Pixel Color（平均像素颜色）：选择在图像上的填充方式。
- Maintain Original Alpha（保持原始Alpha）：勾选使用保持原有Alpha通道。
- Blend With Original（与原始图像混合）：设置填充颜色与原始图像的混合度。

15. Fill（填充）

Fill1（填充）特效可以向图层中指定区域或遮罩内填充指定的颜色。各项参数如图8-139所示。

- Fill Mask（填充遮罩）：选择需要填充的遮罩。
- Color（颜色）：选择填充的颜色。
- Horizontal Feather（水平羽化）：水平边缘羽化。
- Vertical Feather（垂直羽化）：垂直边缘羽化。
- Opacity（透明度）：设置填充颜色的透明度。

16. Fractal（分形）

Fractal（分形）特效可以直接产生Mandelbrothe Julia类型的贴图图形，可制作万花筒图形等多种效果。各项参数如图8-140所示。使用效果如图8-141所示。

图8-139　Filll（填充）

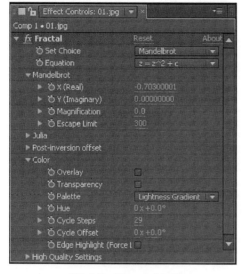

图8-140　Fractal（分形）

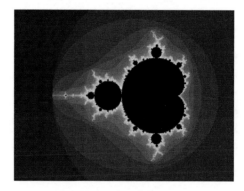

图8-141　分形特效效果

- Set Choice（设置选项）：选择分形的类型。
- Equation（方程式）：选择方程式类型。
- Mandelbrot（Mandelbrot类型设置）：设置类型，包括X（Red）、Y（Imaginary）、Magnification（放大）和Escape Limit（脱出限制）。
- Julia（Julia类型设置）：设置Julia类型。
- Post-inversion offfset（反转后的偏移）：设置分形反转后的偏移数值。
- Color（颜色）：设置分形纹理的颜色。
  - Overlay（覆盖）：勾选即覆盖。
  - Transparency（透明度）：设置透明度。
  - Palette Hue（色相调色板）：设置色相。
  - Cycle Steps（循环周期）：设置循环周期。
  - Cycle Offset（周期偏移）：设置偏移角度。
  - Edge Higlifht（Force LQ）（边缘高光（强制））：设置边缘高光。
- High Quality Settings（高质量设置）：分形的高质量设置。

17. Grid（网格）

Grid（网格）特效可以在图像上创建自定义网格效果，或者作为蒙版使用。各项参数如图8-142所示。使用效果如图8-143所示。

图8-142　Grid（网格）

图8-143　网格特效使用前后对比效果

- Anchor（锚点）：设置网格的位置点。
- Size From（尺寸来自）：选择网格的尺寸方式。包括Corner Point（角点）、Width Slider（宽度滑块）、Width & Height Slider（宽度和高度滑块）。
- Corner（相交）：设置相交点的位置。
- Width（宽度）：设置每个网格的宽度。
- Height（高度）：设置每个网格的高度。
- Border（边缘）：设置网格线的精细度。
- Feather（羽化）：设置网格线的柔和度。
- Invert Grid（反向网格）：反转网格的效果。
- Color（颜色）：设置网格线的颜色。
- Opacity（不透明度）：设置网格的不透明度。
- Transfer Mode（混合模式）：设置网格与原素材的混合模式。

18. Lens Flare（镜头光晕）

Lens Flare（镜头光晕）特效可以模拟强光经过摄像机镜头画面中产生的光环、光斑的效果。各项参数如图8-144所示。使用效果如图8-145所示。

图8-144　Lens Flare（镜头光晕）

图8-145　镜头光晕特效使用前后对比效果

- Flare Center（光源中心）：设置发光点的中心位置。
- Flare Brightness（光源亮度）：设置光源的亮度百分比。
- Len Type（Len类型）：选择镜头光源的类型。
- Blend With Original（与原始图像混合）：与原始图像的混合程度。

19. Paint Bucket（油漆桶）

Paint Bucket（油漆桶）特效可以对某颜色区域进行指定色的填充。各项参数如图8-146所示。使用效果如图8-147所示。

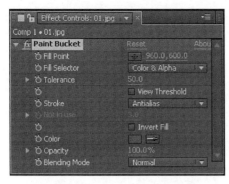

图8-146　Paint Bucket（油漆桶）

图8-147　油漆桶特效使用前后对比效果

- Fill Point（填充点）：设置需要填充的位置。
- Fill Selector（填充选项）：设置填充类型，包括Color & Alpha（颜色和阿尔法）、Straight Color（直接可选颜色）、Transparency（透明）、Opacity 9不透明度、Alpha Channel9Alpha 通道）。
- Tolerance（容差）：设置颜色的容差数值。
- View Threshold（阈值显示）：勾选此项时显示阈值。
- Stroke（笔画）：选择填充边缘的类型。
- Invert Fill（反向填充）：勾选该复选框时，将反转当前的填充区域。
- Color（颜色）：选择填充颜色。
- Opacity（不透明度）：设置不透明度的数值。
- Transfer Mode（混合模式）：设置与原素材的混合。

20. RadioWaves（电波）

RadioWaves（电波）特效可以制作由一个中心点向外扩散的波形效果。各项参数如图8-148 所示。使用效果如图8-149所示。

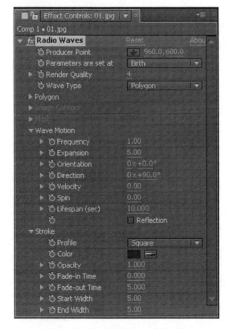

图8-148　RadioWaves（电波）

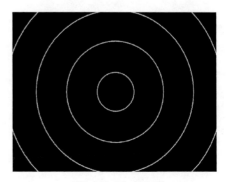

图8-149　电波效果

- Producer Point（开始锚点）：设置波形的发射位置。
- Parameters Are Set At（参数设置）：选择参数设置的位置。Birth（开始位置）、Each Frame（每一帧）。
- Render Quality（渲染质量）：设置渲染的质量。
- Wave Type（波形类型）：选择波形类型，包括Polygon（多边形）、Image Contours（图像轮廓）、Mast（遮罩）。
- Polygon（多边形）：当Wave Type（波形类型）为Polygon（多边形）时使用此项。
- Image Contour controls（图像轮廓）：当Wave Type（波形类型）为Image Contour controls（图像轮廓）时使用此项。
- Mask（遮罩）：当Wave Type（波形类型）为Mast（遮罩）时使用此项。
- Wave Motion（波形运动）：控制波形的运动。
- Stroke（描边）：设置波形轮廓线。

21. Ramp（渐变）

Ramp（渐变）特效可以在素材上添加两种不同颜色的渐变效果。各项参数如图8-150所示。

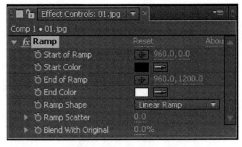

- Start of Ramp（开始渐变）：设置开始渐变位置。
- StartColor（开始颜色）：选择开始的颜色。
- End of Ramp（渐变结束）：设置结束时的渐变角度。
- End Color（结束颜色）：选择结束时的颜色。
- Ramp Shape（渐变形状）：选择渐变的形状。
- Ramp Scatter（渐变分散点）：该选项用于控制渐变分散点的分散程度。
- Blend With Original（与原始图像混合）：与原始图像的混合程度。

图8-150　Ramp（渐变）

22. Scribble（涂抹）

Scribble（涂抹）特效可以制作类似手绘的涂写效果，通过为遮罩区域填充或描边产生涂抹效果。各项参数如图8-151所示。使用效果如图8-152所示。

图8-151　Scribble（涂抹）

图8-152　涂抹特效使用前后对比效果

- Scribble（涂抹）：涂抹一个指定的遮罩层上所有涂鸦层遮罩，遮罩使用模式结合使用的模式的面具，然后涂抹生成形状。

- Mask（蒙版）：填充类型控制是否填充绘制的路径，或沿路径创建一个图层。
- Fill Type（填充类型）：选择遮罩的填充方式，包括Inside（内部）、Centered Edge（边缘中心）、Inside Edge（边内部）、Outside Edge（边外部）、Left Edge（边左）、Right Edge（边右）6个选项。
- Color（颜色）：设置涂抹的笔触颜色。
- Opacity（不透明度）：设置涂抹的不透明程度。
- Angle（角度）：设置涂抹的角度。
- Stroke Width（笔划宽度）：指定的笔的宽度。
- Stroke Options（笔触选项）：该选项组用于控制笔触的弯曲、间距和杂乱等的程度。
- Start（开始）：设置笔触绘制的开始位置。
- End（结束）：设置笔触绘制的结束位置。
- Wiggle/Second（二次抖动）：设置二次抖动的数量。
- Random Seed（随机种子）：设置笔触抖动的随机数值。
- Composite（合成）：设置笔触与源图像间的混合情况。

23. Stroke（描边）

Stroke（描边）特效可以沿路径或遮罩产生线或者点的描边效果。各项参数如图8-153所示。使用效果如图8-154所示。

图8-153　Stroke（描边）

图8-154　描边特效使用前后对比效果

- Path（路径）：设置描边的路径。
- Color（颜色）：设置描边的颜色。
- Brush Size（笔刷尺寸）：设置笔刷的大小。
- Brush Hardness：设置画笔硬度，指定边缘的质量。
- Opacity（不透明度）：设置描边的不透明度。
- Start（开始）：设置开始值。
- End（结束）：设置结束值。
- Spacing（间距）：设置描边段之间的间距。
- Paint Style（描边样式）：选择描边的表现形式。

24. Vegas（勾画）

Vegas（勾画）特效可以在画面中凸显轮廓，创建运动光线、光点等效果。还可以根据遮罩、路径的形状进行创建。各项参数如图8-155所示。

- Stroke（描边）：选择描边类型，可以选择 Image Contours（图像轮廓）、Mast/Path（面罩/路径）。
- Image Contours（图像轮廓）：当Stroke（描边）为Image Contour controls（图像轮廓）时使用此项。
- Mask/Path（遮罩/路径）：对选择的遮罩或路径进行描边。
- Segments（分布）：描边分布。
- Rendering（渲染）：渲染设置。

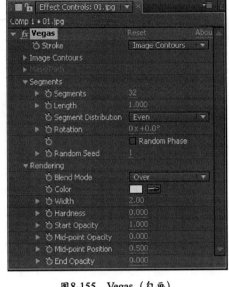

图8-155　Vegas（勾画）

25. Write-on（书写）

Write-on（书写）特效可以模拟手写的笔触效果，制作出绘制动画效果。各项参数如图8-156所示。使用效果如图8-157所示。

- Brush Position（笔刷的位置）：设置笔刷的位置。
- Color（颜色）：设置笔刷的颜色。
- Brush Size（笔刷尺寸）：设置笔刷的尺寸。
- Brush Hardness（画笔硬度）指定画笔的边缘质量。
- Brush Opacity（笔刷不透明度）：设置笔刷的不透明度。
- Stroke Length（secs）（行程长度（秒））：设置笔刷的持续时间，以秒为单位。
- Brush Spacing（secs）（笔刷间隔（秒））：在几秒钟间的刷痕。较小的值产生更平滑的笔触。
- Paint Time Properties（绘画时间属性）：设置绘画的时间属性。
- Brush Time Properties（笔刷时间属性）：设置笔刷的时间属性。
- Paint Style（笔刷风格）：设置笔刷的风格。

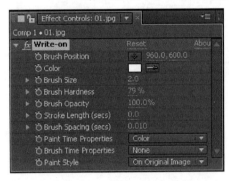

图8-156　Write-on（书写）

图8-157　书写特效使用前后对比效果

▶ 8.2.6　Matte（蒙版）

Matte（蒙版）组效果可以创建蒙版，用于配合Keying（键控）特效进行抠像处理。可以有效改善抠像的遗留问题。

1. Matte Choker（蒙版抑制）

Matte Choker（蒙版抑制）特效通过对Alpha通道的透明区域进行扩展来抑制通道中的剩余像

素。在抠像完成后，可使用该特效完成对边缘的平滑收缩处理。各项参数如图8-158所示。

- Geometric Softness（几何柔化）：设置最大扩展量。
- Choke（抑制）：设置抑制数值。正值收缩，负值扩展。
- Gray Level Softness（灰色级别柔化）：设置边界的柔和程度。
- Iterations（反复）：设置蒙版的扩展和抑制的反复次数。

2. mocha shape（mocha形状）

mocha shape（mocha形状）特效用于将mocha中的路径转换为蒙版。各项参数如图8-159所示。

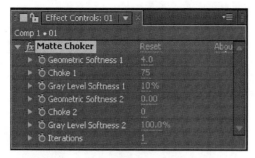

图8-158　MatteChoker（蒙版抑制）　　　　图8-159　mocha shape（mocha形状）

- Blend mode（混合模式）：设置蒙版的混合模式。
- Invert（反转）：勾选即反转。
- Render edge width（渲染边缘宽度）：渲染边缘的宽度。
- Render type（渲染类型）：设置渲染的类型。
- Shape colour（形状颜色）：设置形状的颜色。
- Opacity（不透明度）：设置蒙版的不透明度。

3. Refine Matte（修正蒙版）

Refine Matte（修正蒙版）特效与简单抑制、蒙版抑制特效相似。该特效不但可以完成抠像边缘的平滑，还具有保留细节及边缘运动模糊的设置。各项参数如图8-160所示。

- Smooth（平滑）：设置平滑数值
- Feather（羽化）：设置羽化数值。
- Choke（抑制）：设置抑制数值。
- Reduce Motion Blur（减轻抖动）：设置减轻抖动数值。
- Use Motion Blur（使用动态模糊）：该选项用于控制是否使用动态模糊效果。
- Motion Blur（动态模糊）：该选项控制Samoles（每帧采样数）、Shutter Angle（快门角度）、Higher Quality（高品质）参数。

图8-160　Refine Matte（修正蒙版）

- Decontaminate Edge Colors（净化边缘）：设置净化程度。
- Decontaminate（净化）：通过对Decontamination Amount（净化量）、Extend Where Smoothed（平滑扩展）、Increase Decontaminate Radius（增加净化半径）、View Decontaminate Map（观察净化示意图）选项的设置对净化边缘颜色进行细化设置。

4. Simple Choker（简单抑制）

Simple Choker（简单抑制）特效适用于简易蒙版边界的处理。该特效可以减少或扩大蒙版边缘，使边缘明确整齐。各项参数如图8-161所示。

图8-161　Simple Choker（简单抑制）

- View（视图）：用于切换预览窗口和合成窗口的视图，可以选择Final Output（最终输出结果）、Matter。
- Choke Matte（阻塞蒙版）：设置阻塞数值，正值收缩，负值扩展。

8.2.7　Noise & Grain（噪波与颗粒）

Noise & Grain（噪波与颗粒）效果使素材画面上产生各种噪波或颗粒的效果。

1. Add Grain（添加杂点）

Add Grain（添加杂点）特效可以在画面上添加杂点，制作出做旧效果，并可以为杂点设置动画。各项参数如图8-162所示。

图8-162　Add Grain（添加杂点）

- Viewing Mode（显示模式）：选择显示的模式。包括Preview（预览）、Blending Matte（混合模板）和Final Output（最终输出）。
- Preset（预设）：选择杂点类型。
- Preview Region（预览区）：用于设置Viewing Mode（视图模式）中Preview（预览）的数值。
- Tweaking（调节）：设置杂点的属性数值。
- Color（颜色）：设置杂点的颜色。
- Application（应用）：设置杂点与原始画面的混合模式。
- Animation（动画）：设置杂点的动画数值。
- Blend With Original（与原始图像混合）：设置噪波与原始图像的混合方式。可通过明度、混合模式混合，也可通过制定层蒙版使噪波显示在蒙版区域。

2. Dust &Scratches（蒙尘与划痕）

Dust & Scratches（蒙尘与划痕）特效通过模糊来弥补图像中的斑点和乱划痕迹。各项参数如图8-163所示。使用效果如图8-164所示。

图8-163　Dust & Scratches（蒙尘与划痕）

图8-164　蒙尘与划痕特效使用前后对比效果

- Radius（半径）：设置蒙尘与划痕的半径大小。

- Threshold（阈值）：设置阈值，如图8-164所示为半径和阈值为0、0和半径与阈值为20、40的对比效果。
- Operate on Alpha channel（应用Alpha通道）：勾选该复选框，将该效果应用在Alpha通道上。

3. Fractal Noise（分形噪波）

Fractal Noise（分形噪波）特效可以直接创建灰度噪波纹理，也可以模拟云、火、蒸汽、流水等效果。各项参数如图8-165所示。

- Fractal Type（分形类型）：设置分形的类型。
- Noise Type（噪波类型）：选择噪波类型，包括Block（块）、Linear（线性）、Soft Linear（软线）、Spline（曲线性）。
- Invert（反转）：反转图像的颜色，黑白反转。
- Contrast（对比度）：设置添加噪波的图像对比度。
- Brightness（亮度）：设置添加噪波的图像亮度。
- Overflow（溢出）：选择溢出方式，包括Clip（剪辑）、Soft Clamp（柔化边缘）、Wrap Back（变形）、Allow HDR Results（允许HDR结果）。
- Transform（变换）：设置噪波的大小、旋转、偏移等。
- Complexity（复杂性）：设置噪波图案的复杂程度。
- Sub Settings（内部设置）：噪波的子属性相关设置。
- Evolution Options（演变选项）：对分形变化的循环、随机种子等细节进行设置。
- Opacity（不透明度）：设置噪波图像的不透明度。
- Blending Mode（混合模式）：设置生成的噪波图像与原始图像的混合模式。

4. Match Grain（杂点匹配）

MatchGrain（杂点匹配）是从已经添加杂点或颗粒的原图像上读取杂点或颗粒信息，再添加到另一个图像上，完成两个图像的噪点效果的匹配。各项参数如图8-166所示。

图8-165　Fractal Noise（分形噪波）

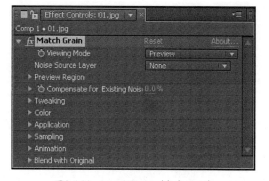

图8-166　MatchGrain（杂点匹配）

- Viewing Mode（显示模式）：选择颗粒的显示模式。包括Preview（预览）、Blending Matte（混合磨砂）、Final Output（最终输出）。

- Noise Sours Layer（噪波来源图层）：选择作为采样层的原层。
- Preview Region（预览区）：用于设置Viewing Mode（视图模式）中Preview（预览）的数值。
- Compensate for Existing Noise（弥补现有噪波）：设置弥补现有噪波的百分比。
- Tweaking（调节）：设置杂点的属性数值。
- Color（颜色）：设置杂点的颜色等选项。
- Application（应用）：设置杂点与原始画面的混合模式。
- Sampling（采样）：设置采样数值，对原层进行采样。
- Animation（动画）：设置杂点的动画数值。
- Blend With Original（与原始图像混合）：添加杂点后的图像与源图像混合的各项设置。

5. Median（中间值）

Median（中间值）特效可以用指定半径内的像素色彩和亮度的平均值替换像素值，以此来去除噪波，数值较低时可减少杂点，数值较高时可产生水墨绘画效果。各项参数如图8-167所示。使用效果如图8-168所示。

图8-167　Median（中间值）

图8-168　中间值特效使用前后对比效果

- Radius（半径）：设置像素半径。
- Operate on Alpha channel（应用Alpha通道）：勾选应用Alpha通道。

6. Noise（噪波）

Noise（噪波）特效主要是通过在画面中加入细小的杂点，产生动态噪波效果。各项参数如图8-169所示。使用效果如图8-170所示。

图8-169　Noise（噪波）

图8-170　噪波特效使用前后对比效果

- Amount of Noise（噪波数量）：设置噪波的数量，调整噪波的密度。
- Noise Type（噪波类型）：选择Color Noise时可使噪波应用彩色像素。
- Clipping（修剪）：使原像素和彩色像素交互出现。

7. Noise Alpha（噪波Alpha）

Noise Alpha（噪波Alpha）特效可以在图像的Alpha通道中添加噪波。各项参数如图8-171所示。使用效果如图8-172所示。

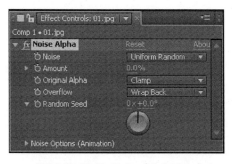

图8-171　Noise Alpha（噪波Alpha）　　　　图8-172　噪波Alpha特效使用前后对比效果

- Noise（噪波）：选择形成噪波的类型。包括Uniform Random（均匀随机）、Squared Random（平方随机）、Uniform Animation（统一动画）、Squared Animation（平方动画）。
- Amount（数量）：设置噪波的数量。
- Original Alpha（原始Alpha通道）：选择噪波和原始Alpha通道。
- Overflow（溢出）：选择噪波溢出的方式。包括Clip（剪辑）、Wrap Back（转回到）、Wrap（包裹）。
- Random Seed（随机种子）：设置噪波的随机度。
- Noise Options（Animation）噪波选项（动画）：在Noise（噪波）中选择Uniform Animation（统一动画）或Squared Animation（平方动画）可显示使用效果。
- Cycle Noise（噪波周期）：勾选此项时使用噪波周期。
- Cycle（in Revolution）（旋转周期）：设置噪波的循环重复数。

8. Noise HLS（HLS噪波）

Noise HLS（HLS噪波）特效可以根据图像的色相、亮度、饱和度来添加噪波。各项参数如图8-173所示。使用效果如图8-174所示。

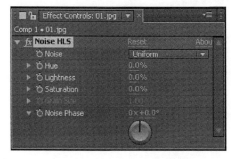

图8-173　Noise HLS（噪波HLS）　　　　图8-174　HLS噪波特效使用前后对比效果

- Noise（噪波）：设置噪波的产生方式。包括Uniform（统一）、Squared（平方）、Grain（杂点）。
- Hue（色调）：设置噪波在色调中生成的数量。
- Lightness（亮度）：设置噪波在亮度中生成的数量。
- Saturation（饱和度）：设置噪波在饱和度中生成的数量。
- Grain Size（杂点尺寸）：设置杂点的尺寸大小。
- Noise Phase（噪波相位）：设置噪波的相位。

9. Noise HLS Auto（自动HLS噪波）

NoiseHLSAuto（自动HLS噪波）特效的效果除了可以自动生成噪波动画外，其效果与

NoiseHLS（噪波HLS）的效果基本相同。各项参数如图8-175所示。

- Noise（噪波）：设置噪波的产生方式。包括Uniform（统一）、Squared（平方）、Grain（杂点）。
- Hue（色调）：设置噪波在色调中生成的数量。
- Lightness（亮度）：设置噪波在亮度中生成的数量。
- Saturation（饱和度）：设置噪波在饱和度中生成的数量。
- Grain Size（杂点尺寸）：设置杂点的尺寸大小。
- Noise Animation Speed（随机种子）：设置杂点的随机值。

10. Remove Grain（移除颗粒）

RemoveGrain（移除颗粒）特效可以移除画面中的杂点和颗粒。各项参数如图8-176所示。

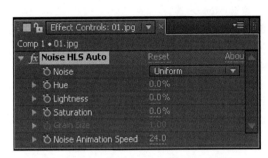
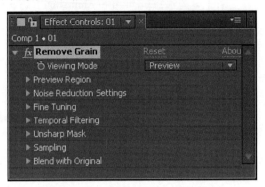

图8-175　NoiseHLSAuto（噪波HLS自动）　　　图8-176　RemoveGrain（移除颗粒）

- Viewing Mode（显示模式）：选择显示模式。包括Preview（预览）、Noise Samples（噪波样本）、Blending Matter（混合磨砂）、Final Output（最终输出）。
- Preview Region（预览区域）：设置预览区的大小、位置等参数。
- Noise Reduction Settings（噪波减少设置）：设置噪波减少的各项数值。
- Fine Tuning（精细调节）：该选项组中的参数主要对噪波进行精细调节，包括色相、纹理、噪波大小、固态区域等。
- Temporal Filtering（实时过滤）：该选项组可以控制是否开启实时过滤功能，并控制过滤的数量和运动敏感度。
- Unsharp Mask（反锐化遮罩）：该选项组可以通过锐化数量、半径和阈值，来控制图像的反锐利化遮罩程度。
- Sampling（采样）：该选项组可以控制采样情况，如采样点、数量、大小和采样区等。
- Blend With Original（与原始图像混合）：设置与原始图像的混合程度。

11. Tubulent Nosize（紊乱噪波）

Turbulent Noise（紊乱噪波）特效与分形噪波相似，可用于创建灰度噪波纹理，也可模拟雾、云等自然效果。各项参数如图8-177所示。使用效果如图8-178所示。

- Fractal Type（紊乱类型）：选择紊乱类型。包括Basic（基本）、Turbulent Smooth（紊乱光滑）、Turbulent Basic（基本紊乱）。
- Noise Type（噪波类型）：选择噪波的类型。包括Block（块状）、Linear（线性）、Soft Linear（柔和线性）、Spline（样条曲线）。
- Invert（反转）：勾选此项时使用反转。
- Contrast（对比度）：设置紊乱的对比值。

- Transform（变换）：对旋转、缩放、位置的设置。
- Complexity（复杂度）：设置紊乱的复杂度。
- Sub Settings（辅助设置）：设置各种辅助值。
- Evolution（演化角度）：设置演化的角度。
- Evolution Options（演化选项）：设置演化的各项数值。
- Opacity（不透明度）：设置紊乱的不透明度。
- Blending Mode（混合模式）：选择需要的混合模式。

图8-177 Turbulent Noise（紊乱噪波）

图8-178 紊乱噪波特效使用前后对比效果

8.2.8 Obsolete（旧版本）

Obsolete（旧版本）特效组包括的四个特效都是之前版本中存在的，而且不会再有较大的更新。

1. Basic 3D（基本3D）

Basic 3D（基本3D）特效可以使画面在三维空间中旋转、倾斜、水平或垂直移动。各项参数如图8-179所示。使用效果如图8-180所示。

图8-179 Basic 3D（基本3D）

图8-180 基本3D特效使用前后对比效果

- Swivel（旋转）：控制水平方向旋转。
- Tilt（倾斜）：控制垂直方向旋转。
- Distance to Image（图像距离）：设置图像的纵深距离。
- Specular Highlight（镜面高光）：用于添加一束光线，反射旋转层表面。

- Preview（预览）：选择 Draw Preview Wireframe选项后，在预览时只显示线框。这主要是因为三维空间对系统资源的占用量相当大，这样可以节约资源，提高响应速度。这种方式仅在草稿质量时有效，最好质量的时候这个设置无效。

2. Basic Text（基本文本）

Basic Text（基本文本）特效可以在素材层上添加文字，并可以在输入文字窗口中设置字体等。然后在特效窗口中完成特效设置。各项参数如图8-181所示。使用效果如图8-182所示。

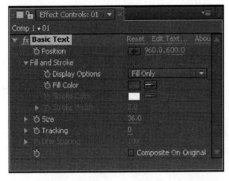

图8-181 Basic Text（基本文本）

图8-182 基本文本特效使用前后对比效果

- Position（位置）：设置文本的位置。
- Fill and Stroke（填充和描边）：设置文本的填充和描边的外观显示、颜色和描边宽度。
- Size（尺寸）：设置文字的尺寸。
- Tracking（字间距）：设置文本的字间距。
- Line Spacing（行间距）：设置行间距。
- Composite On Original（合成到原始素材）：将文本合成到原始素材层上。

3. Lighting（闪电）

Lighting（闪电）特效可以为画面添加模拟较真实的闪电和放电动画效果。各项参数如图8-183所示。使用效果如图8-184所示。

- Start Point（开始点）：设置闪电的起始位置。
- End Point（结束点）：设置闪电的结束位置。
- Segments（描边段数）：设置闪电的段数，段数越多，闪电越扭曲。
- Amplitude（振幅）：设置闪电的振幅。
- Detail Level（细分级别）：设置闪电的分支精细度。
- Detail Amplitude（细分振幅）：设置闪电分支线条的振幅。
- Branching（分支）：设置闪电分支数量。
- Rebranching（二次分支）：设置闪电再次分支数量。
- Branch Angle（分支角度）：设置分支与主干的角度。
- Branch Seg.Lengh（分支长度）：设置分支线条的长度。

图8-183 Lighting（闪电）

- Branch Segments（分支段数）：设置分支的段数。
- Branch Width（分支宽度）：设置分支的宽度。
- Speed（速度）：设置闪电变化的速度。
- Stability（稳定性）：数值越小，闪电越稳定。数值越大，闪电变化越剧烈。
- Fixed Endpoint（结束点）：固定闪电结束点。
- Width（宽度）：设置闪电的宽度。
- Width Variation（宽度变化）：设置闪电的宽度变化值。
- Core Width（核心宽度）：设置主干闪电的宽度。
- Outside Color（外部颜色）：设置闪电的外部颜色。
- Inside Color（内部颜色）：设置闪电内部的颜色。
- Pull Force（拉力量）：线段弯曲方向的拉力。
- Pull Direction（拉力方向）：设置拉力的方向。
- Random Speed（随机种子）：设置闪电的随机性。
- Blending Mode（混合模式）：设置闪电与原素材图像的混合模式。
- Simulation（模拟）：选择（再运行一次），每一帧重新生成闪电效果。

图8-184　闪电特效使用前后对比效果

4. Path Text（路径文字）

PathText（路径文字）特效可以指定一条路径，圆、直线或Bezier曲线，使文字沿路径运动。各项参数如图8-185所示。使用效果如图8-186所示。

- Information（信息）：设置当前的字体、文本长度和路径长度信息。
- Path Options（路径选项）：路径的设置。包括Bezier（圆角曲线）、 Circle（圆）、Loop（环线）和Line（直线）。
- Control Points（控制点）：设置各个控制点的位置、曲线弯度等。
- Custom Path（自定义路径）：选择自定义路径。
- Reverse Path（反转路径）：勾选此项时，文字在路径上反转。
- Fill and Stroke（填充和描边）：设置文本的填充和描边的外观显示、颜色和描边宽度。
- Character（文字）：设置文字的大小、字符、方向和字距等。

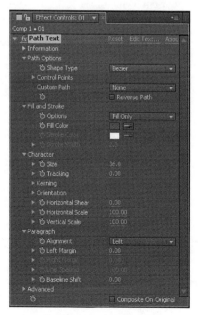

图8-185　Path Text（路径文字）

- Paragraph（段落）：设置文字的段落排列方式、左右边距等参数。
- Advanced（高级）：设置文字的显示字符、淡化时间、混合模式、抖动、基线最大抖动、字距最大抖动、旋转最大抖动和缩放最大抖动。

图8-186　路径文字特效使用前后对比效果

8.2.9　Perspective（透视）

Perspective（透视）特效组用于制作各种透视效果，可以将二维图像制作出简单的三维环境下的效果。

1. 3D Camera Tracker（3D摄像机追踪）

3D Camera Tracker（3D摄像机追踪）特效可以跟踪3D元素，完全控制景深、阴影和反射。自动在后台分析并在2D素材上放置3D跟踪点。各项参数如图8-187所示。

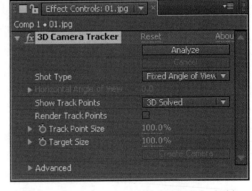

图8-187　3D Camera Tracker（3D摄像机追踪）

- Initializing（初始化）：单击Cancel（撤销）按钮进行初始化。
- Shot Type（拍摄类型）：包括Fixed Angle of View（固定视角）、Variable Zoom（可变缩放）和Specify Angle of View（指定视角）几个类型。
- Horizontal Angle of View（水平视角）：设置摄像机的水平视角。
- Show Track Points（跟踪点）：包括2D来源和3D解码器。
- Render Track Points（渲染跟踪点）：设置渲染的跟踪点。
- Track Point Size（跟踪点大小）：设置跟踪点的大小。
- Target Size（目标大小）：设置目标的大小。

2. 3D Glasses（3D眼镜）

3D Glasses（3D眼镜）特效可以将透视面的左边和右边合并在一起，制作出3D画面透视效果。各项参数如图8-188所示。使用效果如图8-189所示。

- Left View：（左视图）：选择在左边显示的图层。
- Right View（右视图）：选择在右边显示的图层。
- Scene Convergence（画面会聚）：设置画面的偏移量。
- Swap Left-Right（交换左-右）：切换左右视图。

- Vertical Alignment（垂直对齐）：控制左右视图相对的垂直偏移。
- Units（单位）：指定3D视图，设置为并排或画面会聚的垂直对齐值（像素或来源%）显示。
- 3D View（3D视图）：选择视图的模式。
- Balance（平衡）：设置画面平衡值。

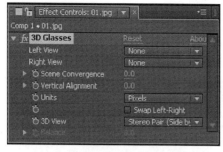

图8-188　3D Glasses（3D眼镜）

图8-189　3D眼镜特效使用前后对比效果

3. Bevel Alpha（倒角Alpha）

Bevel Alpha（倒角Alpha）特效可以使Alpha通道边缘产生高光和阴影，让图像出现分界，通过二维的Alpha通道效果形成三维外观。各项参数如图8-190所示。使用效果如图8-191所示。

图8-190　Bevel Alpha（倒角Alpha）

图8-191　倒角Alpha特效使用前后对比效果

- Edge Thickness（边缘厚度）：设置边缘的厚度值。
- Light Angle（灯光角度）：设置灯光照射的角度。
- Light Color（灯光颜色）：设置灯光的颜色。
- Light Intensity（灯光强度）：设置灯光的强度值。

4. Bevel Edges（边缘倒角）

Bevel Edges（边缘倒角）特效可以在图像的边缘产生一个立体的效果。但只能应用在矩形图像上，不能应用在带有Alpha通道的图像上。各项参数如图8-192所示。使用效果如图8-193所示。

图8-192　Bevel Edges（边缘倒角）

图8-193　边缘倒角特效使用前后对比效果

- Edge Thickness（边缘厚度）：设置边缘的厚度值。
- Light Angle（灯光角度）：设置灯光的角度，即阴影产生的方向。
- Light Color（灯光颜色）：设置灯光的颜色。
- Light Intensity（灯光强度）：设置灯光的强度值。

5. CC Cylinder（CC圆柱体）

CC Cylinder（CC圆柱体）特效可以使图像呈圆柱状卷起，产生三维圆筒效果。可以模拟画卷和圆柱。各项参数如图8-194所示。使用效果如图8-195所示。

图8-194　CC Cylinder（CC圆柱体）　　　　图8-195　CC圆柱体特效使用前后对比效果

- Radius（半径）：设置圆柱体的半径大小。
- Position（位置）：调节圆柱体在画面中的位置。
- Rotation（旋转）：设置圆柱体的旋转角度。
- Render（渲染）：设置圆柱体的显示。在右侧的下拉菜单中，可以根据需要选择Full（整体）、Outside（外部）和Inside（内部）3个选项中的任意一个。

6. CC Environment（CC环境贴图）

CC Environment（CC环境贴图）特效是与AE相结合的环境贴图效果。各项参数如图8-196所示。

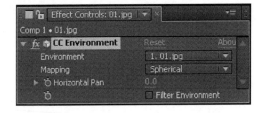

- Environment（环境）：设置需要环境贴图的图层。
- Mapping（映射）：包括Spherical（球形）、Probe（探针）和Vertical Cross（垂直交叉）三种映射。

图8-196　CC Environment（CC环境贴图）

- Horizontal Pan（横向平移）：横向水平移动。
- Filter Environment（过滤环境）：勾选此项时过滤环境。

7. CC Sphere（CC球体）

CC Sphere（CC球体）特效可以使图像呈球体状卷起，产生三维球体效果。各项参数如图8-197所示。使用效果如图8-198所示。

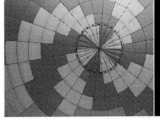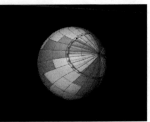

图8-197　CC Sphere（CC球体）　　　　图8-198　CC球体特效使用前后对比效果

- Radius（半径）：设置球体的半径大小。
- Offset（偏移）：设置球体的位置变化。
- Render（渲染）：用于设置球体的显示，从右侧的下拉菜单中，可以根据需要选择Full（整体）、Outside（外部）和Inside（内部）3个选项中的任意一个。

8. CC Spotlight（CC聚光灯）

CC Spotlight（CC聚光灯）特效可以为图像添加聚光灯照射效果。各项参数如图8-199所示。使用效果如图8-200所示。

图8-199　CC聚光灯

图8-200　CC聚光灯特效使用前后对比效果

- From（开始）：设置聚光灯开始点的位置，可以控制灯光范围的大小。
- To（结束）：设置聚光灯结束点的位置。
- Height（高度）：设置灯光的倾斜程度。
- Cone Angle（锥角）：设置灯光的半径大小。
- Edge Softness（边缘柔化）：设置灯光的边缘柔化程度。
- Color（颜色）：设置灯光的填充颜色。
- Intensity（强度）：设置灯光的强度。
- Render（渲染）：设置灯光的显示。

9. Drop Shadow（阴影）

Drop Shadow（阴影）可以在层的后面产生投射阴影效果，产生阴影的形状由Alphs通道决定。各项参数如图8-201所示。使用效果如图8-202所示。

图8-201　Drop Shadow（阴影）

图8-202　阴影特效使用前后对比效果

- Shadow Color（阴影颜色）：设置阴影的颜色。
- Opacity（不透明度）：设置阴影的不透明度。
- Direction（阴影方向）：设置阴影产生的方向。
- Distance（阴影距离）：设置阴影和原画面的距离。

- Softness（柔化）：设置阴影的柔化值。
- Shadow Only（仅阴影）：勾选此项时，画面中仅显示阴影。

10. Radial Shadow（放射阴影）

Radial Shadow（放射阴影）特效可以产生
从图像边缘向背后投射的放射形阴影。各项参
数如图8-203所示。

- Shadow Color（阴影颜色）：设置阴影的
  颜色。
- Opacity（不透明度）：设置阴影的不透
  明度。
- Light Source（光源）：设置光源的位置。
- Projection Distance（发射距离）：设置阴
  影的发射距离。

图8-203　Radial Shadow（放射阴影）

- Softness（柔化）：设置阴影的柔化值。
- Render（渲染）：设置阴影的渲染方式。包括Regular（正常）、Glass Edge（玻璃边缘）。
- Color Influence（颜色影响）：设置颜色对阴影的影响度。
- Shadow Only（仅阴影）：勾选此项时，只显示阴影模式。
- Resize Layer（调整图层）：调整阴影图层的尺寸大小。

▶ 8.2.10　Simulation（仿真）

Simulation（仿真）特效组可以对素材进行仿真的特效处理，如下雨、波纹、粉碎等效果。

1. Card Dance（卡片翻转）

Card Dance（卡片翻转）特效可以将图像分成规
则的卡片形状，并对卡片进行翻转动画设置。各项参
数如图8-204所示。使用效果如图8-205所示。

- Rows & Columns（行&列）：选择在单位面积卡
  片产生的方式，包括Indepent（独立）和Columns
  Follows Roes（列随行）。在Indepent（独立）方
  式下，行和列的参数是相对独立的。
- Back layer（背景图层）：选择背景图层。
- Gradient Layer（渐变层）：设置卡片的渐变层。
- Rotation Order（旋转顺序）：选择卡片的旋转
  顺序。
- Translformation Order（移动顺序）：选择卡片的
  变换顺序。
- X/Y/Z Position（X/Y/Z位置）：控制卡片在X、
  Y、Z轴上的位移属性。
- Souece（来源）：选择影响卡片的素材特征。
- Multiplier（倍增）：为影响卡片的偏移指定一
  个乘数，以控制影响效果的强弱，影响卡片间
  的位置。

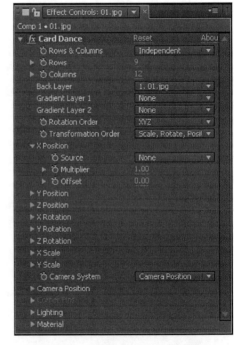

图8-204　Card Dance（卡片翻转）

- Offset（偏移）：设置卡片的偏移数值，影响效果层的总体位置。
- X/Y/Z Rotation（X/Y/Z旋转）：控制卡片在X、Y、Z上的旋转属性。
- X/Y Scale（X、Y缩放）：控制卡片在X、Y轴上的缩放属性。
- Camera System（摄影机系统）：选择使用摄影机系统。包括Camera Position（摄影机位置）、Corner Pins（角度）和Comp Camera（默认摄影机）。
- Camera Position（摄影机位置）：控制摄影机在三维空间的位置属性。在摄影机系统中选择该模式。
- Liighting（灯光）：调节应用的灯光参数。
- Material（材质）：设置图层中素材的材质属性。

图8-205　卡片翻转特效使用前后对比效果

2. Caustics（焦散）

Caustics（焦散）特效可以模拟焦散和折射效果，如水中折射、反射等自然效果。各项参数如图8-206所示。使用效果如图8-207所示。

- Bottom（底部）：设置应用焦散效果的底层。
- Scaling（缩放）：对底层进行缩放。1为层的最初值，大于1或小于-1时数值增大，底层放大。小于1或大于-1时数值减小，底层缩小。
- Repeat Mode（重复模式）：选择层的排列方式。可以选择Once（一次）将空白区域透明、只显示缩小后底层；Tiled（平铺）重复底层；Reflected（反射）反射底层。
- If Layer Size Differs（如果图像大小与当前层不匹配）：调整图像大小与当前层的匹配。可以选择Center（中心）、Stretch to Fit（扩展适应）。
- Blur（模糊）：调节模糊。
- Water（水）：以所选层的明度为基准，通过调节各项参数，产生水纹效果。
- Water Surface（水面）：选择一个层，以该层的明度为基准产生水波纹理。
- Wave Height（水波高度）：设置水波高度数值。
- Smoothing（圆滑）：设置水波的圆滑度。

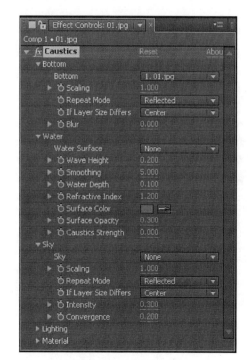

图8-206　Caustics（焦散）

- Water Depth（水深度）：设置水深度值。
- Refractive Index（折射率）：调节水的折射范围。
- Surface Color（表面颜色）：设置水面的颜色。
- Surface Opacity（表面不透明度）：设置水面的不透明度。
- Caustics Strengh（焦散力度）：设置焦散数值。
- Sky（天空）：设置水波对水面以外场景的数值。
- Scaling（缩放）：设置天空层的大小。
- Intensity（强度）：设置天空层的明暗度。
- Convergence（收敛）：调节放射边缘，数值越高，边缘越复杂。
- Lighting（灯光）：设置所使用灯光的参数。
- Material（材质）：设置材质属性。

图8-207　焦散特效使用前后对比效果

3. CC Ball Action（CC球形粒子化）

CC Ball Action（CC球形粒子化）特效可以使图像分成若干球形。各项参数如图8-208所示。使用效果如图8-209所示。

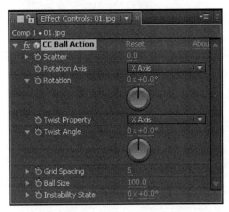
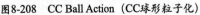

图8-208　CC Ball Action（CC球形粒子化）

图8-209　CC球形粒子化特效使用前后对比效果

- Scatter（分散）：设置分散。
- Rotation（旋转）：设置旋转的度数。
- Twist Property（扭曲属性）：设置扭曲属性。
- Twist Angle（扭曲角度）：设置扭曲角度。
- Grid Spacing（网格间距）：设置网格的间距。
- Ball Size（球状大小）：设置球的大小。

- Instability State（不稳定状态）：设置不稳定的角度。

4. CC Bubbles（CC气泡）

　　CC Bubbles（CC气泡）特效可以按照画面内容制作出相应数量、大小和位置的气泡效果。若用于为层添加气泡，需要复制一个相同的层。各项参数如图8-210所示。使用效果如图8-211所示。

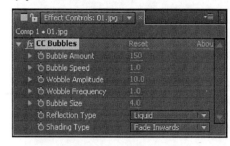

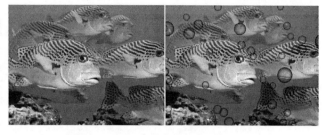

图8-210　CC Bubbles（CC气泡）　　　　　　图8-211　　CC气泡特效使用前后对比效果

- Bubble Amount（气泡数量）：设置气泡的数量。
- Bubble Speed（气泡速度）：设置气泡的速度。
- Wobble Amplitude（晃动振幅）：设置晃动的振幅。
- Wobble Frequency（晃动频率）：设置晃动的频率。
- Bubble Size（气泡大小）：设置气泡的大小。
- Reflection Type（反射类型）：设置反射的类型。
- Shading Type（着色类型）：设置着色的类型。

5. CC Drizzle（CC水面落雨）

　　CC Drizzle（CC水面落雨）特效可以模拟细雨滴入水面的波纹涟漪效果。各项参数如图8-212所示。使用效果如图8-213所示。

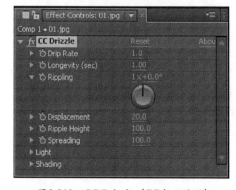

图8-212　CC Drizzle（CC水面落雨）　　　　图8-213　　CC水面落雨特效使用前后对比效果

- Drip Rate（滴速）：设置雨滴的速度。
- Longevity（sec）（寿命（秒））：设置雨滴的寿命。
- Rippling（涟漪）：设置涟漪的角度。
- Displacement（排量）：设置排量。
- Ripple Height（波纹高度）：设置波纹的高度。
- Light（光）：设置灯光的角度和强度等。
- Shading（阴影）：设置涟漪的阴影。

6. CC Hair（CC毛发）

Hair（CC毛发）特效可以为图像制作出毛发的显示效果。各项参数如图8-214所示。使用效果如图8-215所示。

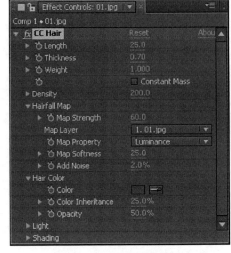

图8-214　CC Hair（CC毛发）

- Length（长度）：设置毛发的长度。
- Thickness（厚度）：设置毛发的厚度。
- Weight（重力）：设置毛发的重力。
- Constant Mass（恒定量）：勾选此项时开启恒定量。
- Density（密度）：设置毛发的密度。
- Hairfall Map（毛发映射）：设置毛发的映射。
- Map Srength（映射强度）：设置映射的强度。
- Map Layer（映射图层）：设置映射的图层。
- Map Property（映射属性）：设置映射的属性。
- Map Softness（映射柔化）：设置映射的柔化程度。
- Add Noise（添加噪波）：添加噪波的百分比。
- Hair Color（毛发颜色）：设置毛发的颜色。
- Color（颜色）：设置毛发的颜色。
- Color Inheritance（颜色继承）：设置颜色的继承。
- Opacity（不透明度）：设置毛发的不透明度。
- Light（灯光）：设置毛发的照射灯光角度和强度等。
- Shading（阴影）：设置毛发的阴影。

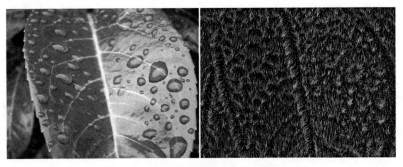

图8-215　CC毛发特效使用前后对比效果

7. CC Mr.Mercury（CC仿水银流动）

CC Mr.Mercury（CC仿水银流动）特效可以模拟水银流动的效果。各项参数如图8-216所示。使用效果如图8-217所示。

- Radius X（X轴半径）：设置X轴的半径。
- Radius Y（Y轴半径）：设置Y轴的半径。
- Producer（制作）：设置出生的位置。
- Direction（方向）：设置流动的方向。
- Velocity（速度）：设置流动的速度。
- Birth Rate（出生率）：设置出生率。

- Longevity（sec）：设置水银颗粒流动的寿命。
- Gravity（重力）：设置水银颗粒的重力。
- Resistance（阻力）：设置流动的阻力。
- Extra（附加）：设置附加的量。
- Animation（动画）：设置流动的动画类型。
- Blob Influence（斑点影响）：设置斑点的影响百分比。
- Influence Map（影响映射）：设置影响的类型。
- Blob Birth Size（斑点出生大小）：设置斑点出生时的大小。
- Blob Death Size（斑点死亡大小）：设置斑点的死亡大小。
- Light（灯光）：设置灯光照射的角度和强度等。
- Shasing（阴影）：设置水银流动的阴影效果。

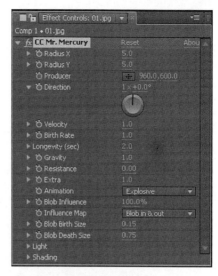

图8-216　CC Mr.Mercury（CC仿水银流动）

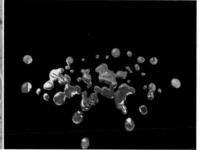

图8-217　CC仿水银流动特效使用前后对比效果

8. CC Particle Systems II（CC粒子系统II）

CC Particle Systems II（CC粒子系统II）特效可以制作二维粒子运动的效果。各项参数如图8-218所示。

- Birth Rate（出生率）：设置粒子的出生率。
- Longevity（sec）（寿命（秒））：设置粒子存活的时间。
- Producer（产生）：粒子出生的基础属性。
  - Position（位置）：设置粒子的出生位置。
  - Radius X（X轴半径）：设置X轴的半径。
  - Radius Y（Y轴半径）：设置Y轴的半径。
- Physics（物理）：设置粒子的物理属性。
  - Animation（动画）：设置粒子的动画类型。
  - Velocity（速度）：设置粒子运动的速度。
  - Inherit Velocity%（继承速度%）：设置粒子继承的速度。

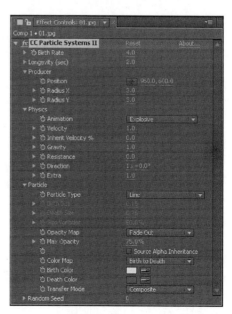

图8-218　CC Particle Systems II（CC粒子系统II）

- Gravity（重力）：设置粒子的重力。
- Resistance（阻力）：设置粒子的阻力。
- Direction（方向）：设置粒子的发射方向。
- Extra（附加）：设置附加的量。
- Particle（粒子）：设置粒子的类型和颜色等属性。
  - Particle Type（粒子类型）：设置粒子的类型。
  - Birth Size（出生大小）：设置粒子出生时的大小。
  - Death Size（死亡大小）：设置粒子死亡时的大小。
  - Size Variation（大小变化）：设置粒子的大小变化。
  - Opacity Map（不透明度映射）：设置粒子的不透明度映射方式。
  - Max Opacity（最大透明度）：设置粒子的最大透明度。
  - Source Alpha Inheritance（源Alpha继承）：设置源Alpha通道的继承。
  - Color Map（颜色映射）：设置粒子的颜色映射。
  - Birth Color（出生颜色）：设置粒子出生时的颜色。
  - Death Color（死亡颜色）：设置粒子死亡时的颜色。
  - Transfer Mode（传输模式）：设置粒子的输出模式。
- Random Seed（随机种子）：设置随机种子的数量。

9. CC Particle World（CC粒子世界）

CC Particle World（CC粒子世界）特效可以制作三维粒子运动，同时可以在三维空间中控制粒子的运动，用粒子制作礼花、气泡和星光等效果。

10. CC Pixel Polly（CC像素多边形）

CC Pixel Polly（CC像素多边形）特效可以制作画面破碎效果，使破碎的图像以不同的角度抛射移动。各项参数如图8-219所示。

- Force（强度）：设置破碎的强度。
- Gravity（重力）：设置碎片的重力。
- Spinning（转动）：设置碎片转动的角度。
- Force Center（强度中心）：设置强度的中心位置。
- Direction Randomness（方向随机）：设置方向随机的百分比。
- Speed Randomness（速度随机）：设置速度随机的百分比。
- Grid Spacing（网格间距）：设置网格的间距。
- Object（物体）：设置碎片的物体类型。
- Enable Depth Sort（启用深度排序）：勾选此项时开启深度排序。
- Start Time (sec)（开始时间）：设置开始的时间，单位为秒。

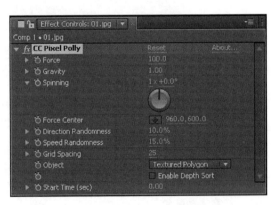

图8-219　CC Pixel Polly（CC像素多边形）

11. CC Rainfall（CC下雨）

CC Rainfall（CC下雨）特效可以为画面添加真实的下雨效果。各项参数如图8-220所示。

- Drops（下降）：下降的雨滴的数量。
- Size（大小）：雨滴大小。

- Scene Depth（场景深度）：雨景的深度效果。
- Speed（速度）：下雨的速度。
- Wind（风向）：雨的风向。
- Variation%（Wind）（风向变化）：风向变化的百分比。
- Spread（扩散）：雨的轨道扩散大小。
- Color（颜色）：雨的颜色。
- Opacity（不透明度）：雨的不透明度。
- Background Reflection（背景反射）：背景反射的影响以及背景反射扩散的宽和高。
- Transfer Mode（传输模式）：包括综合和照亮两种模式。
- Composite With Original（与原始混合）：与原始图案的混合效果。
- Extras（附加）：附加的偏移等属性。

12. CC Scatterize（CC发散粒子化）

CC Scatterize（CC发散粒子化）特效可以将素材分散为粒子状，并可以调整左右两侧的扭曲程度，模拟被风吹散的效果。各项参数如图8-221所示。

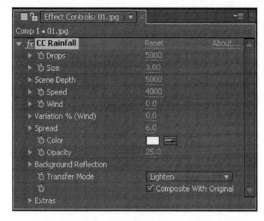

图8-220　CC Rainfall（CC下雨）

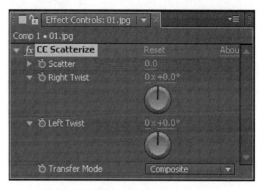

图8-221　CC Scatterize（CC发散粒子化）

- Scatter（分散）：设置分散的程度。
- Right Twist（左扭曲）：设置左扭曲的角度。
- Left Twist（右扭曲）：设置右扭曲的角度。
- Transfer Mode（传输模式）：设置分散粒子的输出模式。

13. CC Snowfall（CC下雪）

CC Snowfall（CC下雪）特效可以为画面添加真实的下雪效果。各项参数如图8-222所示。
- Flakes（片）：设置雪花的片数。
- Size（大小）：设置雪花的大小。
- Variation%（Size）（变化（大小））：设置变化的大小。
- Scene Depth（场景的深度）：设置场景的深度。
- Speed（速度）：设置下雪的速度。
- Variation%（Speed）（变化（速度））：设置速度的变化。
- Wind（风）：设置风的大小。
- Variation%（Wind）（变化（风））：设置风的变化。
- Spread（扩散）：设置雪花扩散。

- Wiggle（晃动）：设置雪花的晃动属性。
- Color（颜色）：设置雪花的颜色。
- Opacity（不透明度）：设置雪花的不透明度。
- Background Illumination（背景亮度）：设置雪花的背景亮度。
- Transfer Mode（传输模式）：设置雪花的输出模式。
- Composite With Original（与原始合成）：勾选此项时与原始图像合成。
- Extras（附加）：雪花的附加属性。

14. CC Star Burst（CC星团）

CC Star Burst（CC星团）特效可以模拟太空星团效果。各项参数如图8-223所示。

图8-222　CC Snowfall（CC下雪）　　　　图8-223　CC Star Burst（CC星团）

- Scatter（分散）：设置星星的分散程度。
- Speed（速度）：设置星团运动的速度。
- Phase（相位）：设置星星的相位。
- Grid Spacing（网格间距）：设置网格的间距。
- Size（大小）：设置星星的大小。
- Blend w. Original（与原始图像混合）：设置与原始图像的混合程度。

15. Foam（泡沫）

Foam（泡沫）特效可以制作气泡效果，并对气泡的形态、流动等进行控制。各项参数如图8-224所示。使用效果如图8-225所示。

- Producer（发生器）：设置气泡粒子的发生器。
- Bubbles（泡沫）：对气泡粒子尺寸、生命、强度的控制。
- Physics（物理学）：设置影响粒子运动因素的数值。
    - Initial Speed（初始速度）：设置粒子效果的初始速度。
    - Initial Direction（初始方向）：设置粒子效果的初始方向。
    - Wind Speed（风速）：设置影响粒子的风速，效果如同风在吹动粒子。
    - Wind Direction（风向）：设置风的方向。
    - Turbulence（紊乱流）：设置离子的混乱度。数值越大，粒子向四周发散越混乱，数值越小，粒子运动越有序和集中。

■ Wobble Amount（摇摆数量）：设置粒子的摇摆强度。

■ Repulsion（排斥）：粒子间的排斥力。数值越大，粒子间的排斥力越强。

■ Pop Velocity（泡沫速率）：设置粒子的总速率。

■ Viscosity（粘性）：影响粒子间的粘性，数值越大，粒子越密。

■ Stickiness（粘着性）：设置粒子间的粘着性，数值越小，粒子堆砌得越紧密。

■ Zoom（缩放）：设置缩放数值。

■ Universe Size（区域大小）：设置区域尺寸。

● Rendering（渲染）：设置离子的渲染属性。

■ Blend Mode（混合模式）：设置粒子间的混合模式。包括Transparent（透明叠加）、Soild Old On top（旧粒子置于新粒子之上）、Soild New On top（新粒子置于旧粒子之上）。

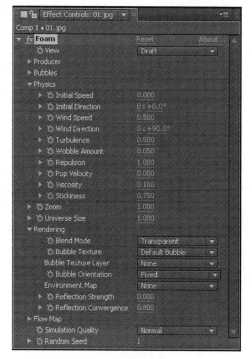

图8-224　Foam（泡沫）

■ Bubble Texture（泡沫纹理）：选择气泡纹理的方式。

■ BubbleTexture Layer（泡沫纹理图层）：除默认粒子纹理外，还可以设置合成图像中的一个层为粒子纹理。

■ Bubble Orientation（泡沫方向）：设置泡沫的方向。可以选择Fixed（混合）、Physical Orientation（物理定向）、Bubble Velocity（气泡速率）。

■ Environment Map（环境映射）：每个气泡都可以对周围环境进行反射。

■ Reflection Strength（反射强度）：设置气泡的反射强度。

■ Reflection Convergence（反射收敛）：设置反射的聚集度。

● Flow Map（流动贴图）：选择一个层来影响粒子效果。

■ Flow Map Steepness（渐变流动贴图）：设置参考图如何影响粒子效果。

■ Flow Map Fits（适配流动贴图）：可以选择Screen（屏幕大小）、Universe（综合尺寸）。

■ Simulation Qulity（模拟品质）：设置气泡的仿真质量。包括Normal（正常）、High（高）、Intense（强烈）。

■ Random Seed（随机种子）：设置气泡的随机种子数。

图8-225　泡沫特效使用前后对比效果

16. Particle Playground（粒子场）

Particle Playground（粒子场）特效可以通过粒子系统来模拟雨雪、火等，是常用的粒子动画效果。各项参数如图8-226所示。

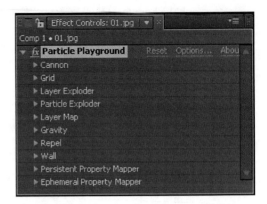

图8-226　Particle Playground（粒子场）

- Cannon（加农）：设置加农粒子发生器。加农是在默认情况下，使用不同的方法来创建粒子，并产生连续的粒子流。

- Grid（网格）：设置网格粒子发生器。网格粒子发生器从一组网格交叉点产生连续的粒子面。网格粒子的移动依靠重力、排斥、墙、属性映象设置。

- Layer Exploder（图层爆炸）：可以将对象层分裂为粒子，模拟爆炸效果。

- Particle Exploder（粒子爆炸）：将一个粒子分裂成许多新的粒子。粒子爆炸时，新粒子可以继承原始粒子的所有属性。

- Layer Map（图层映射）：默认状态下，粒子发生器产生圆点粒子。在此可以通过图层映射选择任意层来作为粒子的贴图来替换圆点。粒子的素材可以是图像和视频。

- Gravity（重力）：利用重力的控制，设置粒子运动状态。例如下雨、下雪或风。

- Repel（排斥）：控制附近的粒子相互排斥或吸引。此功能可以模拟每个粒子添加一个正或负的磁荷。

- Wall（墙）：限制一个区域内的颗粒可以移动。墙是使用遮罩的工具，如钢笔工具，创建一个封闭的区域。当一个粒子打在墙上时，反弹速度与碰墙力度相同。

- Persiistent Property Mapper（持续属性映像器）：改变粒子的属性，保留最近期的值为剩余寿命的粒子层地图，直到该粒子被排斥力、重力或墙壁等其他控制修改。

- Ephemeral Property Mapper（短暂属性映像器）：在每一帧后恢复粒子属性为原始值。其参数设置方式与Persiistent Property Mapper（持续属性映像器）设置方式相同。

17. Shatter（粉碎）

Shatter（粉碎）特效可以模拟爆炸粉碎的效果，并可以设置爆炸的位置、形状等。各项参数如图8-227所示。使用效果如图8-228所示。

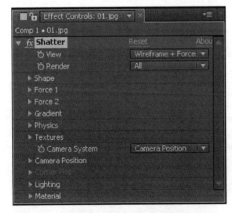

图8-227　Shatter（粉碎）

图8-228　粉碎特效使用前后对比效果

- View（视图）：设置视图方式。包括Rendered（已渲染的）、Wireframe Front View（线框前视

图）、Wireframe（线框）、Wireframe Front View+ Forces（线框前视图+力量）、Wireframe + Forces（线框+力量）。

- Render（渲染）：设置渲染的类型。包括All（所有）、Layer（图层）、Pieces（片）。
- Shape（形状）：控制指定的形状和破碎件的外观。
- Force 1/2（力量1和2）：设置使用两个不同的力量的爆炸区。
- Gradient（渐变）：控制爆炸的时间。
- Physics（物理学）：设置爆炸的属性。
- Textures（纹理）：设置碎片粒子的颜色、纹理等质感。
- Material（材质）：设置材质属性。

➡ 实例：制作碎片爆炸

源 文 件：	源文件\第8章\制作碎片爆炸
视频文件：	视频\第8章\制作碎片爆炸.avi

本实例介绍如何利用粉碎特效制作令素材产生碎片爆炸向外飞散的动画效果，并调整碎裂的方式。实例效果如图8-229所示。

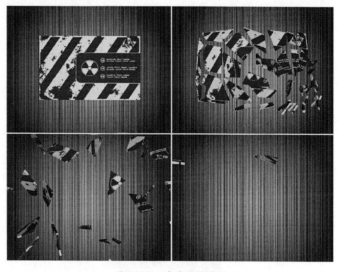

图8-229　碎片爆炸效果

01 在项目窗口中的空白处双击鼠标左键，然后在弹出的窗口中选择所需素材文件，并单击"打开"按钮，如图8-230所示。

02 将项目窗口中的01.jpg和02.png素材文件按顺序拖曳到时间线窗口中，如图8-231所示。

图8-230　导入素材

图8-231　时间线窗口

03 为02.png图层添加Shatter（粉碎）特效，设置View（视图）为Rendered（渲染），Pattern（模式）为Glass（玻璃），Origin（原点）为（725,503），如图8-232所示。

04 打开Shatter（粉碎）特效下的Physics（物理）选项，设置Rotation Speed（转速）为0.4，Randomness（随机性）为0.2，Gravity（重力）为1，如图8-233所示。

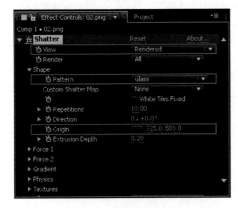

图8-232　设置粉碎特效

图8-233　设置特效的物理选项

05 此时拖动时间线滑块可查看最终碎片爆炸效果，如图8-234所示。

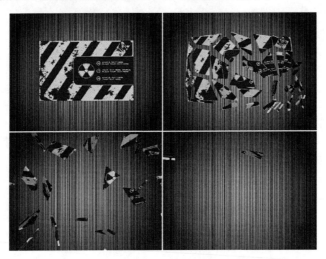

图8-234　碎片爆炸效果

1. Wave World（波形世界）

Wave World（波形世界）特效可以制作液体波纹的效果，也可以用于其他层的扭曲置换贴图来制作水下效果。各项参数如图8-235所示。

图8-235　Wave World（波形世界）

- View（视图）：选择波形世界的影响方式。包括Height Map（高度映像）、Wireframe Preview（线框预览）。
- Height Map controls（高度映像控制）：设置灰度位移。
- Simulation（模拟）：设置效果的模拟属性。
- Ground（地面）：设置地面属性。控制地面层外观。

2. BrushStrokes（画笔笔触）

BrushStrokes（画笔笔触）特效可以使图像产生类似水彩画的效果。各项参数如图8-236所示。使用效果如图8-237所示。

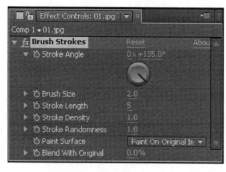

图8-236　Brush strokes（画笔笔触）

图8-237　画笔笔触特效使用前后对比效果

- Stroke Angle（笔触角度）：设置笔触的角度。
- Brush Size（笔触大小）：设置笔触的尺寸大小。
- Stroke Length（笔触长度）：设置每个笔触的长度大小。
- Stroke Density（笔触密度）：设置笔触的密度。
- Stroke Randomness（笔触随机性）：设置笔触的随机性。
- Paint Surface（绘画表面）：设置笔触与画面的位置和绘画的进行方式。有Paint On Original Image（绘制到原始图像）、Paint On Transparenth（绘制到透明）、Panit On White（绘制到白色）、Paint On Black（绘制到黑色）等几种方式。
- Blend With Original（和原图像混合）：设置与原素材图像的混合比例。

3. Cartoon（卡通）

Cartoon（卡通）特效可以将图像处理成实色填充或线描的绘画效果。各项参数如图8-238所示。使用效果如图8-239所示。

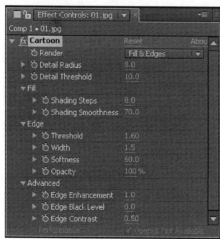

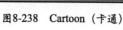

图8-238　Cartoon（卡通）

图8-239　卡通特效使用前后对比效果

- Render（渲染）：可以选择Fill（填充）、Edge（边缘）、Fill & Edges（填充与边缘）。
- Detail Radius（详细半径）：设置详细半径数值。

- Detail threshold（详细阈值）：设置详细阈值数值。
- Fill（填充）：包括Shading Steps（阴影层次）和 Shading Smoothness（阴影平滑度）。
  - Shading Steps（阴影层次）：设置阴影层次数值。
  - Shading Smoothness（阴影平滑度）：设置阴影平滑度数值。
- Edge（边缘）：包括Threshold（阈值）、Wildth（宽度）、Softness（柔化）和Opacity（不透明度）。
  - Threshold（阈值）：设置阈值数值。
  - Wildth（宽度）：设置宽度大小。
  - Softness（柔化）：设置柔化数值。
  - Opacity（不透明度）：设置边缘的不透明度。
- Advanced（高级）：包括Edge Enhancement（边缘强调）、Edge Black Level（边缘黑电平）、Edge contrast（边缘对比度）。
  - Edge Enhancement（边缘强调）：设置边缘强调数值。
  - Edge Black Level（边缘黑电平）：设置边缘黑电平数值。
  - Edge Contrast（边缘对比度）：设置边缘对比度数值。

4. CC Block Load（块状载入）

CC Block Load（块状载入）特效可以将素材图像以像素块的扫描方式逐渐清晰。各项参数如图8-240所示。

图8-240　CC Block Load（块状载入）

- Completion（完成）：设置过渡完成百分比。
- Scans（扫描）：设置载入扫描次数。
- Start Cleared（开始清除）：勾选即开始清除。
- Bilinear（双线性）：勾选双线。

5. CC Burn Film（CC 胶片烧灼）

CC Burn Film（CC 胶片烧灼）特效可以使图像产生烧灼效果。各项参数如图8-241所示。使用效果如图8-242所示。

图8-241　CC Burn Film（CC 胶片烧灼）

图8-242　CC 胶片烧灼特效使用前后对比效果

- Burn（烧灼）：对图像的烧灼程度。
- Center（中心）：设置产生烧灼中心程度。
- Random Seed（随机种子）：设置随机种子。

6. CC Glass（CC玻璃）

CC Glass（CC玻璃）特效可以使图像产生被玻璃覆盖的效果。各项参数如图8-243所示。使用效果如图8-244所示。

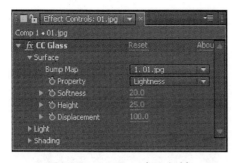

图8-243　CC Glass（CC玻璃）　　　　图8-244　CC玻璃特效使用前后对比效果

- Bump Map（凹凸贴图）：设置凹凸贴图图层。
- Property（属性）：设置玻璃属性。
- Softness（柔和度）：设置柔和程度。
- Height（高度）：设置高度。
- Displacement（移位）：设置图像移位效果。
- Light（灯光）：设置灯光角度和灯光强度等属性。
- Shading（阴影）：设置图像阴影效果。

7. CC Kaleida（CC万花筒）

CC Kaleida（CC万花筒）特效可以使画面呈现出万花筒的效果。各项参数如图8-245所示。使用效果如图8-246所示。

图8-245　CC Kaleida（CC万花筒）　　　图8-246　CC万花筒特效使用前后对比效果

- Center（中心）：设置图像的中心位置。
- Size（大小）：设置万花筒的图像大小。
- Mirroring（镜像）：设置镜像类型。
- Rotation（旋转）：设置万花筒图像旋转角度。
- Floating Center（浮动中心）：勾选浮动中心。

8. CC Mr.Smoothie（CC像素溶解）

CC Mr.Smoothie（CC像素溶解）特效可以使画面产生类似版画的效果。各项参数如图8-247所示。使用效果如图8-248所示。

- Flow Layer（流动图层）：设置流动的图层。
- Property（属性）：设置像素溶解的属性类型。
- Smoothness（平滑度）：设置画面平滑度。
- Sample A（样品A）：设置A点位置。
- Sample B（样品B）：设置B点位置。

- Phase（相位）：设置相位角度。
- Color Loop（颜色循环）：设置颜色循环类型。

图8-247　CC Mr.Smoothie（CC像素溶解）

图8-248　CC像素溶解特效使用前后对比效果

9. CC Plastic（CC塑料）

CC Plastic（CC塑料）特效可以将素材图像的边缘产生高光塑料凸起效果。各项参数如图8-249所示。

- Bump Layer（凸起图层）：设置凸起的图层。
- Property（属性）：设置属性类型。
- Softness（柔和度）：设置柔和程度。
- Height（高度）：设置高度。
- Cut Min（剪切最小）：设置最小剪切度。
- Cut Max（剪切最大）：设置最大剪切度。
- Light（灯光）：设置灯光的角度和灯光强度等属性。
- Shading（阴影）：设置图像阴影效果。

10. CC RepeTile（CC叠印）

CC RepeTile（CC叠印）特效可以使图像产生多种方式的叠印效果。各项参数如图8-250所示。

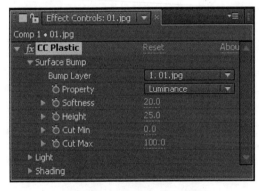

图8-249　CC Plastic（CC塑料）

图8-250　CC RepeTile（CC叠印）

- Expand Right（向右扩展）：设置向右扩展程度。
- Expand Left（向左扩展）：设置向左扩展程度。
- Expand Down（向下扩展）：设置向下扩展程度。
- Expand Up（向上扩展）：设置向上扩展程度。

- Tiling（叠印）：设置叠印类型。
- Blend Borders（混合边缘）：设置边缘混合程度。

11. CC Threshold（CC阈值）

CC Threshold（CC阈值）特效可以对画面进行分色，像素高于阈值的会变为白色，低于阈值则变为黑色。各项参数如图8-251所示。

- Threshold（阈值）：设置阈值的量。
- Channel（通道）：选择通道。
- Invert（反转）：勾选此项时反转。
- Blend w. Original（与原始图像混合）：设置与原始图像的混合程度。

12. CC Threshold RGB（CC阈值RGB）

CC Threshold RGB（CC阈值RGB）特效可以对画面的RGB进行分色，像素高于阈值的会变为红、绿、蓝色，低于阈值的则变为黑色。各项参数如图8-252所示。

图8-251　CC Threshold（CC阈值）

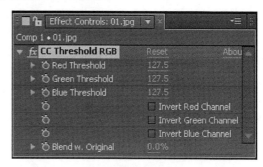

图8-252　CC Threshold RGB（CC阈值RGB）

- Red/Green/ Blue Threshold（红/绿/蓝阈值）：设置红、绿、蓝的阈值。
- Invert Red/Green/ Blue Channel（反转红/绿/蓝通道）：勾选此项时反转红、绿、蓝的通道。
- Blend w. Original（与原始图像混合）：设置与原始图像的混合程度。

13. Color Emboss（彩色浮雕）

Color Emboss（彩色浮雕）特效可以使画面产生彩色的浮雕效果。各项参数如图8-253所示。使用效果如图8-254所示。

图8-253　Color Emboss（彩色浮雕）

图8-254　彩色浮雕特效使用前后对比效果

- Direction（浮雕方向）：设置浮雕方向。
- Relief（浮雕大小）：设置浮雕的尺寸大小。
- Contrast（对比度）：设置与原图的浮雕对比度。
- Blend With original（和原图像混合）：设置和原图像的混合数值。

14. Emboss（浮雕）

Emboss（浮雕）特效与彩色浮雕特效相似，该特效应用于画面的边缘。各项参数如图8-255所示。使用效果如图8-256所示。

图8-255　Emboss（浮雕）

图8-256　浮雕特效使用前后对比效果

- Direction（浮雕方向）：设置浮雕方向。
- Relief（浮雕大小）：设置浮雕的尺寸大小。
- Contrast（对比度）：设置与原图的浮雕对比度。
- Blend With original（和原图像混合）：设置和原图像的混合数值。

15. Find Edges（查找边缘）

Find Edges（查找边缘）特效可以通过强化过渡像素产生彩色线条。各项参数如图8-257所示。使用效果如图8-258所示。

图8-257　Find Edges（查找边缘）

图8-258　查找边缘特效使用前后对比效果

- Invert（反向）：用于反向勾边。
- Blend With original（和原图像混合）：设置和原图像的混合数值。

16. Glow（辉光）

Glow（辉光）特效经常用于图像中的文字和带有Alpha通道的图像，产生发光或光晕的效果。各项参数如图8-259所示。

- Glow Base on（光辉依据）：用于选择发光作用通道，可以选择 Color Channel（颜色通道）和 Alpha Channel（Alpha通道）。
- Glow Threshold（辉光阈值）：设置发光程度的大小数值，影响到辉光的覆盖面。
- Glow Radius（辉光半径）：设置辉光的半径。
- Glow Intensity（辉光强度）：设置辉光的强度

图8-259　Glow（辉光）

数值，影响到辉光的亮度。

- Composite original（和原图像混合）：可以选择On Top（在上方）、Behind（后面）和None（无）。
- Glow Operation（发光模式）：设置与原始素材的混合模式。
- Glow Colors（辉光颜色）：设置辉光的颜色。
- Color Looping（色彩循环）：设置色彩循环的数值。
- Color Loops（色彩循环方式）：设置辉光颜色循环方式。
- Color Phase（色彩相位）：设置光的颜色相位。
- ColorA & B Midpoint（色彩A和B的混合百分比）：设置辉光颜色A和B的中点百分比。
- ColorA（选择颜色A）：选择颜色A。
- ColorB（选择颜色B）：选择颜色B。
- Glow Dimensions（发光作用方向）：指定发光效果的作用方向。

17. Mosaic（马赛克）

Mosaic（马赛克）特效可以使画面上产生马赛克效果。各项参数如图8-260所示。使用效果如图8-261所示。

图8-260　Mosaic（马赛克）　　　　　图8-261　马赛克特效使用前后对比效果

- Horizontal Blocks（横块）：设置马赛克横块数值。
- Vertical Blocks（垂直块）：设置马赛克垂直块数值。
- Sharp colors（形状颜色）：选择形状颜色。

18. Motion Tile（运动分布）

Motion Tile（运动分布）特效可以在同一屏画面显示多个内容相同的小画面。各项参数如图8-262所示。使用效果如图8-263所示。

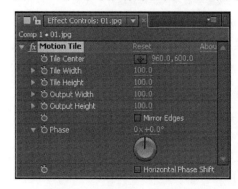

图8-262　MotionTile（运动分布）　　　图8-263　运动分布特效使用前后对比效果

- Tile Center（分布定位）：设置分布定位。

- Tile Width（分布宽度）：设置分布画面宽度数值。
- Tile Hight（分布高度）：设置分布画面高度数值。
- output Width（输出宽度）：设置在屏幕中的输出宽度数值。
- output Hight（输出高度）：设置在屏幕中的输出高度数值。
- Mirror Edges（镜像边缘）：在边缘产生镜像效果。
- Phase（分布相位）：设置分布相位。
- Horizontal Phase Shift（应用水平位移）：在画面中产生水平位移效果。

19. Posterize（色调分离）

Posterize（色调分离）特效可以指定图像中每个通道的色调级或亮度值的数目，并将这些像素映射到最接近的匹配色调上。各项参数如图8-264所示。

图8-264　Posterize（色调分离）

- Level（色阶）：设置划分级别的数量，数值越小，效果越明显。

20. Roughen Edges（边缘粗糙）

Roughen Edges（边缘粗糙）特效可以模拟边缘腐蚀的效果或融解效果。各项参数如图8-265所示。使用效果如图8-266所示。

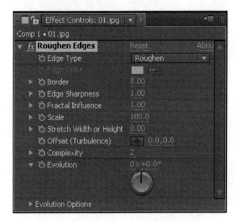

图8-265　RoughenEdges（边缘粗糙）

图8-266　边缘粗糙特效使用前后对比效果

- Edge Type（边缘类型）：包括Roughen（粗糙）、Roughen Color（毛色）、Cut（剪切）、Spiky（尖刻）、Rusty（生锈）、Rusty Color（锈色）、Photocopy（影印）、Photocopy Color（彩色影印）等类型。
- Edge Color（边缘颜色）：设置边缘的颜色。
- Border（边沿）：设置边沿数值。
- Edge Sharpness（轮廓清晰度）：设置清晰度数值，影响到边缘的柔和程度与清晰度。
- Fractal Influence（不规则影响程度）：设置不规则影响程度数值。
- Scale（缩放）：设置缩放数值。
- Stretch Width or Height（控制宽度和高度的延伸程度）：设置控制宽度和高度的延伸程度数值。
- Offset（Turbulence）（偏移设置）：设置效果的偏移。
- Complexity（复杂度）：设置复杂度数值。

- Evolution（演变）：控制边缘的粗糙变化。
- Evolution Options（演变选项）：演变选项的设置。
- Cycle（in Revolutions）（循环旋转）：设置循环旋转数值。
- Random Seed（随机种子）：设置随机效果。

21. Scatter（分散）

Scatter（分散）特效可以将像素随机分散，产生透过毛玻璃观察的效果。各项参数如图8-267所示。使用效果如图8-268所示。

图8-267　Scatter（分散）　　　　　　图8-268　分散特效使用前后对比效果

- Scatter Amount（像素分散数量）：设置像素分散数量。
- Grain（颗粒）：设置画面像素颗粒分散方向，包括Both（两者都选）、Horizontal（水平）和Vertical（垂直）。
- Scatter Randomness（分散随机性）：设置随机性。选择Randomize Every Frame可以使每帧画面重新运算。

22. Srobe Light（闪光灯）

Srobe Light（闪光灯）特效是一个随时间变化的效果，在一些画面中间不断地加入一帧闪白、其他颜色或应用一帧层模式，然后立刻恢复。各项参数如图8-269所示。

图8-269　Strobe Light（闪光灯）

- Strobe Color（频闪色）：选择闪烁色。
- Blend With Original（和原图像混合程度）：设置和原图像的混合程度数值。
- Strobe Duration（secs）（频闪长度）：设置闪烁周期，以秒为单位。
- Strobe Period（secs）（频闪间隔）：设置间隔时间，以秒为单位。
- Random Strobe Probablity（频闪随机性）：设置频闪的随机性。
- Strobe（频闪烁方式），可以选择 operates On Color Only在彩色图像上进行或Mask Layer Transparent在遮罩上进行。
- Strobe Operator（频闪算法）：选择闪烁的叠加模式。
- Random Seed（随机种子）：设置频闪的随机性，值大时透明度高。

23. Texturize（纹理）

Texturize（纹理）特效可以应用其他层对本层产生浮雕形式的贴图效果。各项参数如图8-270所示。使用效果如图8-271所示。

图8-270　Texturize（纹理）

图8-271　纹理特效使用前后对比效果

- Texture Layer（纹理图层）：选择合成中的贴图层。
- Light Direction（灯光方向）：设置灯光的方向。
- Texture Contrast（纹理对比）：设置纹理的对比度。
- Texture Placement（纹理位移）：纹理放置，可以Tile Texture（平铺）、Center Texture（居中）或Stretch Texture To Fit（拉伸）。

24. Threshold（阈值）

Threshold（阈值）特效可以将一个灰度或色彩图像转换为高对比度的黑白图像。各项参数如图8-272所示。使用效果如图8-273所示。

图8-272　Threshold（阈值）

图8-273　阈值使用前后对比效果

- Level（级别）：设置阈值级别，低于此阈值的像素转换为黑色，高于此阈值的像素转换为白色。

▶ 8.2.11　Synthetic Aperture

SA Color Finesse 3（SA颜色技巧）

Color Finesse 3（SA颜色技巧）特效是专门调整画面颜色的效果。各项参数如图8-274所示。

- Full Interface（全部窗口）：单击该按钮，显示完整的效果调节界面。
- Load Preset（预置）：使用预置。
- Reset（重置）：单击该按钮重置参数。
- About（关于）：单击该按钮查看特效说明。
- Levels-Auto Correct（色阶自动调整）：在该参数栏中可以对颜色和曝光进行自动调整。
- Hue Offset（色相偏移）：选择所需色相，设置偏移值。
- Curves（曲线）：在曲线图上调整色彩通道数值。
- HSL：调整HSL中的暗部、中间调和亮部。

图8-274　Color Finesse 3（SA颜色技巧）

- RGB:调整RGB的整体、暗部、中间调和亮部。
- Limiter（限制）：对各项参数指标进行限定，防止参数超标。

8.2.12 Text（文本）

Text（文字）特效组主要用于辅助文字工具来添加更多、更精彩的文字特效，包括Numbers（数字效果）和Timecode（时间码）两种特效。

Numbers（数字）

Numbers（数字）特效可以产生数字，可以编辑时间码、十六进制数字、当前日期等，并可以随时间变动刷新或随机乱序刷新。各项参数如图8-275所示。使用效果如图8-276所示。

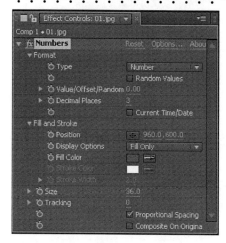

图8-275 Numbers（数字）

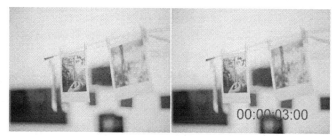

图8-276 数字特效使用前后对比效果

- Format（格式）：设置数字文本的字体类型格式。
- Type（类型）：设置数字类型。
- Random values（随机数值）：选择数字随机变化。
- value/Offset/Random Max（数字/偏移/随机最大）：设置数字随机离散范围。
- Decimal Places（小数点位置）：设置数字文本小数点的位置。
- Current Time/Date（当前时间/日期）：以系统当前的时间/日期显示数字。
- Fill and Storke（填充和描边）：设置填充和描边选项。
- Position（位置）：设置书写位置。
- Display Options（显示选项）：设置文字的外观。
- Fill Color（面颜色）：设置面的颜色。
- Stroke Color（边颜色）：设置边的颜色。
- Stroke Width（边宽度）：设置边的宽度。
- Size（尺寸）：设置字的大小。
- Tracking（字间距）：设置字间距的大小。
- Proportional Spacing（字行宽）：设置字行的宽度。
- Composite On Original（与原图像合成）：勾选与原图像合成，否则背景为黑色。

2. Timecode（时间码）

Timecode（时间码）特效可以为后期制作显示相应的时间依据，也可以用于渲染输出后的其

他制作。各项参数如图8-277所示。使用效果如图8-278所示。

图8-277 Timecode（时间码）

图8-278 时间码特效使用前后对比效果

- Display Format（显示格式）：设置时间码的显示格式，电视用SMPTE HH:MM:SS:FF标准的小时、分、秒、帧来显示，电影用Frame number（胶片编号）显示。
- Time Source（时间源）：设置时间源可以选择Layert Source（图层源）、Composition（作文）和Custom（自定义）。
- Custom（自定义）：设置合适的数值。
- Time Uints（时间单位）：设置时间单位数值。
- Drop Frame（掉帧）：勾选后设置时间编码以掉帧的方式效果显示。
- Starting Frame（开始帧）：设置开始帧设置。
- Text Position（文本位置）：时间编码显示的位置。
- Text Size文本尺寸）：时间编码的尺寸大小。
- Text Color文本色彩）：时间编码的颜色。
- Show Box {显示盒子）：选择是否显示盒子。
- Box Color（盒子颜色）：设置盒子的颜色。
- Opacity（不透明度）：设置不透明度数值。
- Composite On Original（与原图像合成）：勾选此项时与原图像合成，否则背景为黑色。

实例：制作时间码动画

源 文 件：	源文件\第8章\制作时间码动画
视频文件：	视频\第8章\制作时间码动画.avi

本实例介绍利用时间码特效根据素材持续时间制作时间数字跟随效果的方法。实例效果如图8-279所示。

01 在项目窗口中的空白处双击鼠标左键，然后在弹出的窗口中选择所需素材文件，单击"打开"按钮，如图8-280所示。

02 将项目窗口中的01.jpg和02.png素材文件按顺序拖曳到时间线窗口中，设置02.png图层的Scale（缩放）为80，Position（位置）为（876,231），如图8-281所示。

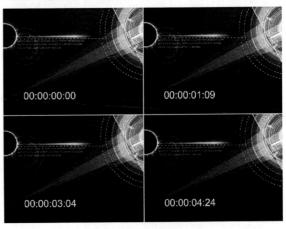

图8-279 时间码动画效果

图8-280 导入素材

图8-281 时间线窗口

03 为01.jpg图层添加Timecode（时间码）特效，设置Text Position（文字位置）为（140,581），Text Size（文字大小）为72，勾选掉Show Box（显示框），如图8-282所示。

04 此时拖动时间线滑块可查看最终制作时间码动画效果，如图8-283所示。

图8-282 添加时间码特效

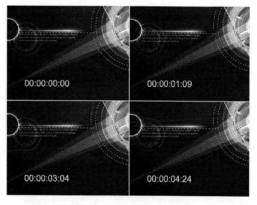

图8-283 时间码动画效果

▶ 8.2.13 Time（时间）

Time（时间）特效组主要用于控制素材的时间特性，并以素材的时间作为基准。

1. CC Force Motion Blur（CC强制运动模糊）

CC Force Motion Blur（CC强制运动模糊）特效可以通过混合中间帧为画面强制添加运动模糊效果。各项参数如图8-284所示。

- Motion Blur Samples（运动模糊采样）：设置运动模糊的程度。
- Override Native Shutte：取消该选项将不产生模糊效果。
- Shutter Angle（百叶窗角度）：增大数值，可以使图像产生更强烈的运动模糊效果。
- Native Motion Blur（自然运动模糊）：在右侧的下拉菜单中，选择Off（关闭）选项表示关闭运动模糊，选择On（开启）选项表示打开运动模糊。

2. CC Time Blend（CC时间混合）

CC Time Blend（CC时间混合）特效可以制作带有动态模糊的帧融合效果和重影效果。各项参数如图8-285所示。

图8-284　CC Force Motion Blur（CC强力运动模糊）　　　　图8-285　CC Time Blend（CC时间混合）

- Transfer（转换）：从右侧的下拉菜单中可以选择用于混合的模式。
- Accumulation（累积）：设置与源图像的累积叠加效果。
- Clear To（清除）：在右侧的下拉菜单中，选择Transparent（透明）会产生混合模式；选择Current Frame（当前帧）则在当前时间不使用混合模式。

3. CC Time Blend FX（CC时间混合FX）

CC Time Blend FX（CC时间混合FX）特效可以模拟真实的时间混合效果。各项参数如图8-286所示。

- Transfer（转换）：从右侧的下拉菜单中可以选择用于混合的模式。
- Accumulation（累积）：设置与源图像的累积叠加效果。值越小，源图像越明显；值越大，源图像越不明显。
- Clear To（清除）：选择Transparent（透明）时将使用混合模式。

4. CC Wide Time（CC时间融合）

CC Wide Time（CC时间融合）特效可以将图像的多个帧进行融合，使其产生多重的帧融合效果。各项参数如图8-287所示。

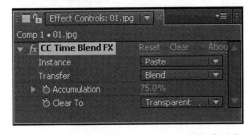

图8-286　CC Time Blend FX（CC时间混合FX）　　　　图8-287　CC Wide Time（CC时间融合）

- Forward Steps（前方步数）：设置图像前方的重复数量。
- Backward Steps（后方步数）：设置图像后方的重复数量。
- Native Motion Blur（自然运动模糊）：在右侧的下拉菜单中，选择Off（关闭）选项表示关闭运动模糊，选择On（开启）选项表示打开运动模糊。

5. Echo（重影）

Echo（重影）特效是针对运动的画面，并且忽略遮罩和以前应用的特技效果。各项参数如图8-288所示。

- Eco Time（seconds）（重影时间/秒）：设置延时图像的产生时间，以秒为单位，正值为之后出现，负值为之前出现。
- Number Of Echoes（重影数量）：设置延续画面的数量。

- Starting Intensity（开始强度）设置延续画面开始的强度数值。
- Decay（衰减）：设置延续画面的衰减程度。
- Echo Operaor（重影算法）：选择重影后续效果的叠加模式。

6. Posterize Time（抽帧）

PosterizeTime（抽帧）特效可以将正常播放速度调至新的播放速度，但播放时长不变，若低于标准速度，会产生跳跃现象。各项参数如图8-289所示。

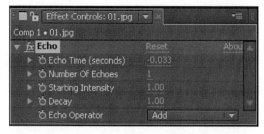

图8-288　Echo（重影）　　　　　　　　图8-289　PosterizeTime（抽帧）

- Frame Rate（帧速率）：将每秒播放的帧数调到新的帧数。

7. Time Difference（时间差）

Time Difference（时间差）特效是通过对比两个层之间的像素差异产生特殊效果，并可以设置目标层延迟或提前播放。各项参数如图8-290所示。使用效果如图8-291所示。

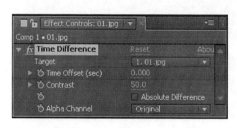

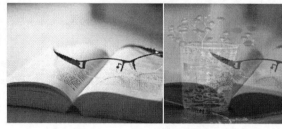

图8-290　Time Difference（时间差）　　　　图8-291　时间差特效使用前后对比效果

- Target（目标）：选择目标层。
- Time Offset（sec）（时间偏移）：设置时间偏移数值，以秒为单位。
- Contrast（对比度）：设置对比度数值。
- Absolute Difference（绝对差异）：使用像素绝对差异。
- Alpha Channel（阿尔法通道）：可以选择Original（原始）、Target（目标）、Blend（混合）、Max（最大）、Full On（密集）、Lightness Of Result（明亮结果）、Max Of Result（最大结果）、Alpha Difference（阿尔法差异）、Alpha Difference Only（只有阿尔法差异）等通道。

8. Time Displacement（时间替换）

Time Displacement（时间替换）特效可以在同一画面中反映出运动的全过程。应用的时候要设置映射层，然后基于图像的亮度值，将图像上明亮的区域替换为几秒钟以后该点的像素。各项参数如图8-292所示。

- Time Displacement Layer（时间替换层）：选择时间替换层。
- Max Displacement Time（sec）（最大位移时间）：设置最大位移时间，以秒为单位。

- Time Resolution（fps）（时间分辨率）：设置时间分辨率，这个值应该不大于层的标准播放速度。
- If Layer Size Differ（如果替换层和原图像尺寸不同）：如果替换层和原图像尺寸不同，选择Stretch Map to Fit拉伸替换图像。

图8-292　Time Displacement（时间替换）

9. Timewarp（时间扭曲）

Timewarp（时间扭曲）特效能够基于像素运动、帧融合和所有帧进行时间画面扭曲，使前几秒的图像或后几秒的图像显示在当前位置上。各项参数如图8-293所示。

- Speed速度：在Adjust Time By（调节时间）中将Speed（速度）激活，设置速度的大小。
- Source Frame（来源帧）：在Adjust Time By（调节时间）中将Source Frame（来源帧）激活，设置来源帧。
- Turning（调节）：设置各种调节值参数。
- Smoothing（平滑）：设置各种平滑参数。
- Correct Lumiance Changes（正确的亮度变化）：选择亮度变化。
- Filtering（滤器）：设置滤器模式，可以选择Normal（标准）、Extreme（极端）。
- Error Threshhold（错误阈值）：设置错误阈值数值。
- Block Size（块尺寸）：设置块尺寸数值。
- Weighting（加重）：设置红、黄、蓝颜色的加重数值。
- Red Weight（红色加重）：设置红色的加重数值。

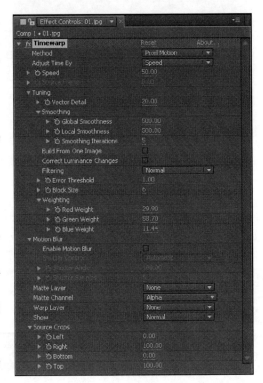

图8-293　Timewarp（时间扭曲）

- Green Weight（黄色加重）：设置绿色的加重数值。
- Blue Weight（蓝色加重）：设置蓝色的加重数值。
- Motion blur（运动模糊）：设置各种模糊效果。
- Shutter Angle（快门角度）：设置快门角度数值。
- Shutter Samples（快门样式）：设置快门样式的数值。
- Mattle Layer（蒙版图层）：设置蒙版图层类型，包括3种方式。
- Matte Channel（蒙版通道）：设置蒙版通道类型。
- Warp Layer（弯曲图层）：设置弯曲图层类型，包括3种方式。
- Show（显示）：设置显示方式，可以选择Normal（标准）、Matte（蒙版）、Foregeound（前景）、Background（背景）。
- Sour Crop（来源修剪）：对来源图像进行上下左右修剪。
- Left（左）：设置左边修剪数值。
- Right（右）：设置右边修剪数值。
- Bottom（底部）：设置底部修剪数值。

- Top（顶部）：设置顶部修剪数值。

▶ 8.2.14 Transition（切换）

Transition（切换）特效组可以模拟制作出多种切换的画面效果，主要作用在某一图层上。

1. Block Dissolve（块面溶解）

BlockDissolve（块面溶解）特效可以随机产生板块溶解图像的效果。各项参数如图8-294所示。使用效果如图8-295所示。

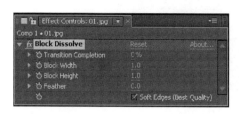

图8-294　BlockDissolve（块面溶解）

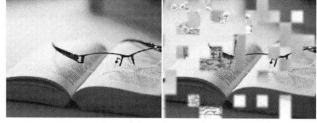

图8-295　块面溶解特效使用前后对比效果

- Transition Completion（过渡完成）：设置转场完成百分比。
- Block Width（板块宽度）：设置板块的宽度。
- Block Height（板块高度）：设置板块的高度。
- Feather（羽化）：设置羽化值，使板块边缘羽化。
- Soft Edges（Best Quality）（边缘柔化（最好品质））：勾选边缘柔化时，板块边缘更柔和。

2. Card Wipe（卡片擦除）

Card Wipe（卡片擦除）可以建立多种切换效果，此特效把图像拆分成小卡片来完成切换。各项参数如图8-296所示。使用效果如图8-297所示。

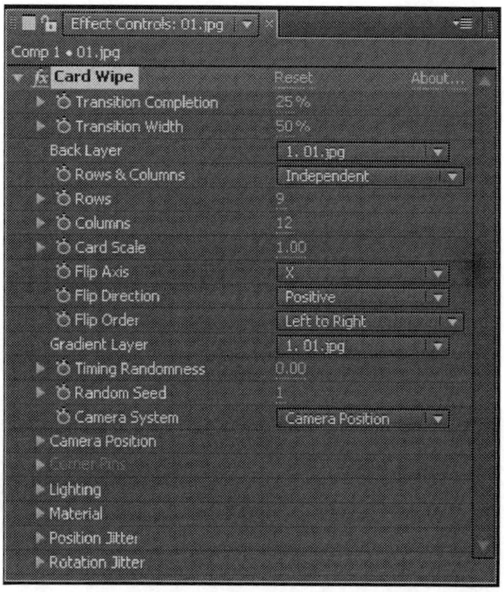

- Transition Completion（切换结束）：转场完成百分比。
- TransitionWidth（切换宽度）：控制在切换过程中使用图像的多大面积切换。
- Rows & Columns（行&列）：可以选择Independent（独立）、Columns Follows Rows（列跟随行）。
- Rows（行）：设置行的数值。
- Columns（列）：设置列的数值。
- Card Scale（卡片缩放）：设置卡片缩放大小。
- Timing Randomnes（随机时间）：设置随机时间数值。
- Random Seed（随机种子）：设置种子的随机数值。
- Camera Position（摄影机位置）：设置摄影机的位置。

图8-296　Card Wipe（卡片擦除）

- Corner Pins（角度）：可以选择Upper Left Corner（左上角）、Upper Right Corner（右上角）、Lower Left Corner（左下角）、Lower Right Corner（右下角）、Focal Length（焦距）。
- Lighting（灯光）：设置灯光的各种范围。
- Maerial（材质）：选择卡片材质类型，主要用于对光线的反射或处理。
- Position Jitter（位置抖动）：设置在卡片的原位置上发生抖动，调节X轴、Y轴和Z轴的数量与速度。
- Rotation Jitter（旋转抖动）：设置卡片在原角度上发生抖动，调节X轴、Y轴和Z轴的数量与速度。

图8-297　卡片擦除特效使用前后对比效果

3. CC Glass Wipe（玻璃擦除）

CC Glass Wipe（玻璃擦除）特效可以使图像产生类似玻璃融化过渡的效果。各项参数如图8-298所示。

- Completion（完成）：用于设置图像的扭曲程度。
- Layer to Reveal（显示层）：设置当前显示层。
- Gradient Layer（渐变层）：指定一个渐变层。
- Softness（柔化）：设置扭曲效果的柔化程度。
- Displacement Amount（偏移量）：设置扭曲的偏移程度。

图8-298　Glass Wipe（玻璃擦除）

4. CC Grid Wipe（CC网格擦除）

CC Grid Wipe（CC网格擦除）特效可以将图像分解成很多小网格，以纺锤形网格来擦除图像效果。各项参数如图8-299所示。使用效果如图8-300所示。

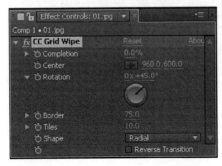

图8-299　CC Grid Wipe（CC网格擦除）

图8-300　CC网格擦除

- Completion（完成）：用于设置图像过渡的程度。
- Center（中心）：用于设置网格的中心点位置。
- Rotation（旋转）：设置网格的旋转角度。
- Border（边界）：设置网格的边界位置。
- Tiles（拼贴）：设置网格的大小。值越大，网格越小；值越小，网格越大。
- Shape（形状）：用于设置整体网格的擦除形状。从右侧的下拉菜单中可以根据需要选择Doors（门）、Radial（径向）、Rectangle（矩形）3种形状中的一种来进行擦除。
- Reverse Transition（反转变换）：勾选复选框，可以将网格与图像区域进行转换，使擦除的形状相反。

5. CC Image Wipe（CC图像擦除）

CC Image Wipe（CC图像擦除）特效是通过特效层与指定层之间像素的差异比较，从而产生指定层的图像擦除效果。各项参数如图8-301所示。

- Completion（完成）：用于设置图像擦除的程度。
- Border Softness（边界柔化）：设置指定层图像的边缘柔化程度。

图8-301　CC Image Wipe（CC图像擦除）

- Auto Softness（自动柔化）：指定层的边缘柔化程度将在Border Softness（边界柔化）的基础上进一步柔化。
- Gradient（渐变）：指定一个渐变层。
- Layer（层）：从右侧的下拉菜单中可以选择一层，作为擦除时的指定层。
- Property（特性）：从右侧的下拉菜单中可以选择一种用于运算的通道。
- Blur（模糊）：设置指定层图像的模糊程度。
- Inverse Gradient（反转渐变）：勾选该复选框，可以将指定层的擦除图像按照其特性的设置进行反转。

6. CC Jaws（CC锯齿）

CC Jaws（CC锯齿）特效可以将图像一分为二进行锯齿形状切换。各项参数如图8-302所示。使用效果如图8-303所示。

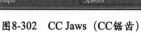

图8-302　CC Jaws（CC锯齿）　　　　图8-303　CC锯齿特效使用前后对比效果

- Completion（完成）：用于设置图像过渡的程度。
- Center（中心）：用于设置锯齿的中心点位置。
- Direction（方向）：设置锯齿的方向。
- Height（高度）：设置锯齿的高度。

- Width（宽度）：设置锯齿的宽度。
- Shape（形状）：用于设置锯齿的形状。从右侧的下拉菜单中，可以根据需要选择一种形状来进行擦除。

7. CC Light Wipe（CC光源过渡）

CC Light Wipe（CC光源过渡）特效通过边缘加光的形式对图像进行擦除。各项参数如图8-304所示。

- Completion（完成）：用于设置图像过渡的程度。
- Center（中心）：用于设置锯齿的中心点位置。
- Intensity（强度）：设置发光的强度。
- Shape（形状）：用于设置擦除的形状，包括Doors（门）、Round（圆形）和Square（正方形）3种形状。
- Direction（方向）：设置擦除的方向。此项当Shape（形状）为Doors（门）或Square（正方形）时才可使用。
- Color from Source（颜色来源）：勾选该复选框时，发光亮度会降低。
- Color（颜色）：用于设置发光的颜色。
- Reverse Transition（反转变换）：可以将发光擦除的黑色区域与图像区域进行转换，使擦除反转。

8. CC Line Sweep（CC行扫描）

CC Line Sweep（CC行扫描）特效可以使图像按照行的顺序扫描擦除。各项参数如图8-305所示。

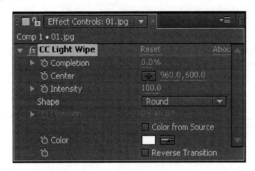

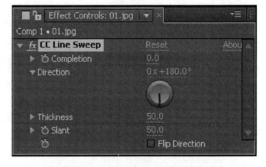

图8-304　CC Light Wipe（CC光源过渡）　　　　图8-305　CC Line Sweep（CC行扫描）

- Completion（完成）：扫描画面的完成度。
- Direction（方向）：扫描的方向。
- Thickness（密度）：扫描画面的密度。
- Slant（倾斜）：扫描的倾斜角度大小。
- Flip Direction（翻转方向）：将扫描的方向进行翻转。

9. CC Radial ScaleWipe（CC圆孔过渡）

CC Radial ScaleWipe（CC圆孔过渡）特效可以通过边缘扭曲的圆孔切换画面。各项参数如图8-306所示。使用效果如图8-307所示。

- Completion（完成）：用于设置图像过渡的程度。
- Center（中心）：用于设置放射的中心点位置。
- Reverse Transition（反转变换）：勾选该复选框，可以将擦除的黑色区域与图像区域进行转换，使擦除反转。

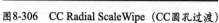

图8-306　CC Radial ScaleWipe（CC圆孔过渡）

图8-307　CC圆孔过渡特效使用前后对比效果

10. CC Scale Wipe（CC缩放擦除）

CC Scale Wipe（CC缩放擦除）特效通过调节拉伸中心点的位置以及拉伸的方向，使其产生拉伸擦除的效果。各项参数如图8-308所示。

- Stretch（拉伸）：设置图像的拉伸程度。值越大，拉伸越明显。
- Center（中心）：设置拉伸中心点的位置。
- Direction（方向）：设置拉伸的方向。

11. CC Twister（CC扭动）

CC Twister（CC扭动）特效可以使图像产生扭转抽离的效果。各项参数如图8-309所示。

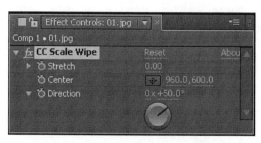

图8-308　CC Scale Wipe（CC缩放擦除）

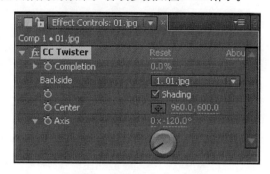

图8-309　CC Twister（CC扭动）

- Completion（完成）：用于设置图像扭曲的程度。
- Backside（背面）：设置扭曲背面的图像。
- Shading（阴影）：勾选该复选框时，扭曲的图像将产生阴影。
- Center（中心）：设置扭曲图像中心点的位置。
- Axis（坐标轴）：设置扭曲的旋转角度。

12. CC WarpoMatic（CC变形过渡）

CC WarpoMatic（CC变形过渡）特效可以选择过渡到的图层，并设置弯曲变形的程度。各项参数如图8-310所示。

- Completion（完成）：用于设置图像过渡的程度。
- Layer to Reveal（层显示）：设置显示的图层。
- Reactor（反应器）：设置亮度或对比度等模式。
- Smoothness（平滑）：设置平滑数值。
- Warp Amount（变形量）：设置变形的程度。

- Warp Direction（变形方向）：设置变形方向类型。
- Blend Span（混合跨度）：设置混合的跨度。

13. Gradient Wipe（渐变擦除）

Gradient Wipe（渐变擦除）特效是依据两个层的亮度值进行的，其中一个参考层叫渐变层。各项参数如图8-311所示。使用效果如图8-312所示。

- Transition Completion（切换结束）：设置转场完成百分比。
- Transition Softness（切换柔化）：设置边缘柔化程度。
- Gradient Layer（渐变图层）：选择渐变图层。
- Gradient Placement（渐变替换）：渐变层的放置方式，包括Tile Gradient（平铺）、Center Gradient（居中）和Stretch Gradient ToFit（拉伸）。
- Invert Gradient（反向渐变）：渐变层反向，使亮度参考相反。

图8-310　CC WarpoMatic（CC变形过渡）

图8-311　Gradient Wipe（渐变擦除）

图8-312　渐变擦除特效使用前后对比效果

14. Iris Wipe（辐射擦除）

Iris Wipe（辐射擦除）特效以辐射状变化显示下面的画面，可以指定作用点、内外半径来产生不同的辐射形状。各项参数如图8-313所示。使用效果如图8-314所示。

图8-313　Iris Wipe（辐射擦除）

图8-314　辐射擦除使用前后对比效果

- Iris Center（辐射中心）：设置星形擦除的辐射中心位置。
- Iris Points（辐射锚点）：设置星形辐射的多边形形状。
- Outer Radius（外半径）：设置外半径数值，调节星形的大小。
- Inner Radius（内半径）：设置内半径数值，要应用此项必须将Use lnner Radius（使用内半径）打开。

- Rotation（旋转）：设置旋转角度。
- Feather（边缘羽化）：设置边缘羽化程度。

15. Linear Wipe（线性擦除）

Linear Wipe（线性擦除）特效可以从某个方向进行擦除，还可以扫出层中遮罩的内容。各项参数如图8-315所示。使用效果如图8-316所示。

图8-315　Linear Wipe（线性擦除）　　　　图8-316　线性擦除特效使用前后对比效果

- Transition Completion（切换结束）：设置转场完成百分比。
- Wipe Angle（擦除角度）：设置要擦除的直线的角度。
- Feather（羽化）：设置边缘羽化数值。

16. Radial Wipe（径向擦除）

Radial Wipe（径向擦除）特效是通过径向旋转来完成画面擦除过渡效果。各项参数如图8-317所示。使用效果如图8-318所示。

图8-317　Radial Wipe（径向擦除）　　　　图8-318　径向擦除特效使用前后对比效果

- Transition Completion（切换结束）：设置转场完成百分比。
- Start Angle（初始角度）：设置放射扫画的角度。
- Wipe Center（扫画中心）：设置扫画中心位置。
- Wipe（擦除）：扫画类型，可以选择Clockwise（顺时针）、Counter Clockwise（逆时针）和Both（都选）。
- Feather（羽化）：设置边缘羽化数值。

17. Venetian Blinds（百叶窗）

Venetian Blinds（百叶窗）特效可以模拟类似百叶窗的动画效果进行擦除。各项参数如图8-319所示。使用效果如图8-320所示。

- Transition Completion（切换结束）：设置转场完成百分比。
- Direction（方向）设置百叶窗方向。
- Width（宽度）：设置百叶窗宽度。

- Feather（羽化）：设置边缘羽化数值。

图8-319　Venetian Blinds（百叶窗）

图8-320　百叶窗特效使用前后对比效果

8.2.15　Utility（实用）

Utility（效用）特效组主要用于调整素材颜色的输出和输入设置，对HDR文件提供了支持。

1. Apply Color LUT（应用色彩LUT）

Apply Color LUT（应用色彩LUT）特效用于素材画面的色彩调整，使用该特效时会弹出对话框，在对话框中选择相应的LUT文件即可完成调色操作。

2. CC Overbrights（CC超光亮）

CC Overbrights（CC超光亮）是CS6的新增功能，可以模拟出超光亮的效果。各项参数如图8-321所示。

- Channel（通道）：设置所选通道。
- Clip Color（缩减颜色）：设置缩减的颜色。

3. Cineon Converter（胶片转换）

Cineon Converter（胶片转换）特效主要用于标准线性到曲线对象的转换，使Cineon文件适用。各项参数如图8-322所示。

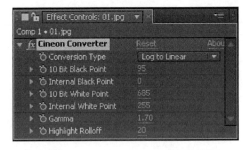

图8-322　Cineon Converter（胶片转换）

图8-321　CC Overbrights（CC超光亮）

- Conveter Type（变换类型）：设置对图像使用的转换类型。
- 10Bit Black Point（10位黑点）：设置10位黑点数值。
- Internal Black Point（内部黑点）：设置内部黑点的数值。
- 10Bit White Point（10位白点）：设置10位白点数值。
- Internal White Point（内部白点）：设置内部白点的数值。
- Gamma（珈玛）：调整珈玛数值。
- Highlight Rolloff（高光重算）：设置高光距离。

4. Color Profile Converter（彩色特征描述转换）

Color Profile Converter（彩色特征描述转换）特效对图像色彩轮廓进行转换，使其匹配其他的色调效果。各项参数如图8-323所示。

- Input Profile（输入特征描述）：输入色彩空间类型，如Project Working Space、Adobe RGB等。
- Linearize Input Profile（线性化输入特征）：选择此项时，设置色彩轮廓转换的输入特征。
- Output Profile（输出轮廓）：设置输出的色彩空间。
- Linearize Output Profile（线性化输出特征）：选择此项时，设置色彩轮廓转换的输出特征。
- Intent（匹配方法）：选择色彩空间基于何种色系调节。

5. Grow Bounds（范围增长）

GrowBounds（范围增长）特效用于增加图层中画面周边像素的折回边缘。各项参数如图8-324所示。

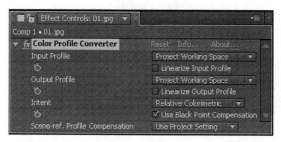

图8-323　Color Profile Converter（彩色特征描述转换）

图8-324　GrowBounds（范围增长）

- Pixels（像素）：设置像素数值，以像素为单位指定半径内应用效果的图像。

6. HDR Compander（HDR压缩扩展）

HDR Compander（HDR压缩扩展）特效使用不支持HDR的工具进行HDR影片无损处理，还能够将高动态范围图像高光值（HDR）压缩到低动态范围（LDR）图像。各项参数如图8-325所示。

- Mode（类型）：选择调节使用的类型，包括Compress Range（压缩范围）、Expand Range（扩展范围）。
- Gain（增加）：设置增加所选类型的色彩值。
- Gamma（调整珈玛）：设置珈玛数值。

7. HDR Hightlight Compander（HDR高光压缩）

HDR Hightlight Compander（HDR高光压缩）特效可以对图层画面中的高光区域进行压缩。各项参数如图8-326所示。

图8-325　HDR Compander（HDR压缩扩展器）

图8-326　HDR Hightlight Compander（HDR高光压缩）

- Amount（数量）：设置HDR高光压缩的百分比数量。

8.3 拓展练习

实例：水墨画

源 文 件：	源文件\第8章\水墨画
视频文件：	视频\第8章\水墨画.avi

本实例介绍利用黑白特效将素材进行黑白化处理，添加亮度&对比度特效增加黑白对比关系，最后添加中值特效，制作出水墨画的模糊晕染效果。实例效果如图8-327所示。

图8-327　水墨画效果

01 在项目窗口中的空白处双击鼠标左键，然后在弹出的窗口中选择所需素材文件，并单击"打开"按钮，如图8-328所示。

02 将项目窗口中的01.jpg和02.png素材文件按顺序拖曳到时间线窗口中，并设置02.png图层的Scale（缩放）为80，Position（位置）为（876,231），如图8-329所示。

图8-328　导入素材

图8-329　时间线窗口

03 为01.jpg图层添加Black & White（黑与白）和Brightness & Contrast（亮度&对比度）特效，并设置Brightness & Contrast（亮度&对比度）特效下的Brightness（亮度）为-5，Contrast（对比度）为10，如图8-330所示。

04 为01.jpg图层添加Median（中值）特效，并设置Radius（半径）为2，如图8-331所示。

05 此时拖动时间线滑块可查看最终水墨画效果，如图8-332所示。

图8-330　添加黑与白和亮度与对比度特效

图8-331　添加中值特效

图8-332　水墨画效果

8.4　本章小结

通过对本章的学习，可以快速掌握After Effects中添加滤镜、使用滤镜、调节各种滤镜特效的参数的方法，这是本书非常重要的一章，本章的内容是制作动画效果必须掌握的知识。

- 选择Effect&Presets（特效&预置）窗口中的某一滤镜特效，将其拖曳到时间线窗口中的图层上，或者拖曳到该图层的Effect Controls特效控制面板中。
- 选择添加滤镜特效的图层，在Effect Controls（特效控制）面板中设置该图层添加的滤镜参数。或者打开该图层下的Effects选项，在该选项下面设置添加滤镜的参数。
- 选择添加滤镜特效的图层，然后在Effect Controls（特效控制）面板中选择需要删除的滤镜，按Delete键进行删除。

8.5　课后习题

1. 选择题

（1）制作边缘腐蚀效果，可以使用以下哪种特效？（　　）

　　A．Brush Strokes　　　　　　　　　　B．Glow

　　C．Scatter　　　　　　　　　　　　　D．Roughen Edges

（2）沿一段Mask产生描边动画，应该使用以下哪种滤镜特效？（　　）

　　A．Stroke　　　　　　　　　　　　　B．Write-on

　　C．Brush Stroke　　　　　　　　　　D．Vegas

（3）按下面的哪个快捷键可以展开时间线窗口内某层所施加的特效？（　　）

　　A．M键　　　　　　　　　　　　　　B．E键

　　C．T键　　　　　　　　　　　　　　D．R键

（4）使用哪种特效能根据一段音频绘制出图中的波形曲线？（　　）

　　A．Audio Spectrum　　　　　　　　　B．Audio Waveform

　　C．Radio Waves　　　　　　　　　　D．Wave World

（5）以下哪些特效可用于实现图像的模糊？（　　）

　　A．CC Radial Blur　　　　　　　　　B．Channel Blur

　　C．Smart Blur　　　　　　　　　　　D．Sharpen

(6) 以下哪些特效可使图像产生放大效果？（　　）

    A．Liquify   B．Spherize

    C．Magnify   D．Bulge

(7) 以下哪种特效可模拟强光经过摄像机镜头画面中产生的光环、光斑的效果？（　　）

    A．Grid   B．Ramp

    C．Ellipse   D．Lens Flare

2. 填空题

(1) ＿＿＿＿＿＿＿＿特效用于在图像中拾取某一像素色彩，并将该色填充到整个层中。

(2) ＿＿＿＿＿＿＿＿特效可为画面的遮罩区域创建描边效果。

(3) 可以为画面添加时间码、数字、日期等特效的有＿＿＿＿＿＿＿＿和＿＿＿＿＿＿＿＿。

(4) 使用＿＿＿＿＿＿＿＿和＿＿＿＿＿＿＿＿特效可以模拟自然界的闪电场景。

(5) ＿＿＿＿＿＿＿＿特效可在层的后面产生阴影，制造投影效果。

3. 判断题

(1) Median特效可用于去除噪波。（　　）

(2) Mosaic特效可使图像产生规则的卡片形状的效果。（　　）

(3) CC Ball Action特效可使图像分裂为若干球形。（　　）

(4) Threshold特效可使图像产生黑白效果。（　　）

4. 上机操作

使用矩形遮罩工具、CC Threads（CC线）和Drop Shadow（阴影）特效制作如图8-333所示的彩色编织效果。

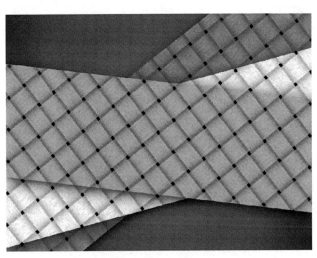

图8-333　彩色编织效果

第 **9** 章
添加声音特效

　　人类能够听到的所有声音都称为音频，也包括噪音等。动画的后期合成制作包括视频画面和声音两个部分，声音的处理在后期合成中尤为重要，也是最容易被人们忽视的。声音运用得恰到好处，能够营造出各种气氛。

学习要点

- 将声音导入影片
- 音频特效面板
- Audio（音频）特效

9.1 将声音导入影片

在Adobe After Effects CS6中可以为影片添加不同的音频。

➡️ 实例：为视频添加音乐

源 文 件：	源文件\第9章\为视频添加音乐
视频文件：	视频\第9章\为视频添加音乐.avi

本实例介绍如何为视频添加新的音乐素材文件图层，并将视频中的音频静音处理，得到全新添加的音乐效果。实例效果如图9-1所示。

01 在项目窗口中的空白处双击鼠标左键，然后在弹出的窗口中选择所需素材文件，单击"打开"按钮，如图9-2所示。

图9-1 为视频添加音乐效果　　　　　　　图9-2 导入素材

02 将项目窗口中的01.avi和02.mp3素材文件拖曳到时间线窗口中，如图9-3所示。

03 单击01.mp4图层上的🔊（音频静音）按钮，此时按小键盘的0键预览，可以听到为视频添加的新音乐效果，如图9-4所示。

图9-3 时间线窗口　　　　　　　　　　　图9-4 为视频添加音乐效果

9.2 音频特效面板

在Adobe After Effects CS6中的Effects & Presets（特效&预设）面板中，包括10种音频特效，方便制作各种音频效果，如图9-5所示。

图9-5　Effects & Presets（特效&预设）面板

9.3 Audio（音频）特效

音频特效主要用于对声音进行处理，以此来制作不同效果的声音特效，比如回声、降噪等。After Effects CS6为用户提供了10种音频特效，可供用户更好地控制音频文件。

1. Backwards（倒播）

Backwards（倒播）特效用于将音频素材反向播放，从最后一帧播放到第一帧，在时间线窗口中，这些帧仍然按原来的顺序排列。各项参数如图9-6所示。

- Swap Channels（通道交换）：用于将两个音轨交换。

2. Bass & Treble（低音与高音）

（低音&高音）特效用于调整音频层的音调高低。各项参数如图9-7所示。

图9-6　Backwards（倒播）

图9-7　Bass & Treble（低音与高音）

- Bass（低音）：用于升高或降低低音部分。
- Treble（高音）：用于升高或降低高音部分。

3. Delay（延迟）

Delay（延迟）特效可以将音频素材的声音在一定的时间后重复。用来模拟声音被物体反射的效果。各项参数如图9-8所示。

- Delay Time（延迟时间）：延迟的时间，以毫秒为单位。
- Dalay Amount（延迟数量）：延时量。
- Feedback（反馈）：声音的反馈。
- Dry out（干出）：原音输出，表示不经过修饰的声音输出量。

- wet out（湿出）：效果音输出，表示经过修饰的声音输出量。

4. Flange & Chorus（变调与合声）

Flange & Chorus（变调与合声）特效包括两个独立的音频效果。变调是对原始声音进行复制后再对原频率进行位移变化。Chorus（合声）用于设置音频素材的合声效果，使单个语音或者乐器听起来更有深度，可以用来模拟合唱效果。各项参数如图9-9所示。

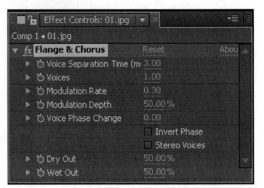

图9-8 Delay（延迟） 　 图9-9　Flange & Chorus（变调与合声）

- Voice Separation Time（ms）（声音分离时间，毫秒）：用于设置声音的分离时间，单位是毫秒。每个分离的声音是原音的延时效果声。设置较低的参数值通常用于Flange效果，较高的数值用于Chorus效果。
- Voice（声音）：用于设置合声的数量。
- Modulation Rate（调制比率）：用于调整调制速率，以Hz为单位，指定频率调制。
- Modulation Depth（调制深度）：用于调整调制的深度。
- Voice Phase Change（修改相位）：声音相位的变化。
- Dry Out（干出）：原音输出，不经过修饰的声音输出。
- Wet Out（湿出）：效果音输出，经过修饰的声音输出。

5. High-Low Pass（高通-低通）

High-Low Pass（高通-低通）特效可以滤除高于或低于一个频率的声音，还可以单独输出高音和低音。各项参数如图9-10所示。

- Filter options（过滤选项）：用于选择应用High Pass高通滤波器和Low Pass低通滤波器。
- Cutoff Frequency（剪切关闭频率）：用于切除频率。
- Dry Out（干出）：原音输出，不经过修饰的声音输出。
- Wet Out（湿出）：效果音输出，经过修饰的声音输出。

6. Modulator（调节器）

Modulator（调制器）特效用于设置声音的颤音效果，改变声音的变化频率和振幅，使声音产生多谱勒效果。比如一列火车越来越近的时候，火车声会越来越高，远去时逐渐降低。各项参数如图9-11所示。

- Modulation Type（调制类型）：选择颤音类型，Sine为正弦值，Triangle为三角形。
- Modulation Rate（调制比率）：设置速度。
- Modulation Depth（调制深度）：设置调制深度。
- Amplitude Modulation（振幅调制）：设置振幅。

图9-10　High－Low Pass（高通—低通）

图9-11　Modulator（调制器）

7. Parametric EQ（参数EQ）

Parametric EQ（参数 EQ）特效用于为音频添加参数均衡器，可以强化或衰减指定的频率。各项参数如图9-12所示。

- Frequency Response（频响）：频率响应曲线，水平方向表示频率范围，垂直表示增益值。
- Bandl/2/3 Enable（应用第1/2/3条参数曲线）：最多可以使用三条，打开后可以对下面的相应参数进行调整（这里只使用了一条）。
- Frequency（频率）：设置调整的频率点。
- Bandwidth（带宽）：设置带宽。
- Boost/Cut（推进或剪切）：提升或切除，调整增益值。

8. Reverb（回声）

Reverb（回声）特效可以设置在某一时间内重复声音和产生回音，模拟声音反射的空间效果。各项参数如图9-13所示。

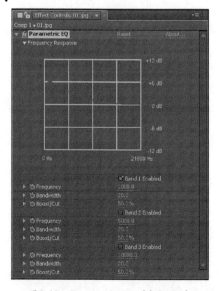

图9-12　Parametric EQ（参数 EQ）

图9-13　Reverb（回声）的各项参数

- Revefb Time（ms）（回声时间（ms））：用于设置回声的时间，以毫秒为单位。
- Diffusion（扩散）：可以设置扩散量，值越大则声音越有远离的效果。
- Decay（衰减）：用于设置效果消失过程的时间，值越大产生的空间效果越大。
- Brightness（亮度）：设置声音的明亮度，值越大则回声的声音越大。
- Dry out（干出）：原音输出，不经过修饰的声音输出。
- Wetout（湿出）：效果声输出，经过修饰的声音输出。

9. Stereo Mixer（立体声混合）

Stereo Mixer（立体声混合）特效用来模拟左右立体声混音装置。并可以对一个层的音频进行音量大小和相位的控制。各项参数如图9-14所示。

- Left Level（左级别）：*左声道增益，即音量大小。*
- Right Level（右级别）：*右声道增益。*
- Left Pan（左面板）：*左声道相位，即声音左右定位。*
- Right Pan（右面板）：*右声道相位。*
- Invert Phase（反转）：*反转左右声道的状态，可以防止两种相同频率的音频互相掩盖。*

10. Tone（音调）

Tone（音调）特效可以制作简单合音，如电话铃声和警笛声等，最多可以增加5个音调来产生和弦。各项参数如图9-15所示。

图9-14　Stereo Mixer（立体声混合）

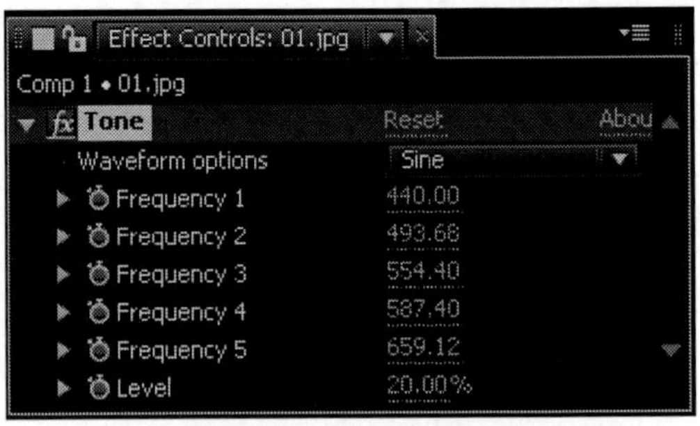

图9-15　Tone（音调）

- Waveform options（滤形选项）：用于选择波形形状。包括Sine（正弦）、Square（方波）、Triangle（三角）和Saw（锯齿）。
- Freqencyl/2/3/4/5（频率1/2/3/4/5）：分别设置五个音调的频率点，某个频率的参数为0时，则关闭该频率。
- Level（级别）：调整振幅。如果预览的时候出现警告声，说明Level设置过高。依照使用的音调数除以100%。

9.4　拓展练习

实例：淡入淡出的音乐

源 文 件：	源文件\第9章\淡入淡出的音乐
视频文件：	视频\第9章\淡入淡出的音乐.avi

本实例介绍如何在音频等级属性上添加关键帧，并调节数值，制作音频的音量变化效果。实例效果如图9-16所示。

⓵ 在项目窗口中的空白处双击鼠标左键，然后在弹出的窗口中选择所需素材文件，单击"打开"按钮，如图9-17所示。

⓶ 将项目窗口中的01.wma素材文件拖曳到时间

图9-16　淡入淡出的音乐效果

线窗口中，如图9-18所示。

图9-17　导入素材

图9-18　时间线窗口

03 打开时间线窗口中01.wma图层下的Audio（音频）。然后单击Audio Levels（音频等级）前面的关键帧按钮，并设置为-15。继续将时间线拖到第10秒的位置，设置Audio Levels（音频等级）为0。将时间线拖到第3分40秒的位置，设置Audio Levels（音频等级）为0。最后将时间线拖到结束帧的位置，设置Audio Levels（音频等级）为-15。此时按小键盘的0键预览，已经产生淡入淡出的音乐效果，如图9-19所示。

图9-19　最终完成

9.5　本章小结

通过对本章的学习，可以为视频画面增加音乐、为音乐添加和设置声音特效等，如淡入淡出、余音绕梁等效果。

- 将时间线窗口中的视频素材文件的原音频进行静音处理，然后将项目窗口中的音乐拖曳到时间线窗口中，即可更改和添加视频音乐。
- 选择Effect&Presets（特效&预置）窗口的Audio文件夹中的某一特效，将其拖曳到时间线窗口中的声音图层上。然后在Effect Controls（特效控制）面板中设置声音特效的参数。

9.6　课后习题

1. 选择题

（1）以下对Flange&Chorus（变调与合声）特效的描述错误的有（　　）。

A．包括两个独立的音频效果　　　　　B．可以制作声音反射效果

C．对原频率进行位移变化　　　　　　D．可以用来模拟合唱效果

（2）以下对Modulator（调节器）特效下的Modulation Type（调制类型）的描述正确的有（　　）。

A．Sine

B．High

C．Triangle

D．Low

（3）什么音频特效可以制作出简单的合音，如电话铃声和警笛声等。（　　）

A．Stereo Mixer

B．Tone

C．Parametric EQ

D．High-Low Pass

2. 填空题

（1）_____特效可以将音频素材的声音在一定的时间后重复。用来模拟声音被物体反射的效果。

（2）_____表示不经过修饰的声音输出。_____表示经过修饰的声音输出。

（3）_____特效用于设置声音的颤音效果，改变声音的频率和振幅，使声音产生多谱勒效果。

（4）若要试听时间线窗口中的音频文件，可以按小键盘中的_____键进行预览。

3. 判断题

（1）在Adobe After Effects CS6中，可以为影片添加不同的音频。（　　）

（2）Backwards（倒播）特效可以将音频素材反向播放，而在时间线窗口中的这些帧也反向排列。（　　）

（3）Stereo Mixer（立体声混合）特效用于模拟左右立体声混音装置。并可以对一个层的音频进行音量大小和相位的控制。（　　）

（4）High－Low Pass（高通—低通）特效可以滤除高于或低于一个频率的声音，但不可以单独输出高音和低音。（　　）

4. 上机操作

使用Backwards（倒播）特效制作音频的倒播效果。

第10章
抠像与合成

抠像技术在影视制作领域是被广泛采用的技术手段，在After Effects中，实现键控的工具都在特效中，在After Effect中进行抠像，然后再进行合成，可以得到各种不同的合成效果。

学习要点

- 抠像滤镜应用
- 合成

10.1 抠像滤镜应用

在After Effect中，可以使用颜色差异抠像、颜色抠像、颜色范围、不光滑差异、吸取抠像、内外抠像、线性颜色抠像、亮度抠像和溢出抑制类型的特效对图像进行抠像。而且可以使用Matte特效组去除抠像后出现的局部残留颜色和边缘不平滑等。

▶ 10.1.1 颜色差异抠像

1. Color Difference Key（色彩差抠像）

Color Difference Key（色彩差抠像）特效可以将图像分成遮罩A和遮罩B两个遮罩。局部遮罩B使指定的抠像颜色变为透明，局部遮罩A使图像中不包含第二种不同颜色的区域变为透明。这两种蒙版效果联合起来就得到最终的第三种蒙版效果，即背景变为透明。各项参数如图10-1所示。

- Preciew（预演）：预演素材视图和遮罩视图。可以分别对遮罩A、遮罩B和Alpha遮罩进行预演。
- 键控滴管：从素材视图中选择键控色。
- 黑滴管：从遮罩视图中选择透明区域。
- 白滴管：从遮罩视图中选择不透明区域。
- View（视图）：选择多种视图显示方式，指定合成窗口中的显示图像视图。
- Key Color（键控色）：选择键控色，可以使用调色板或滴管在合成图像或图层中吸取颜色。
- Color Matching Accuracy（色彩匹配精度）：设置色彩匹配精度。包括Fast（更快）、Accurate（精确）。
- Partial A（局部A）：遮罩A的调整参数。
- Partial B（局部B）：遮罩B的调整参数。
- Matte（蒙版）：Alpha遮罩的调整参数。

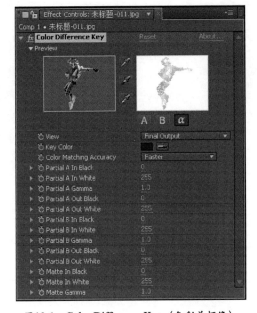

图10-1 Color Difference Key（色彩差抠像）

2. Difference Matte（差异蒙版）

Difference Matte（差异蒙版）特效通过比较两层画面，键出相应的位置和颜色相同的像素。最典型的应用是静态背景、固定摄像机、固定镜头和曝光，只需一帧背景素材就可完成对象在场景中移动。各项参数如图10-2所示。

- View（视图）：可以切换预览窗口和合成窗口的视图，包括Final Output（最终输出结果）、Source Only（显示源素材）和Matte Only（显示遮罩视图）。
- Difference Layer（差值层）：选择用于比较的

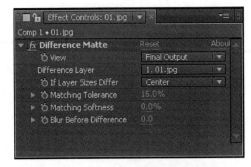

图10-2 Difference Matte（差异蒙版）

差值层，None表示没有在层列表中的某一层。

- If Layer Sizes Differ（当两层尺寸不同）：当两个层的尺寸不同时，选择Center（中间）时，可以将差值层放在源层的中间进行比较，其他地方用黑色填充。选择Stretch to Fit（伸缩适合）时，可以伸缩差值层，使两层尺寸一致，不过有可能使背景图像变形。
- Matching Tolerance（匹配容差）：用于调整匹配范围。
- Matching Softness（匹配柔和）：用于调整匹配的柔和程度。
- Blur Before Difference（差异模糊之前）：用于模糊比较的像素，从而清除合成图像中的杂点，而并不会使图像模糊。

10.1.2　颜色抠像

Color Key（键控色）

Color Key（键控色）特效适用于单一的背景颜色。用吸管选择的颜色部分会变为透明。同时可以控制键控色的相似程度，调整透明的效果。各项参数如图10-3所示。使用效果如图10-4所示。

图10-3　Color Key（键控色）　　　　图10-4　键控色特效使用前后对比效果

- Key Color（键控色）：选择需要变为透明的颜色。
- Color Tolerance（色彩容差）：用于控制颜色容差范围。值越小，颜色范围越小。
- Edge Thin（边缘细化）：用于调整键控边缘，正值扩大遮罩范围，负值缩小遮罩范围。
- Edge Fether（边缘羽化）：用于羽化键控边缘，产生细腻、稳定的键控遮罩。

10.1.3　颜色范围

Color Range（颜色范围）

Color Range（颜色范围）特效可以通过键出指定的颜色范围产生透明，可以应用的色彩空间包括Lab、YUV和RGB。这种键控方式可以应用在背景包含多个颜色、背景亮度不均匀和包含相同颜色阴影（如玻璃、烟雾等）的情况。各项参数如图10-5所示。使用效果如图10-6所示。

- Fuzziness（模糊）：设置边缘柔化度。
- Color Space（颜色空间）：选择颜色空间，包括Lab、YUV和RGB。
- Min / Max（最小/最大）：精确调整颜色空间的参数L和Y、R、a、U、G和b、V、B代表颜色空间的三个分量。

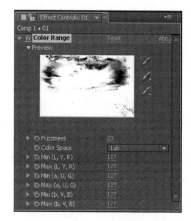

图10-5　Color Range（颜色范围）

图10-6　颜色范围特效使用前后对比效果

▶ 10.1.4　不光滑差异

CC Simple Wire Removal（CC线性去除）

CC Simple Wire Removal（CC线性去除）特效即简单的去除线性工具，也用于影片中去除钢丝。实际上是一种线状的模糊和替换效果。各项参数如图10-7所示。

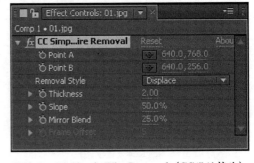

图10-7　CC Simple Wire Removal（CC线性擦除）

- Point A（点A）：线性擦除范围的点A。
- Point B（点B）：线性擦除范围的点B。
- Removal Style（擦除风格）：线性擦除的风格。其中包括Fade（褪色）、Frame Offset（框架偏移）、Displace（替换）和Displace Horizontal（水平替换）四种风格。
- Thickness（密度）：线性擦除的密度。
- Slope（倾斜）：从水平方向偏离。
- Mirror Blend（镜像混合）：对线性擦除的图像进行镜像和混合。

▶ 10.1.5　吸取抠像

Keylight（1.2）（主光键控（1.2））

Keylight（1.2）特效易于使用，并且非常擅长处理反射、半透明区域和头发，并能清除残留在前景对象上的反光。由于抑制颜色溢出是内置的，因此抠像结果看起来更加像照片，而不是合成。各项参数如图10-8所示。

- Screen Colour（屏幕颜色）：选择该选项后面的　（吸管工具），吸取素材颜色。
- Screen Gain（屏幕增益）：抠像以后，调整Alpha的暗部区域的细节。
- Screen Balance（屏幕平衡）：此参数会在执行了抠像以后自动设置数值。
- Despill Bias（色彩偏移）：去除溢色的偏移。
- Alpha Bias（Alpha偏移）：透明度偏移。可使Alpha通道像某一类颜色偏移。
- Screen PreBlur（屏幕模糊）：当原素材有噪点的时候，可以用此选项来模糊掉太明显的噪点，从而得到比较好的Alpha通道。
- Screen Matte（屏幕遮罩）：该选项控制屏幕遮罩的具体参数。

- Clip Black（缩减黑色）：缩减Alpha暗部。用于调整Alpha的暗部。
- Clip White（缩减白色）：缩减Alpha亮部。用于调整Alpha的亮部。
- Clip Rollback（缩减复原）：用于恢复由于调节了以上两个参数而损失的Alpha细节。
- Screen Shrink/Grow（屏幕收缩/增长）：可以扩大和收缩Alpha。
- Screen Softness（屏幕柔化）：柔化Alpha。常用于配合得到Inside Mask，或者噪点太明显时进行软化。
- Screen Despot Black（屏幕黑）：当Alpha的亮部区域有少许黑点或者灰点的时候，调节此参数可以去除黑点和灰点。
- Screen Despot White（屏幕白）：当Alpha的暗部区域有少许白点或者灰点的时候，调节此参数可以去除白点和灰点。

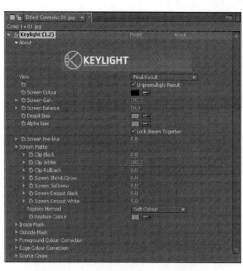

图10-8　Keylight（1.2）（键控1.2）

- Inside Mask（内侧遮罩）：调节内侧遮罩的边缘，使它能和图像很好地融合。
- Outside Mask（外侧遮罩）：调节外侧遮罩的边缘，使它能和图像很好地融合。

10.1.6　内外抠像

Inner Outer Key（内\外部键）

Inner Outer Key（内\外部键）特效需要借助内、外两个密闭遮罩的像素差异来完成键控效果，一个遮罩定义键出范围的内边缘，另一个定义外边缘，再根据两个遮罩路径进行像素差异比较。各项参数如图10-9所示。

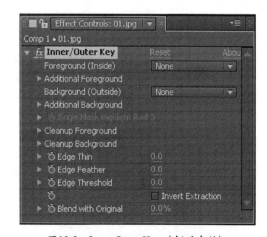

图10-9　Inner Outer Key（内\外部键）

- Foreground（Inside）（前景（内部））：为键控遮罩指定前景遮罩。
- Additional Foreground（添加前景）：添加更多的前景遮罩。
- Background（Outside）（背景（外部））：为键控遮罩指定背景遮罩。
- Additional Background（添加背景）：添加更多的背景遮罩。
- Single Mask Highlight Randius（单独遮罩高光半径）：仅限一个通道。
- Cleanup Foreground（清除前景）：根据遮罩路径清除前景色，显示背景。
- Cleanup Background（清除背景）：根据遮罩路径清除背景色，可以指定多个遮罩路径进行清除。
- Edge Thin（边缘变薄）：调整边缘的精细度。
- Edge Feather（边缘羽化）：调整边缘的羽化值。

- Edge Threshold（边缘阈值）：设置边缘阈值，可让边缘更锐利。
- Invert Extraction（反向提取）：勾选此项后进行反向。
- Blend with Original（与原始图像混合）：调节与原始图像的混合程度。

▶ 10.1.7 线性颜色抠像

Linear Color Key（线性色彩键）

Linear Color Key（线性色彩键）是一个标准的线性键，线性键可以包含半透明的区域。线性色键根据RGB彩色信息或Hue色相及Chroma饱和度信息，与指定的键控色进行比较，产生透明区域。并可以指定一个色彩范围作为键控色，但不适合半透明对象。各项参数如图10-10所示。使用效果如图10-11所示。

图10-10　Linear Color Key（线性色彩键）　　　图10-11　线性色彩键特效使用前后对比效果

- ![键控滴管图标]（键控滴管）：在素材视图中选择键控色。
- ![加滴管图标]（加滴管）：为键控色增加颜色范围，从素材视图或预览视图中选择颜色。
- ![减滴管图标]（减滴管）：为键控色减去颜色范围，从素材视图或预览视图中选择颜色。
- View（视图）：切换预览窗口和合成窗口的视图，可以选择Final Output（最终输出结果）、Source Only（显示源素材）和Matte Only（显示遮罩视图）。
- Key Color（键控色）：设置基本键控色，可以使用颜色方块选择，或使用滴管工具在合成窗中选择。
- Match Colors（匹配颜色）：选择匹配颜色空间，可以选择Using RGB（使用RGB彩色）、Using Hue（使用色相）和Using Chorma（使用饱和度）。
- Matching Tolerance（匹配容差）：调控匹配范围。
- Matching Softness（匹配柔和）：调整匹配的柔和程度。
- Key Oper Mion（按键操作）：可以选择Key Colors（键颜色）和Keep Colors（保留颜色）。

📇 实例：人物抠像

源　文　件：	源文件\第10章\人物抠像
视频文件：	视频\第10章\人物抠像.avi

本实例介绍利用非常擅长处理反射、半透明区域和头发的Keylight (1.2)特效，抠除人像背景的方法。实例效果如图10-12所示。

图10-12　人物抠像效果

01 在项目窗口中的空白处双击鼠标左键，然后在弹出的窗口中选择所需素材文件，单击"打开"按钮，如图10-13所示。

02 将项目窗口中的所有素材文件按顺序拖曳到时间线窗口中，如图10-14所示。

图10-13　导入素材

图10-14　时间线窗口

03 为"02.jpg"图层添加"Linear Color Key（线性颜色键）"特效，然后选择"Key Color（键控颜色）"后面的 ▄▄▄（吸管工具），并吸取素材的背景颜色，设置"Matching Tolerance（匹配容差）"为30%，"Matching Softness（匹配柔软）"为20%，如图10-15所示。

04 此时拖动时间线滑块可查看最终人像抠像效果，如图10-16所示。

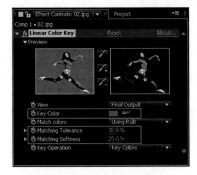

图10-15　添加着色特效

图10-16　人物抠像效果

10.1.8 亮度抠像

亮度抠像包括Luma Key（亮度键）和Extract（提取）。

1. Luma Key（亮度键）

Luma Key（亮度键），对于明暗反差很大的图像，可以应用亮度键使背景透明。亮度键设置的亮度值为阈值，低于或高于这个值的亮度将被设为透明。各项参数如图10-17所示。

- Key Type（键控类型）：选择键控类型，包括Key Out Brighter（键出值大于阈值），把较亮的部分变为透明、Key Out Darker（键出值小于阈值）把较暗的部分变为透明、Key Out Similar（键出阈值）附近的亮度。Key Out Dissimilar（键出阈值范围之外的亮度）。
- Threshold（阈值）：设置阈值。
- Tolerance（容差）：设置容差范围。值越小，亮度范围越小。
- Edge Thin（边缘淡化）：调整键控边缘，正值扩大遮罩范围，负值缩小遮罩范围。
- Edge Fether（边缘羽化）：用于羽化键控边缘。

2. Extract（提取）

Extract（提取）是根据指定的亮度范围来产生透明，亮度范围的选择基于通道的直方图（Histogram），抽取键控适用于以白色或黑色为背景拍摄的素材，或者前、后背景亮度差异比较大的情况，也可消除阴影。各项参数如图10-18所示。

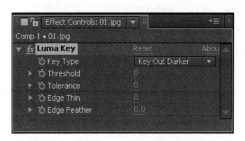

图10-17　Luma Key（亮度键）

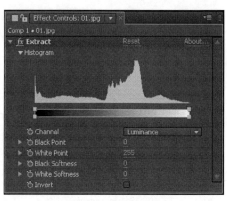

图10-18　Extract（提取）

- Channel（通道）：用于选择应用抽取键控的通道，包括Luminance亮度通道、Red 红色通道、Green绿色通道、Blue蓝色通道和Alpha透明通道。
- Black Point（黑点）：设置黑点，小于黑点的颜色透明。
- White Point（白点）：设置白点，大于白点的颜色透明。
- Black Softness（黑柔和）：用于设置左边暗区域的柔和度。
- White Softness（白柔和）用于设置右边亮区域的柔和度。
- Lnvert（反向）：用于反转键控区域。

10.1.9 溢出抑制

Spill Suppressor（溢出控制器）

Spill Suppressor（溢出控制器）可以去除键控后的图像残留的键控色的痕迹。用于去除图像边缘溢出的键控色，这些溢出的键控色常常是由于背景的反射造成的。各项参数如图10-19所示。

图10-19　Spill Suppressor（溢出抑制器）

- Color To Suppress（溢出颜色）：设置溢出的颜色。
- Suppression（抑制）：设置抑制程度。

10.2　合成

在影视拍摄时，常常是在绿色或蓝色背景前进行表演的，这些背景在最终的影片中是见不到的，这是运用了键控技术，抠除了背景颜色，然后用其他背景画面替换蓝色或绿色的拍摄背景，再添加一些前景画面，完成最终的合成效果。

实例：人物绿屏抠像

源 文 件：	源文件\第10章\人物绿屏抠像
视频文件：	视频\第10章\人物绿屏抠像.avi

本实例介绍如何利用颜色键特效，将被选颜色部分变为透明，同时控制键控色的相似程度，调整透明的效果。实例效果如图10-20所示。

01　在项目窗口中的空白处双击鼠标左键，然后在弹出的窗口中选择所需素材文件，单击"打开"按钮，如图10-21所示。

02　将项目窗口中的所有素材文件按顺序拖曳到时间线窗口中，如图10-22所示。

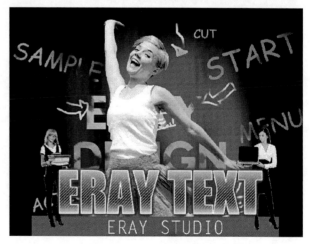

图10-20　人物绿屏抠像效果

图10-21　导入素材

图10-22　时间线窗口

03 为"02.jpg"图层添加"Color Key（颜色键）"特效，然后选择"Key Color（键控颜色）"后面的 ▇▇ （吸管工具），并吸取素材的背景颜色，接着设置"Color Tolerance（颜色容差）"为168，"Edge Thin（边缘薄）"为1，如图10-23所示。

04 此时拖动时间线滑块可查看最终人像绿屏抠像效果，如图10-24所示。

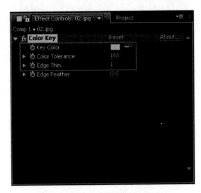

图10-23　添加着色特效

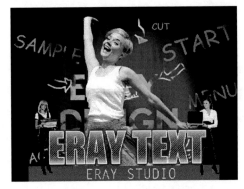

图10-24　人物绿屏抠像效果

10.3　拓展练习

➡ 实例：漂浮人物合成效果

源 文 件：	源文件\第10章\漂浮人物合成效果
视频文件：	视频\第10章\漂浮人物合成效果.avi

　　本实例介绍如何利用颜色键特效，将被选颜色部分变为透明，同时控制键控色的相似程度，调整透明的效果。实例效果如图10-25所示。

01 在项目窗口中的空白处双击鼠标左键，然后在弹出的窗口中选择所需素材文件，单击"打开"按钮，如图10-26所示。

02 将项目窗口中的所有素材文件按顺序拖曳到时间线窗口中，并设置01.jpg图层的Scale（缩放）为74%，03.png图层的Mode（模式）为Screen（屏幕），如图10-27所示。

图10-25　漂浮人物合成效果

03 为"02.jpg"图层添加"Keylight（1.2）（主光键控（1.2））"特效，然后选择"Screen Color（屏幕颜色）"后面 ▇▇ （吸管工具），并吸取素材的背景颜色，设置"Screen Shrink/Grow（屏幕收缩/增长）"为-1，如图10-28所示。

04 此时拖动时间线滑块可查看最终漂浮人物合成效果，如图10-29所示。

图10-26　导入素材

图10-27　时间线窗口

图10-28　添加着色特效

图10-29　漂浮人物合成效果

10.4 本章小结

通过对本章的学习，可以掌握人像和景物的抠像技术，学会使用多种技术抠像，并且再进行合成的步骤。

- 将Effect&Presets（特效&预置）窗口中的抠像滤镜拖曳到需要抠像的图层上。然后在Effect Controls（特效控制）面板中设置抠像的范围、颜色等参数。
- 对素材图层使用颜色差异抠像、颜色抠像、颜色范围、不光滑差异、吸取抠像、内外抠像、线性颜色抠像、亮度抠像和溢出抑制类型的特效进行抠像。然后使用Matte特效组去除抠像后出现的局部残留颜色和边缘不平滑等。
- 使用键控技术抠除素材图层的背景颜色，使其背景颜色变为透明，然后使用其他背景画面替换抠除的背景，接着添加一些前景画面图层，完成最终合成效果。

10.5 课后习题

1. 选择题

（1）下列特效组中的哪组特效可以实现去背效果？（　　）

    A．Distort　　　　　　　　　　　　B．Image Control

    C．Keying　　　　　　　　　　　　D．Render

(2) Color Range可以通过下面的哪些色彩空间键出指定的颜色范围？（　　）

    A．LAB
    B．YUV

    C．YIQ
    D．RGB

(3) 下列哪种键控方式属于亮度键控？（　　）

    A．Luma Key
    B．Linear Color Key

    C．Color Difference Key
    D．Extract

(4) 下列哪个特效组用于去除抠像处理后出现的局部残留颜色、边缘不平滑等情况？（　　）

    A．Keying
    B．Matte

    C．Distort
    D．Noise & Grain

2. 填空题

(1) ＿＿＿＿＿＿＿＿特效可以用于影片中去除钢丝。

(2) ＿＿＿＿＿＿＿＿特效非常擅长处理反射、半透明区域和头发，并能清除残留在前景对象上的反光。

(3) 线性色键根据＿＿＿＿＿＿、＿＿＿＿＿＿、＿＿＿＿＿＿，与指定的键控色进行比较，产生透明区域。

(4) 对于明暗反差很大的图像，可以应用＿＿＿＿＿＿，使背景透明。

3. 判断题

(1) Difference Matte（差异蒙版）特效可以通过比较两层画面，键出相应的位置和颜色相同的像素。（　　）

(2) Color Key（键控色）特效可以通过键出指定的颜色范围产生透明。（　　）

(3) 使用Keylight（1.2）特效时，可以使用Screen PreBlur（屏幕模糊）选项来模糊掉太明显的噪点，从而得到较好的Alpha通道。（　　）

(4) 抽取键控适用于以单色为背景拍摄的素材，或者前、后背景亮度差异比较小的情况，也可消除阴影。（　　）

4. 上机操作

(1) 使用Linear Color Key（线性色彩键）特效制作如图10-30所示的蝴蝶合成效果。

图10-30　蝴蝶合成

第**11**章
影片调色技术

影片调色技术是After Effects中操作较为简单的模块，可以使用单个或多个调色特效模拟出漂亮的颜色效果。这些效果广泛应用于影视、广告中，起到渲染气氛的作用。

学习要点

- 初识调色
- 色彩校正调色
- 通道特效调色

11.1 初识调色

调色，就是将特定的色调加以改变，形成不同感觉的另一色调图片。色彩对于广告、电影来说，是至关重要的，不仅仅可以表现出画面的直观色彩感觉，更能挖掘出层次的含义，展现出作品的情感和灵魂。

11.2 色彩校正调色

Color Correction（色彩校正）特效组主要是对画面的颜色进行处理。提供了颜色平衡、色彩修补等多种特效，也可以对色彩正常的画面进行色彩调节。

▶ 11.2.1 Auto Color（自动颜色）

Auto Color（自动颜色）特效可以对画面的色彩进行自动化处理，通过命令内置的参数调整画面的暗调、中间调和高光部分。各项参数如图11-1所示。使用效果如图11-2所示。

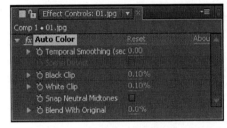

图11-1 Auto Color（自动颜色）

图11-2 自动颜色特效使用前后对比效果

- Temporal Smoothing（seconds）（时间滤波/秒）：指定一个时间滤波范围，单位为秒。
- Black Clip（阴影缩减）：缩减阴影部分的图像，可以加深阴影。
- White Clip（高光缩减）：缩减高光部分的图像，可以提高高光部分的亮度。
- Blend With Original（混合原始素材）：与原始素材图像的混合程度。

▶ 11.2.2 Auto Contrast（自动对比度）

Auto Contrast（自动对比度）特效可以对画面的对比度进行自动化处理。各项参数如图11-3所示。

- Temporal Smoothing（seconds）（时间滤波/秒）：指定一个时间滤波范围，单位为秒。
- Black Clip（阴影缩减）：缩减阴影部分的图像，可以加深阴影。
- White Clip（高光缩减）：缩减高光部分的图像，可以提高高光部分的亮度。

图11-3 Auto Contrast（自动对比度）

- Blend With Original（混合原始素材）：与原始素材图像的混合程度。

▶ 11.2.3 Auto Levels（自动色阶）

Auto Levels（自动色阶）特效可以对画面的色阶进行自动化处理。各项参数如图11-4所示。

使用效果如图11-5所示。

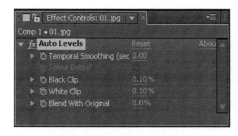

图11-4　Auto Levels（自动色阶）　　　　　图11-5　自动色阶特效使用前后对比效果

- Temporal Smoothing（seconds）（时间滤波/秒）：指定一个时间滤波范围，单位为秒。
- Black Clip（阴影缩减）：缩减阴影部分的图像，可以加深阴影。
- White Clip（高光缩减）：缩减高光部分的图像，可以提高高光部分的亮度。
- Blend With Original（混合原始素材）：与原始素材图像的混合程度。

▶ 11.2.4　Black&White（黑白）

　　Black&White（黑白）特效可以将彩色的画面清除色相，转变为黑白的效果。各项参数如图11-6所示。

- Reds（红）：红色系参数。
- Yellows（黄）：黄色系参数。
- Greens（绿）：绿色系参数。
- Cyans（青色）：青色系参数。
- Blues（蓝）：蓝色系参数。
- Magentas（品红）：品红色系参数。
- Tint Color（着色）：勾选后可以设置着色的颜色。

图11-6　Black&White（黑白）

▶ 11.2.5　Brightness & Contrast（亮度和对比度）

　　Brightness&Contrast（亮度和对比度）特效用于调整画面的亮度和对比度，可以同时调整所有像素的高亮、暗部和中间色，不能对单一通道进行调节。各项参数如图11-7所示。使用效果如图11-8所示。

图11-7　Brightness&Contrast（亮度和对比度）　　图11-8　亮度和对比度特效使用前后对比效果

- Brightness（亮度）：调整图像的亮度值。
- Contrast（对比度）：调整图像的对比度值。

11.2.6 Broadcast Colors（广播颜色）

Broadcast Colors（广播颜色）特效用于校正广播级的颜色和亮度，使视频素材符合电视台的播出技术标准。各项参数如图11-9所示。

- Broadcast Locale（广播平台）：选择电视制式，PAL或NTSC。

图11-9 Broadcast Colors（广播颜色）

- How to Make Color Safe（创建色彩安全方法）：实现安全色的方法，包括Reduce Luminance（降低亮度）、Reduce Saturation（降低饱和度）、Key out Unsafe（将不安全的像素透明）和Key out Safe（安全颜色透明）。
- Maximum Signal Amplitude（IRE）（最大信号幅度）：限制最大的信号幅度。

11.2.7 CC Color Neutralizer（CC颜色中和）

CC Color Neutralizer（CC颜色中和）特效可以分别对暗部、中间调和高光部分进行RGB颜色的调节，并可以设置不平衡的颜色。各项参数如图11-10所示。

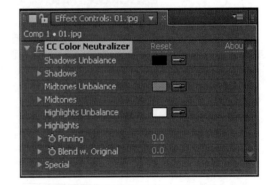

- Shadows Unbalance（暗部不平衡）：设置暗部不平衡颜色。
- Shadows（暗部）：暗部RGB颜色比例。
- Midtones Unbalance（中间调不平衡）：设置中间调不平衡颜色。

图11-10 CC Color Neutralizer（CC颜色中和）

- Midtones（中间调）：中间调RGB颜色比例。
- Highlights Unbalance（亮部不平衡）：设置亮部不平衡颜色。
- Highlights（亮部）：亮部RGB颜色比例。
- Pinning（固定）：设置颜色的固定程度。
- Belend w. Original（混合原始素材）：与原始素材图像的混合程度。

11.2.8 CC Color Offset（CC颜色偏移）

CC Color Offset（CC颜色偏移）特效可以调整画面的色相，对各个通道的颜色色相进行偏移调整。各项参数如图11-11所示。使用效果如图11-12所示。

- Red Phase（红色相）：用于调整图像中的红色。
- Green Phase（绿色相）：用于调整图像中的绿色。
- Blue Phase（蓝色相）：用于调整图像中的蓝色。
- Overflow（溢出）：其中包括Warp（遮盖）、Solarize（曝光）和Polarize（偏振）。

图11-11 CC Color Offset（CC颜色偏移）

图11-12　CC颜色偏移特效使用前后对比效果

11.2.9　CC Kernel（CC颗粒）

CC Kernel（CC颗粒）效果用于调整素材图像的高光部分，可以调节画面颜色的高光颗粒效果。各项参数如图11-13所示。

- Line（线）：调整图像中的高光部分。
- Divider（分配）：分配图像中的高光部分。
- Blend w. Original（混合原始素材）：与原始素材图像的混合程度。

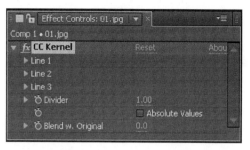

图11-13　CC Kernel（CC颗粒）

11.2.10　CC Toner（CC调色器）

CC Toner（CC调色器）特效可以分别对高光、中间调和阴影的色调进行替换。各项参数如图11-14所示。

- Tones（色调）：包括Duotone（双色调）、Tritone（三色阶）、Pentone（画笔色调）和Solid（固体）。
- Highlights（高光）：设置图像中的高光颜色。
- Brights（亮色）：设置图像高光的亮度颜色。
- Midtones（中间调）：设置图像的中间色调颜色。
- Darktones（暗色调）：设置图像的暗色调颜色。
- Shadows（阴影）：设置图像中的阴影颜色。
- Blend w. Original（混合原始素材）：与原始素材图像的混合程度。

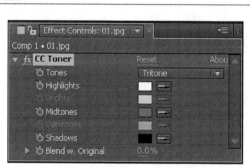

图11-14　CC Toner（CC调色器）

11.2.11　Change Color（替换颜色）

Change Color（替换颜色）特效可以改变图像中的某种颜色，并可以调整该颜色的饱和度和亮度。

实例：替换画面颜色

源 文 件：	源文件\第11章\替换画面颜色
视频文件：	视频\第11章\替换画面颜色.avi

本实例利用更改颜色特效对素材图像中的某一颜色进行更改，从而替换画面的颜色。实例效果如图11-15所示。

01 在项目窗口中的空白处双击鼠标左键，然后在弹出的窗口中选择所需素材文件，并单击"打开"按钮，如图11-16所示。

02 将项目窗口中的01.jpg素材文件拖曳到时间线窗口中，如图11-17所示。

图11-15　替换画面颜色效果

图11-16　导入素材

图11-17　时间线窗口

03 为时间线窗口中的01.jpg图层添加Change Color（更改颜色）特效，设置Match Colors（匹配颜色）为Using Hue（使用色相），单击Color To Change（要更改的颜色）后面的▄▄▄（吸管工具），吸取素材中需要更改的颜色，接着设置Hue Transform（色相转换）为160，Matching Tolerance（匹配容差）为20%，如图11-18所示。

04 此时拖动时间线滑块可查看最终曲线调整画面明暗效果，如图11-19所示。

图11-18　添加着色特效

图11-19　替换画面颜色效果

11.2.12　Change To Color（替换为颜色）

Change To Color（替换为颜色）特效可以将图像中的某种颜色修改为另一种指定的颜色，并可调整该颜色区域的色相、亮度、饱和度。各项参数如图11-20所示。

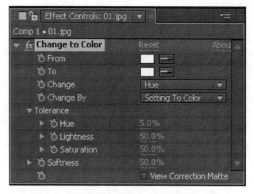

图11-20　Change To Color（替换为颜色）

- Form（从）：选择一个需要转换的颜色。
- To（到）：选定一个目标颜色。
- Change（修改）：颜色改变的基础类型有4种，分别为Hue（色调）、Hue&Lightness（色调&亮度）、Hue & Saturation（色调&饱和度）、Hue Lightness & Saturation（色调、亮度&饱和度）。
- Change By（修改选项）：颜色的替换有两种方式，分别为Setting To Color（色彩设定）和Transforming To Color（色彩变换）。
- Tolerance（容差）：颜色的容差值有3种，分别为Hue（色相）调整、Lightness（亮度）调整和Saturation（饱和度）调整。
- Softness（柔和度）：调节替换后的颜色柔和程度。
- View Correction Matte（查看修正遮罩）：查看修正后的遮罩图。

11.2.13　Channel Mixer（通道混合）

Channel Mixer（通道混合）特效可以使当前层的亮度为蒙版来调整另一个通道的亮度，并作用于当前层的各个色彩通道。各项参数如图11-21所示。使用效果如图11-22所示。

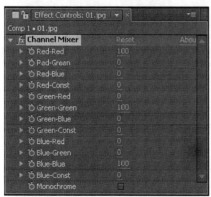

图11-21　Channel Mixer（通道混合）

图11-22　通道混合特效使用前后对比效果

- Red/Green/Blue-Red/Green/Blue/Const：代表不同的颜色调整通道，表现增强或减弱通道的效果，Const为调整通道的对比度。
- Monochrome（黑白）：产生包含灰色阶的黑白图像。

11.2.14　Color Balance（颜色平衡）

Color Balance（颜色平衡）特效可以对图像的暗部、中间调和高光部分的红、绿、蓝通道分

别进行调整。各项参数如图11-23所示。使用效果如图11-24所示。

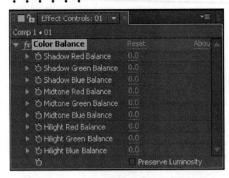

图11-23 Color Balance（颜色平衡）　　　　图11-24　颜色平衡特效使用前后对比特效

- Shadow Red/Green/BlueBalance（暗部红/绿/蓝平衡）：用于调整RGB彩色的阴影范围平衡。
- Midtone Red/Green/Blue Balance（中间影调红/绿/蓝平衡）：用于调整RGB彩色的中间亮度范围平衡。
- Hilight Red/Green/Blue Balance（高光红/绿/蓝平衡）：用于调整RGB彩色的高光范围平衡。
- Preserve Lunibosity（保持亮度）：用于保持图像的平均亮度，从而保持图像的整体平衡。

11.2.15　Color Balance（HLS）（颜色平衡（HLS））

Color Balance（HLS）（颜色平衡HLS）特效通过调整色相、亮度以及饱和度对素材图像的颜色进行调节。各项参数如图11-25所示。

- Hue（色调）：控制图像的色调。
- Lightness（亮度）：控制图像的亮度。
- Saturation（饱和度）：控制图像的饱和度。

图11-25 Color Balance（HLS）（颜色平衡（HLS））

11.2.16　Color Link（色彩链接）

Color Link（色彩链接）特效可以根据周围的环境改变素材的颜色，对两个层的素材的亮度和色彩进行统一。各项参数如图11-26所示。使用效果如图11-27所示。

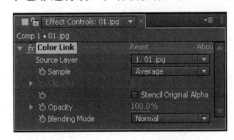

图11-26 Color Link（色彩链接）　　　　图11-27　色彩链接特效使用前后对比效果

- Source Layer（来源图层）：选择需要与之颜色匹配的图层。
- Sample（采样）：选取颜色取样点的调整方式。

- Clip（%）（缩减%）：缩减百分比数值。
- Stencil Original Alpha（模仿原始Alpha）：选取原稿的透明模板，如果原稿中没有Alpha通道，通过抠像也可以产生类似的透明的区域。
- Opacity（不透明度）：调整颜色协调后的不透明度。
- Blending Mode（混合模式）：设置所选颜色图层的混合模式。

11.2.17 Color Stabilizer（颜色稳定器）

Color Stabilizer（颜色稳定器）特效可以在素材的某一帧上采集暗部、中间调和亮调色彩，其他帧的色彩保持采集帧色彩的数值。各项参数如图11-28所示。

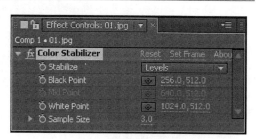

图11-28　Color Stabilizer（颜色稳定器）

- Stabilize（稳定）：颜色稳定的形式分别为Brightness（亮度）、Levels（色阶）和Curves（曲线）。
- Black Point（黑点）：指定稳定需要的最暗点。
- Mid Point（中性锚点）：指定稳定需要的中间颜色。
- White Point（白点）：指定稳定需要的最亮点。
- Sample Size（采样尺寸）：取样点的大小。

11.2.18 Colorama（渐变映射）

Colorama（渐变映射）特效是一个功能强大、效果多样的特效，以一种新的渐变色，进行平滑的周期填色，映射到原图上，可以用来实现彩光、彩虹、霓虹灯等效果。各项参数如图11-29所示。

- Input Phase（输入相位）：设置渐变映射的输入相位。
  - Get Phase Form（获取相位）：在下拉列表中可以选择以图像的何种元素产生渐变映射。
  - Add Phase（添加相位）：在下拉列表中允许指定合成图像中的一个层产生渐变映射。
  - Add Phase Form（添加相位）：在下拉列表中需要为当前层指定渐变映射的添加通道。
  - Add Mode（添加模式）：在Add Phase（添加相位）下拉列表中指定一个渐变映射层后，需要在Add

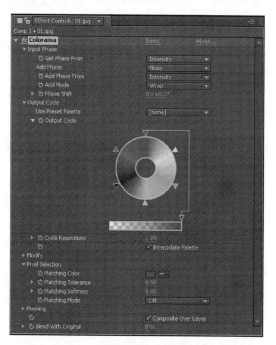

图11-29　Colorama（渐变映射）

Mode（添加模式）下拉列表中选择渐变映射的添加模式。

- ■ Phase Shift（相位位移）：相位的旋转速度。
- ■ Output Cycle（输出周期）：可以对渐变映射的样式进行设置。
- ■ Use Preset Palette（使用预设面板）：After Effects 提供了33种方式的渐变映射效果，可以对图像进行随意的创造性加工。
- Output Cycle（输出周期）：色轮决定了图像中渐变映射的颜色，可以拖动不透明度控制块，更改颜色的不透明度。
  - ■ Cycle Repetitions（重复周期）：控制渐变映射颜色的循环次数。
  - ■ Interpolate Palette（插补调色板）：取消勾选时，色轮上产生粗糙的渐变映射效果。
- Modify（修改）：在该下拉列表中需要指定渐变映射如何影响当前层。
- Pixel Selection（像素选择）：指定渐变映射在当前层上所影响的像素范围。
  - ■ Matching Color（匹配色彩）：当前层上所影响的像素范围。
  - ■ Matching Tolerance（匹配公差）：设置像素容差度，容差度越高，就会有越多与选择像素颜色相似的像素被影响。
  - ■ Matching Softness（匹配柔化）：可以为选定的像素设置柔化区域，让它与未受影响的像素产生柔化的过渡。
  - ■ Matching Mode（匹配模式）：选择指定颜色所使用的模式，关闭此选项时系统会忽略像素匹配，影响整个图像。
- Masking（遮罩）：选择一个遮罩层。
- Composite Over Layer（合成在图层上）：将效果合成在图层画面上。
- Blend With Original（混合原始素材）：用于合成转化后的图像与转化前的图像，应用淡入淡出效果。

11.2.19　Curves（曲线）

　　Curves（曲线）特效不管是对画面整体还是对于单独的颜色通道，都能够精确地调整色调的明暗和对比度。各项参数如图11-30所示。

- Channel（通道）：包括RGB、红、绿、蓝和Alpha通道。
- Curves（曲线）：手动调节曲线上的控制点，X轴方向表示输入原像素的亮度，Y轴方向表示输出的亮度。

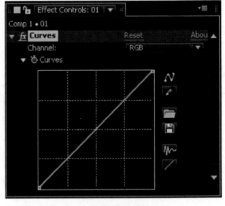

图11-30　Curves（曲线）

➡ 实例：曲线调整画面明暗

源　文　件：	源文件\第11章\曲线调整画面明暗
视频文件：	视频\第11章\曲线调整画面明暗.avi

　　本实例介绍如何利用曲线特效调整素材画面RGB通道的明暗效果。实例效果如图11-31所示。

[01] 在项目窗口中的空白处双击鼠标左键，然后在弹出的窗口中选择所需素材文件，并单击"打开"按钮，如图11-32所示。

图11-31　曲线调整画面明暗效果

图11-32　导入素材

[02] 将项目窗口中的01.jpg素材文件拖曳到时间线窗口中，如图11-33所示。

[03] 为时间线窗口中的01.jpg图层添加Curves（曲线）特效，并向上调整RGB通道的曲线形状，如图11-34所示。

图11-33　时间线窗口

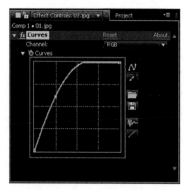

图11-34　添加着色特效

[04] 此时拖动时间线滑块可查看最终曲线调整画面明暗效果，如图11-35所示。

图11-35　曲线调整画面明暗效果

11.2.20 Equalize (均衡)

Equalize (均衡) 特效用于使图像变化平均化，它自动以白色来代替图像中最亮的像素，以黑色来代替图像中最暗的像素，取得一个最亮与最暗之间的阶调像素。各项参数如图11-36所示。

图11-36 Equalize (均衡)

- Equalize (均衡)：可以选择RGB、Brightness亮度值和Photoshop Style表示应用Photoshop风格的调整。
- Amount to Equalize (均衡数量)：设置重新分布亮度值的百分比。

11.2.21 Exposure (曝光)

Exposure (曝光) 特效用于调节画面曝光程度，可以对RGB通道分别曝光。各项参数如图11-37所示。

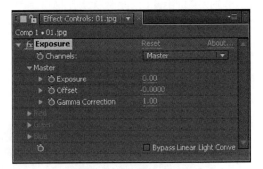

图11-37 Exposure (曝光)

- Channels (通道)：选择需要曝光的通道。
- Master (主控)：对它的设置应用于整个画面中。
- Exposure (曝光)：设置曝光程度。
- Offset (偏移)：设置曝光偏移量。
- Gamma (伽马)：设置图像伽马准度。
- Red/Green/Blue (红/绿/蓝)：对它的设置将应用于整个画面中。
- Bypass Linear Light Conversion (线性光变换旁路)：是否启用线性光变换旁路。

11.2.22 Gamma/Pedestal/Gain (伽马/基色/增益)

Gamma/Pedestal/Gain (伽马/基色/增益) 特效可以调整每个RGB独立通道的还原曲线值，这样可以分别对某种颜色进行输出曲线控制。对Pedestal (基色) 和Gain (增益) 设置0表示完全关闭，设置1表示完全打开。各项参数如图11-38所示。

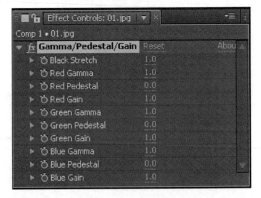

图11-38 Gamma/Pedestal/Gain (伽马/基色/增益)

- Black Stretch (黑色伸缩)：重新设置黑色 (最暗) 强度。
- Red/Green/Blue Gamma (红/绿/蓝伽马)：分别调整红色/绿色/蓝色通道的 Gamma曲线值，Channel (Gamma) 控制通道中介线的一个指数，叫过渡色阶。
- Red/Green/Blue Pedestal (红/绿/蓝基色)：分别调整红色/绿色/蓝色通道的最低输出值。
- Red/Green/Blue Gain (红/绿/蓝增益)：分别调整红色/绿色/蓝色通道的最大输出值。

11.2.23　Hue/Saturation（色相/饱和度）

Hue/Saturation（色相/饱和度）特效可以调整某一通道颜色的色相、饱和度以及亮度，即对图像的某个色域局部进行调节。

11.2.24　Leave Color（分离颜色）

Leave Color（分离颜色）特效可以消除素材图像中指定颜色外的其他颜色。各项参数如图11-39所示。

- Amount to Decolor（脱色数量）：设置脱色程度。
- Color To Leave（保留色彩）：设置保留的色彩。

图11-39　Leave Color（分离颜色）

- Tolerance（容差）：设置容差程度。
- Edge Softness（边缘柔化）：消除颜色与保留颜色之间的边缘柔化程度。
- Match colors（匹配色彩）：色彩匹配的形式，可以使用Hue和RGB两种形式。

实例：增强画面饱和度

源 文 件：	源文件\第11章\增强画面饱和度
视频文件：	视频\第11章\增强画面饱和度.avi

本实例介绍如何利用色相/饱和度特效增强素材画面的饱和度和亮度。实例效果如图11-40所示。

图11-40　增强画面饱和度效果

01 在项目窗口中的空白处双击鼠标左键，然后在弹出的窗口中选择所需素材文件，并单击"打开"按钮，如图11-41所示。

02 将项目窗口中的01.jpg素材文件拖曳到时间线窗口中，如图11-42所示。

图11-41　导入素材

图11-42　时间线窗口

03 为01.jpg图层添加Hue/Saturation（色相/饱和度）特效，设置Master Saturation（主饱和度）为58，Master Lightness（主亮度）为12，如图11-43所示。

04 此时拖动时间线滑块可查看最终增强画面饱和度效果，如图11-44所示。

图11-43　添加着色特效

图11-44　增强画面饱和度效果

▶ 11.2.25　Levels（色阶）

Levels（色阶）特效可以通过重新分布输入颜色的级别来获取一个新的颜色输出范围，以达到修改图像亮度和对比度的目的。各项参数如图11-45所示。

- Channel（通道）：选择要修改的通道，可以分别对RGB，R，G，B和Alpha透明通道的色阶单独进行调整。
- Histogram（柱状图）：通过直方图可以了解各个影调的像素在图像中的分布情况。
- Input Black（黑输入）：控制输入图像中黑色的阈值，在直方图中可以通过左边的黑色小三角滑块来控制。
- Input White（白输入）：控制输入图像中白色的阈值，在直方图中可以通过右边的白色小三角滑块来控制。

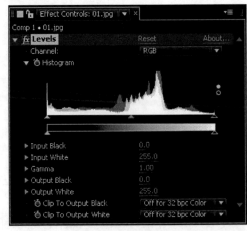

图11-45　Levels（色阶）

- Gamma（伽马）：主要调节图像影调在阴影和高光部分的相对值，Gamma在一定程度上影响到中间调，改变了整个图像的对比度。
- Output Black（黑输出）：控制输出图像中黑色的阈值，在直方图中由左下角的黑色小三角滑块来控制。
- Output White（白输出）：控制输出图像中白色的阈值，在直方图中由右下角的白色小三角滑块来控制。

11.2.26　Levels（Individual Controls）（色阶（单项控制））

Levels（Individual Controls）（色阶（单项控制））特效是在色阶特效上扩展出来的，其使用方法与Levels（色阶）特效的使用方法完全相同，可以方便地调整图像的各个通道。各项参数如图11-46所示。

- 该特效的参数与Levels（色阶）特效参数一样，只不过将每一项参数分散到了各个通道中。

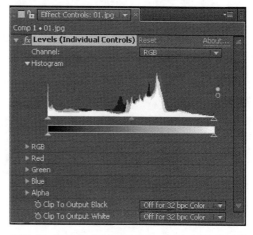

图11-46　Levels（Individual Controls）（色阶（单项控制））

11.2.27　Photo Filter（照片过滤器）

Photo Filter（照片过滤器）特效的作用就是为画面加上合适的滤镜。各项参数如图11-47所示。使用效果如图11-48所示。

图11-47　Photo Filter（照片过滤器）

图11-48　照片过滤器特效使用前后对比效果

- Filter（过滤）：提供了各种常用的有色光的镜头滤镜。
- Color（色彩）：当使用自定义滤镜时，可以指定滤镜的颜色。
- Density（浓度）：设置滤光镜的滤光浓度。
- Preserve Luminosity（保持亮度）：是否保持亮度。

11.2.28　PS Aribitrary Map（PS映像）

PS Aribitrary Map（PS映像）特效可以调整图像的色调亮度级别，也可通过曲线特效来达到

效果，该特效主要兼容于早期版本。各项参数如图11-49所示。

- Phase（相位）：用于循环 PS Aribitrary Map（PS映像），向左减少，向右增加。
- Apply Phase Map To Alpha（应用相位贴图到Alpha通道）：应用确定的映像到层的Alpha通道。

图11-49　PS Aribitrary Map（PS映像）

11.2.29　Selective Color（选择颜色）

Selective Color（选择颜色）特效利用色彩补色和色彩混合关系对图像的某一颜色通道进行调节。通过调整某一颜色通道的补色通道来调节图像某一色彩的亮度和色相。各项参数如图11-50所示。使用效果如图11-51所示。

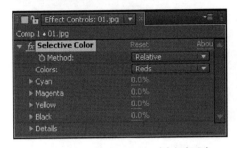

图11-50　Selective Color（选择颜色）

图11-51　选择颜色特效使用前后对比效果

- Method（选择方式）：分为相对值和绝对值。
- Colors（颜色）：有区分地选择和调整操作所针对的色系。
- Cyan（青色）：通过增加或减少青色来调整色彩的效果。
- Magenta（品红）：通过增加或减少品红色来调整色彩的效果。
- Yellow（黄色）：通过增加或减少黄色来调整色彩的效果。
- Black（黑色）：通过增加或减少黑色来调整色彩的效果。
- Details（详细）：以下为调整色彩的详细设置，Reds（红色系）、Yellows（黄色系）、Greens（绿色系）、Cyans（氰基色系）、Blues（蓝色系）、Magentas（品红色系）、Whites（白色系）、Neutrals（中间色系）和Blacks（黑色系）。

11.2.30　Shadow/Highlight（暗部/加亮）

Shadow/Highlight（暗部/加亮）特效是高级调色特效，专门处理画面的阴影部分和高光部分。各项参数如图11-52所示。

- Auto Amounts（自动总计）：自动取值，其分析当前画面的颜色来自动分配明暗关系。
- Shadow Amount（阴影数量）：暗部取值，只针对画面的暗部进行调整。
- Highlight Amount（高光数量）：亮部取值，只针对画面的亮部进行调整。

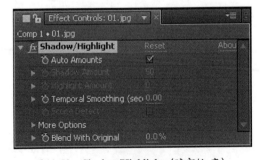

图11-52　Shadow/Highlight（暗部/加亮）

11.2.31　Tint（着色）

　　Tint（着色）特效用于调整图像中包含的颜色信息，在最亮和最暗之间确定融合度。黑色像素被映射到Map Black To（映射黑色到）指定的颜色；白色像素被映射至Map White To（映射白色到）指定的颜色，介于两者之间的颜色被赋予对应的中间值。各项参数如图11-53所示。

图11-53　Tint（着色）

- Map Black to（映射黑色到）：映射黑色到某种颜色。
- Map White to（映射白色到）：映射白色到某种颜色。
- Amount to Tint（色彩数量）：调整色彩化强度。

11.2.32　Tritone（三色映射）

　　Tritone（三色映射）特效与Tint（着色）用法相似，但多了一个中间颜色。通过暗部、中间调和亮部来对颜色进行重新设置。各项参数如图11-54所示。

图11-54　Tritone（三色映射）

- Hightlight（高光）：调整高光的颜色。
- Midtones（中间调）：调整中间调的颜色。
- Shadows（暗部）：调整阴影的颜色。

11.2.33　Vibrance（自然饱和度）

　　Vibrance（自然饱和度）特效可以在调节饱和度的过程中减少色彩的损失，是比较缓和的饱和度调整。各项参数如图11-55所示。

图11-55　Vibrance（自然饱和度）

- Vibrance（自然饱和度）：调整图像的自然饱和度效果。
- Saturation（饱和度）：调整图像的饱和度效果。

11.3　通道特效调色

　　Channel（通道）特效组主要控制抽取、插入和转换图像的通道。常与其他特效配合使用，通道包括颜色分量（RGB）、计算颜色值（HSL）和透明度（Alpha）。

11.3.1　Arithmetic（通道运算）

　　Arithmetic（通道运算）特效是对图像中的红、绿、蓝通道进行运算。各项参数如图11-56所示。

- Operator（运算符）：选择不同的算法。

- Red Value（红色数值）：应用计算中的红色通道数值。
- Green Value（绿色数值）：应用计算中的绿色通道数值。
- Blue Value（蓝色数值）：应用计算中的蓝色通道数值。
- Clipping（缩减）：选择Clip Result Values（缩减结果数值）选项来防止设置的颜色值超出所有功能函数项的限定范围。

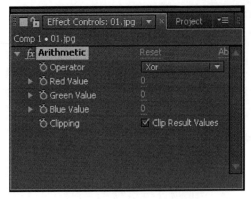

图11-56　Arithmetic（通道运算）

11.3.2　Blend（混合）

Blend（混合）特效可以利用多种不同的方式使不同的层相融合，并可以设置融合量动画。各项参数如图11-57所示。使用效果如图11-58所示。

图11-57　Blend（混合）

图11-58　混合特效使用前后对比效果

- Blend With Layer（混合图层）：用于在合成中选择对本层应用融合的层。
- Mode（模式）：选择融合方式，其中包括 Crossfade（淡入淡出）、Color only（颜色融合）、Tint（色彩融合）、Oparken only（加深融合）和Lighten only（加亮融合）。
- Blend With original（混合程度）：源图像与选定图像之间的混合程度。
- If Layer Sizes Differ（如果层尺寸不一致）：可选择层尺寸不一致时的处理方式，包括Center（居中）和Stretchto Fit（伸缩自适应）两种方式。

提示：在对一个层应用Blend效果时，可以关闭选择的融合层的可视性。

11.3.3　Calculations（计算）

Calculations（计算）特效是将原始层中的某一通道，与映射层的某个通道进行融合运算，得到运算后的图像颜色。各项参数如图11-59所示。

- Input Channel（输入通道）：选择使用何种颜色通道进行混合。
- Invert Input（反向输入）：反向输入颜色的通道。
- Second Layer（第二层）：选择一个层作为混合层。

图11-59　Calculations（计算）

- Second Layer Channel（第二层通道）：选择混合层使用何种颜色通道。
- Second Layer Opacity（第二层不透明度）：设置混合层的不透明度。
- Invert Second Layer（反转第二层）：反转混合层。
- Stretch Second Layer to Fit（拉伸第二层合适大小）：拉伸/缩小混合层，直到尺寸匹配源层为止。
- Blending Mode（混合模式）：选择两层间的混合模式。
- Preserve Transparency（保持透明度）：保持透明信息。

11.3.4　CC Composite（CC混合模式处理）

CC Composite（CC混合模式处理）特效可以令图层自身进行混合处理。各项参数如图11-60所示。使用效果如图11-61所示。

图11-60　CC Composite（CC混合模式处理）　　　图11-61　CC混合模式处理特效使用前后对比效果

- Opacity（不透明度）：调节图像混合模式的透明度。
- Composite Original（原始合成）：可以选择各种混合模式对自身图像进行混合模式处理。
- RGB Only（仅RGB）：仅对RGB色彩。

11.3.5　Channel Combiner（通道组合）

Channel Combiner（通道组合）特效可以将层中的颜色通道、亮度值和饱和度等信息提取到另一个格式中。各项参数如图11-62所示。使用效果如图11-63所示。

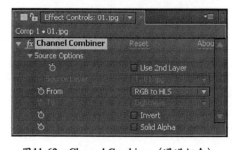

图11-62　Channel Combiner（通道组合）　　　图11-63　通道组合特效使用前后对比效果

- Form（来源）：选择来源信息和被改变后的信息。
- To（目标）：只有在Form（来源）中选择了单个信息后才能激活此项。
- Invert（反转）：反转所选的信息。
- Solid Alpha（固态透明值）：使用固态的Alpha（透明值）通道信息。

11.3.6　Compound Arithmetic（混合运算）

Compound Arithmetic（混合运算）特效可以将两个层通过运算的方式进行混合。各项参数如

图11-64所示。

图11-64 Compound Arithmetic（混合运算）

- Second Source Layer（第二来源图层）：选择混合的（第二个）图像层。
- Operator（混合算法）：其效果和层模式相同。
- Operate on Channel（通道操作）：应用通道，可以选择RGB、ARGB和Alpha通道。
- Overflow Behavior（溢出动作）：选择对超出允许范围的像素值的处理方法，可以选择Clip（修剪）、Warp（包裹）和Scale（缩放）。
- Stretch Second Source to Fit（第二来源图层自动匹配）：如果两个层的尺寸不同，进行自动伸缩以适应。

11.3.7 Invert（反转）

Invert（反转）特效可以反转素材图像的颜色，制成类似相片的底片效果。各项参数如图11-65所示。使用效果如图11-66所示。

图11-65 Invert（反转）

图11-66 反转特效使用前后对比效果

- Channel（通道）：选择应用反转效果的通道。
- Blend With original（混合原始素材）：和原图像的混合程度。

11.3.8 Minimax（极小极大）

Minimax（极小极大）特效可以对指定的通道进行像素计算，并扩展为一定半径的区域，对该区域进行最大亮度值或最小亮度值的填充。各项参数如图11-67所示。

- Operation（操作）：用于选择作用的方式，可以选择Maximum（极大）、Minimax（极小）、Minimax then Maximum（先极小极大再极大）和 Maximum then Minimax（先极大再极小极大），四种方式。
- Radius（半径）：设置作用半径，也就是效果的程度。
- Channel（通道）：选择应用的通道，可以对R、G、B和Alpha通道单独作用，这样可以不影响画面的其他元素。
- Direction（方向）：可以选择的方向为Horizontal & Vertical（水平和垂直）、Just Horizontal（仅水平）和Just Vertical（仅垂直）。

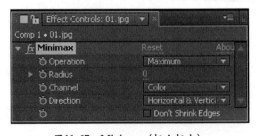

图11-67 Minimax（极小极大）

11.3.9 Remove Color Matting（移除遮罩颜色）

Remove Color Matting（移除遮罩颜色）特效可以消除或改变遮罩的颜色。可消除色彩通道产生的杂色边缘，如键控后的杂色边缘。输入的素材是包含背景的Alpha时，图像中的光晕等可以通过删除颜色蒙版来消除和改变。各项参数如图11-68所示。

图11-68　Remove Color Matting（移除遮罩颜色）

- Background Color（背景色彩）：选择要消除的背景颜色。

11.3.10 Set Channels（设置通道）

Set Channels（设置通道）特效可以将其他层的颜色和Alpha通道替换到当前层的通道中。各项参数如图11-69所示。使用效果如图11-70所示。

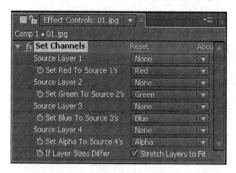

图11-69　Set Channels（设置通道）

图11-70　设置通道特效使用前后对比效果

- Source Layerl/2/3/4（来源图层1/2/3/4）：可以分别将本层的RGBA四个通道改为其他层。
- Set Red/Green/Blue/Alpha To Source 1/2/3/4's（设置红色/绿色/蓝色/Alpha通道到来源）：用于选择本层要被替换的RGBA通道。
- If Layer Sizes Differ（如果图层尺寸不匹配）：当两层图像尺寸不同的时候，选择 Stretch Layers to Fit（伸缩自适应），来使两层变为同样大小。

11.3.11 Set Matte（设置蒙版）

Set Matte（设置蒙版）特效用于将其他层的通道设置为本层的遮罩。通常用来创建运动遮罩效果。各项参数如图11-71所示。

- Take Matte From Layer（从层应用遮罩）：选择要应用遮罩的层。
- Use For Matte（使用遮罩）：选择作为本层的遮罩的通道。
- Inver Matte（反向遮罩）：对遮罩进行反向。
- If Layer Sizes Differ（如果两层尺寸不同）：两层的尺寸不同时，可以选择Stretch Matte to Fit

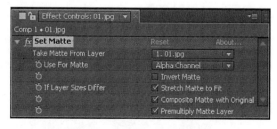

图11-71　Set Matte（设置蒙版）

（伸缩遮罩层自适应），使两层尺寸统一。

- Composite Matte With Original（合成遮罩和原始素材）：遮罩与原图像进行透明度混合。
- Premultiply Matte Layer（预置遮罩层）：选择和背景合成的遮罩层。

▶ 11.3.12 Shift Channels（转换通道）

Shift Channels（转换通道）特效用于在本层的通道转换时，设置本层RGBA通道被某一通道转换。可对图像的色彩和亮度产生效果，也可以消除某种颜色。各项参数如图11-72所示。

- Take Alpha/Red/Green/Blue（减少Alpha/红色/绿色/蓝色）：分别从旁边弹出的菜单中选择本层所需的其他通道，应用到Alpha（Alpha通道）、Red（红）、Green（绿）和Blue（蓝）通道中。

图11-72　Shift Channels（转换通道）

▶ 11.3.13 Solid Composite（固态合成）

Solid Composite（固态合成）特效可以使用某一种颜色与原始层进行混合。各项参数如图11-73所示。

- Source Opacity（原始层不透明度）：设置原始层的透明度。
- Color（颜色）：设置固态层的颜色。
- Opacity（不透明度）：设置固态层的透明度。
- Blending Mode（混合模式）：设置固态层与原始层的混合模式。

图11-73　Solid Composite（固态合成）

11.4 拓展练习

➲ 实例：怀旧时光色

源 文 件：	源文件\第11章\怀旧时光色
视频文件：	视频\第11章\怀旧时光色.avi

本实例利用着色特效改变素材的整体色调，然后使用图层的混合模式制作出怀旧效果。实例效果如图11-74所示。

01 在项目窗口中的空白处双击鼠标左键，然后在弹出的窗口中选择所需素材文件，并单击"打开"按钮，如图11-75所示。·

02 将项目窗口中的01.jpg和02.jpg素材文件按顺序拖曳到时间线窗口中，并设置02.jpg的Mode（模式）为Multiply（正片叠底），如图11-76所示。

图11-74　怀旧时光色效果

图11-75　导入素材

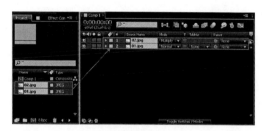

图11-76　时间线窗口

03 为时间线窗口中的02.jpg图层添加Tint（着色）特效，并设置Map White To（映射白色到）为浅黄色（R:255，G:230，B:174），如图11-77所示。

04 此时拖动时间线滑块可查看最终怀旧时光色效果，如图11-78所示。

图11-77　添加着色特效

图11-78　怀旧时光色效果

11.5 本章小结

通过对本章的学习，可以掌握调节画面颜色、替换画面颜色的方法，并且掌握各种调色滤镜的参数。

- 将Effect&Presets（特效&预置）窗口中的调色滤镜拖曳到某一图层上，然后在Effect Controls（特效控制）面板中设置该滤镜特效的参数。
- 选择调色特效的中吸管工具，然后吸取图像中的颜色，可以调整该颜色的色相、饱和度和亮度等。

11.6 课后习题

1. 选择题

(1) 对图像的某个色域局部进行调节，应该使用下列哪种调色方式？（　　）

　　A．Hue/Saturation　　　　　　　　　　B．Levels

　　C．Curves　　　　　　　　　　　　　　D．Bright & Contrast

(2) 如果需要调整图像的饱和度，可以选择下面哪个特效？（　　）

　　A．Brightness & Contrast　　　　　　　B．Color Stabilizer

　　C．Hue/Saturation　　　　　　　　　　D．Color Balance（HLS）

(3) Calculations（计算）特效的作用是（　　）。

　　A．计算图像的RGB通道的值

　　B．以图像的一个元素为基准对图像进行平滑的周期填色

　　C．将原始层中的通道与映射层的通道进行融合运算，得到运算后的图像颜色

　　D．对图像的阶调平均化

(4) 下面的哪个特效可以将图像中某个指定的颜色修改为另一个指定的颜色（修改时需要对指定色彩的亮度范围进行调整）。（　　）

　　A．Colorama　　　　　　　　　　　　B．Color Link

　　C．Change Color　　　　　　　　　　　D．Change to Color

(5) CC Color Neutralizer（CC颜色中和）特效可以分别对画面的哪个部分进行RGB颜色的调节？（　　）

　　A．高光　　　　　　　　　　　　　　　B．色相

　　C．中间调　　　　　　　　　　　　　　D．暗部

2. 填空题

(1) ＿＿＿＿＿＿特效可以清除彩色画面中的色相，使其转变为黑白效果。

(2) ＿＿＿＿＿＿特效可以改变图像中的某种颜色，并可以调整该颜色的饱和度和亮度。

(3) ＿＿＿＿＿＿特效可以在素材的某一帧上采集暗部、中间调和亮调色彩，其他帧的色彩保持采集帧色彩的数值。

(4) ＿＿＿＿＿＿特效可以实现彩光、彩虹、霓虹灯等效果。

(5) ＿＿＿＿＿＿特效不管是对画面整体还是对于单独的颜色通道，都能够精确地调整色调的明暗和对比度。

（6）Selective Color（选择颜色）特效通过调整某一颜色通道的＿＿＿＿＿＿来调节图像某一色彩的亮度和色相。

（7）＿＿＿＿＿＿特效可以对图像中的红、绿、蓝通道进行运算。

3. 判断题

（1）CC Composite（CC混合模式处理）特效可以使图层自身进行图层模式混合处理。（　　）

（2）Invert（反转）特效可以反转素材图像的颜色，制成类似相片的底片效果。（　　）

（3）Shift Channels（转换通道）特效可以在本层中实现各个通道的相互转换。（　　）

（4）Levels（色阶）特效可以通过重新分布输入颜色的级别来获取一个新的颜色输出范围，以达到修改图像亮度和对比度的目的。（　　）

4. 上机操作

使用Leave Color（分离颜色）特效制作如图11-79所示的单色玫瑰效果。

图11-79　单色玫瑰效果

第 12 章
创建与编辑表达式

After Effects的表达式是由数字、算符、数字分组符号(括号)、自由变量和约束变量等以能求得数值的有意义排列方法所得的组合。约束变量在表达式中表示已被指定数值,而自由变量则可以在表达式之外另行指定数值。通过表达式,可以快速制作出多种随机和复杂的特殊效果。

学习要点

- 初识表达式
- 创建表达式
- 编辑表达式

12.1 初识表达式

表达式是基于Java Script的一种动画描述语言，一般添加在图层的各种属性上，制造出丰富的动画效果。表达式也可以使层与层之间的属性建立关联，使用某一属性的关键帧去控制其他属性，提高工作效率。

Expression（表达式）面板上共有四个按钮和一个工作窗口区域。各项参数如图12-1所示。

图12-1　Expression（表达式）面板

- ▦（启用表达式）：该按钮控制启用和关闭该Expression（表达式）属性。
- ▨（显示表达式曲线图）：显示表达式加载后的变化曲线，检查表达式加载后值和速度的变化曲线。
- ◎（表达式链接拾取线）：建立该参数和其他参数的链接。在该按钮上按住鼠标左键并拖动鼠标，将线条拖到其他参数上，就建立了当前参数和该参数的链接关系，如图12-2所示。

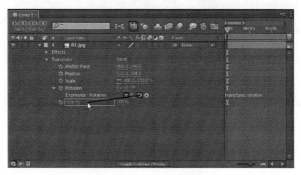

图12-2　表达式链接拾取线

- ◙（表达式语言菜单）：提示表达式中使用到的语法和函数，如图12-3所示。

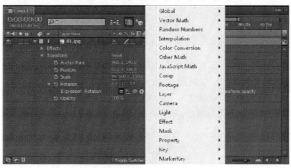

图12-3　表达式语言菜单

● 表达式输入区：在此区域中输入表达式。当鼠标移动到区域边缘时出现上下箭头，此时按住
鼠标左键可调节输入区域的上下大小，如图12-4所示。

图12-4　表达式输入区

12.2　创建表达式

在After Effects中，按住Alt键，然后单击需要输入表达式属性前面的 ◎（关键帧）按钮，在
出现的表达式窗口中输入表达式，默认表达式不会产生动画，如图12-5所示。

图12-5　添加表达式

> **提　示**
>
> 表达式中的标点和符号必须为英文半角符号。

在After Effects中，包含了自带的表达式语言菜单，被选中的表达式会自动出现在表达式输
入框中。自带表达式菜单列出了各项表达式语言的参数和编写格式，用户可以按照格式编写表达
式。单击表达式属性右侧的 ◎ 按钮，弹出表达式语言菜单，各项参数如图12-6所示。

- Global（全局）：用于指定表达式的全局对象的设置。
- Vector Math（向量数学）：向量数学运算的数学函数。
- Random Numbers（随机数方法）：生成随机数的函数。
- Interpolation（插值方法）：利用插值的方法来制作表达式函数。
- Color Conversion（色彩转换）：RGB和HSLA色彩空间转换。
- Other Math（其他数学方法）：包括度和弧度的相互转换。
- JavaScript Math（JavaScript数学）：JavaScript数学函数。

- Comp（合成）：利用合成的属性制作表达式。
- Footage（脚本）：利用脚本属性和方法制作表达式。
- Layer（层）：层的各种类型。其子菜单包括Sub-object（层的子对象类），General（层的一般属性类），Properties（层的特殊属性类），3D（三维层类）和Space Transforms（层的空间转换类）。
- Camera（摄像机）：利用摄像机的属性制作表达式。
- Light（灯光）：利用灯光的属性制作表达式。
- Effect（滤镜）：利用滤镜的参数制作表达式。
- Mask（遮罩）：利用遮罩的属性制作表达式。
- Property（属性）：用于各种属性制作表达式。
- Key（关键帧）：利用关键帧的值、时间和指数制作表达式。
- MarkerKey（标记关键帧）：利用标记点关键帧的方法制作表达式。

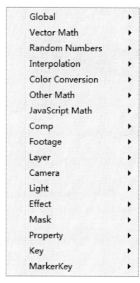

图12-6 表达式语言菜单

🔄 实例：添加表达式

源　文　件：	源文件\第12章\添加表达式
视频文件：	视频\第12章\添加表达式.avi

　　本实例介绍如何在透明度属性上添加"transform.rotation"表达式，使透明度属性与旋转属性动画产生关联，制作出透明旋转效果动画效果。实例效果如图12-7所示。

图12-7 表达式效果

01 在项目窗口中的空白处双击鼠标左键，然后在弹出的窗口中选择所需素材文件，并单击"打开"按钮，如图12-8所示。

02 将项目窗口中的"01.jpg"和"02.png"素材文件按顺序拖曳到时间线窗口中，如图12-9所示。

图12-8 导入素材 图12-9 时间线窗口

[03] 将时间线拖到起始帧的位置,单击"02.png"图层下"Rotation(旋转)"的关键帧,并设置为0°,将时间线拖到第4秒的位置,设置"Rotation(旋转)"为1x0°,如图12-10所示。

[04] 按住Alt键,单击"Opacity(透明度)"前面的■(自动关键帧)按钮,然后在表达式窗口中输入表达式"transform.rotation",如图12-11所示。

图12-10 添加着色特效 图12-11 表达式效果

[05] 此时拖动时间线滑块可查看最终添加表达式的效果,如图12-12所示。

图12-12 表达式效果

12.3 编辑表达式

▶ 12.3.1 修改表达式

已经输入的表达式可以进行再次修改和输入。在已经输入的表达式上直接单击鼠标左键，即可修改该属性表达式，如图12-13所示。

图12-13 修改表达式

▶ 12.3.2 删除表达式

删除表达式的方法是：按住Alt键，然后单击输入表达式属性前面的■（关键帧）按钮，即可删除此属性的所有表达式。也可以在表达式窗口中选择要删除的表达式，然后按Delete键进行删除，如图12-14所示。

图12-14 删除表达式

12.4 拓展练习

📥 实例：表达式制作随机晃动

源 文 件：	源文件\第12章\表达式制作随机晃动
视频文件：	视频\第12章\表达式制作随机晃动.avi

本实例介绍如何利用表达式快捷地制作出晃动效果，在表达式中wiggle的意思为晃动，后面括号内的数值为X轴和Y轴的震动幅度。实例效果如图12-15所示。

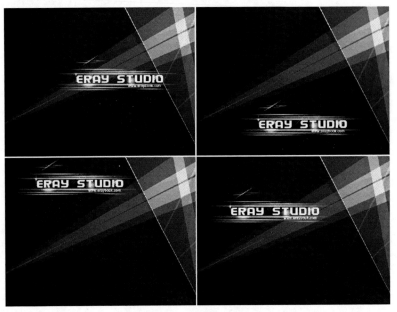

图12-15　随机晃动效果

01 在项目窗口中的空白处双击鼠标左键，然后在弹出的窗口中选择所需素材文件，并单击"打开"按钮，如图12-16所示。

02 将项目窗口中的"01.jpg"和"02.png"素材文件按顺序拖曳到时间线窗口中，设置"02.jpg"图层的"Mode（模式）"为"Screen"，如图12-17所示。

图12-16　导入素材

图12-17　时间线窗口

03 按住Alt键，单击"Position（位置）"前面的（自动关键帧）按钮，然后在表达式窗口中输入晃动表达式"wiggle(30,400)"，如图12-18所示。

04 此时拖动时间线滑块可查看最终表达式制作的随机晃动效果，如图12-19所示。

图12-18 添加着色特效

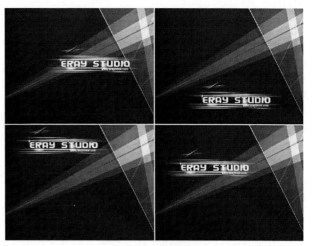

图12-19 随机晃动效果

12.5 本章小结

通过对本章的学习，了解什么是表达式，如何创建表达式以及修改表达式的方法，使用表达式可以制作出很多随机的、特殊的动画效果。

- 在After Effects中打开一个图层，按住Alt键，在需要输入表达式属性的 （关键帧）按钮上单击鼠标左键，接着在出现的表达式窗口中输入表达式，即可为该图层的属性添加表达式。
- 打开添加了表达式的属性，在已经输入的表达式上直接单击鼠标左键，可修改该属性表达式。
- 按住Alt键，然后在输入表达式属性的 （关键帧）按钮上单击鼠标左键，可删除该属性的所有表达式。也可在表达式窗口中选择要删除的表达式，然后按Delete键进行删除。

12.6 课后习题

1.选择题

（1）以下对表达式描述正确的有（　　）。

　　A.使层与层之间的属性建立关联　　　　B.默认表达式产生循环动画

　　C.添加的表达式不可更改　　　　　　　D.使某一属性的关键帧去控制其他属性

（2）在After Effects中创建表达式时，需要按住哪个键然后单击该属性前面的关键帧按钮？
（　　）

　　A.Ctrl键　　　　　　　　　　　　　　B.Alt键

　　C.Shift键　　　　　　　　　　　　　　D.空格键

（3）按住Alt键，然后单击已经输入表达式的属性前面的关键帧，会产生什么后果？
（　　）。

　　A.暂时关闭该属性的表达式　　　　　　B.复制该属性的表达式

　　C.删除此属性的所有表达式　　　　　　D.继续添加表达式

2. 填空题

（1）After Effects表达式的约束变量在表达式中表示已被指定数值，而_____则可以在表达式之外另行指定数值。

（2）在_____按钮上按住鼠标左键并拖动鼠标，将线条拖到其他参数上，可建立当前参数和该参数的链接关系。

（3）_____中提示了表达式可能使用到的语法和函数。

3. 判断题

（1）显示表达式曲线图可以显示表达式加载后的变化曲线，检查表达式加载后的值和速度的变化曲线。（　）

（2）表达式输入区的大小无法进行手动调节。（　）

（3）表达式中的标点和符号必须为英文半角符号。（　）

（4）可以随时启用和关闭图层属性的Expression（表达式）。（　）

4. 上机操作

使用（表达式链接拾取线）制作出"transform.scale[0]"表达式。最终制作出如图12-20所示的透明渐变缩放效果。

图12-20　透明渐变缩放效果

第13章
影片的渲染与输出

渲染是制作影片的最后一个步骤，渲染方式影响着影片的最终呈现效果，在After Effects中可以将合成项目渲染输出成视频文件、音频文件或者序列图片等。而且Mac版、Windows版均支持网络联机渲染。

学习要点

- 渲染工作区的设置
- 渲染队列窗口参数详解
- 影片的输出

13.1 渲染工作区的设置

制作完成一个项目后，最终需要对其进行渲染，但有时只需要渲染出其中的一部分，这就需要设置渲染工作区。

工作区在时间线窗口中，由Work Area Start（开始工作区）和Work Area End（结束工作区）两点控制渲染区域。将鼠标指针放在开始工作区或结束工作区的位置时，光标会变成![](方向箭头），此时按住鼠标左键向左或向右拖动，即可修改工作区的位置。Work Area Start（开始工作区）快捷键为B，Work Area End（结束工作区）快捷键为N，如图13-1所示。

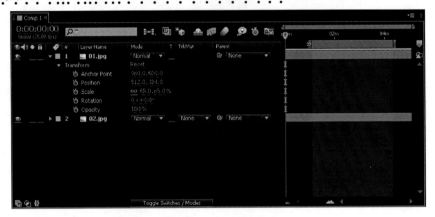

图13-1　修改渲染工作区

13.2 渲染队列窗口参数详解

选择菜单栏中的Composition（合成）| Make Movie（制作影片）命令，或者按快捷键Ctrl+M，将合成添加到Render Queue（渲染队列）窗口中。多数格式都可以在After Effects中直接渲染出来。各项参数如图13-2所示。

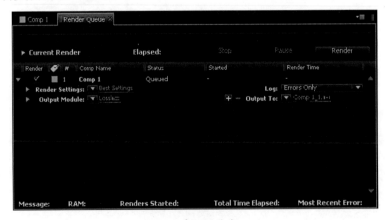

图13-2　打开渲染窗口

- Current Render（当前渲染）：显示渲染进度。
- Elapsed（过去）：经过的时间。
- Render（渲染）：设置是否进行渲染。

- （Label）：标签。
- （#）：渲染队列的序号。
- Comp Name（合成名称）：合成的名称。
- Started（开始时间）：开始的时间。
- Render Time（渲染时间）：渲染的时间。
- Render Settings（渲染设置）：单击弹出渲染设置面板，可以设置渲染的模板等。
- Output Module（输出模块）：单击弹出输出窗口，可以设置输出的格式等。
- Log（日志）：渲染时生成的文本记录文件，记录渲染中的错误和其他信息。在渲染信息窗口中可以看到文件保存路径。
- Output To（输出到）：输出文件的保存设置。
- Message（讯息）：在渲染时所处的状态。
- RAM（RAM渲染）：渲染的存储进度。
- Renders Started（渲染开始）：渲染开始的时间。
- Total Time Elapsed（已用时间）：渲染所用的时间。
- Most Recent Error（最新错误）：渲染时出现的错误。

单击Output Module（输出模块）后面的文字，弹出Output Module Settings（输出模块设置）窗口，其中包括Main Options（主要选项）标签面板，如图13-3所示。以及Color Management（色彩管理）标签面板，如图13-4所示。

图13-3　主要选项面板　　　　　　　　　图13-4　色彩管理面板

- Format：输出文件的格式。
  - Include Project Link：包含项目链接。
  - Post-Render Action：渲染后的动作。
  - Include Source XMP Metadata：包含素材源XMP元数据。
- Video Output（视频输出）：设置输出视频的通道和开始帧等。
  - Channels（通道）：可以更改输出视频的通道。
  - Depth（深度）：默认为Millions of Colors（真彩色）。

- - Color（色彩）：默认为Premultiplied（Matted）（预置蒙版）。
  - Starting（开始帧）：在渲染序列文件时会激活，并可以设置开始帧。
  - Use Comp Frame Number：使用合成帧编号。
  - Format Options：格式选项。
- Resize（重设尺寸）：重新设置输出的视频或图片的尺寸。
  - Lock Aspect Ratio to 4:3：锁定纵横比为4：3。
  - Custom：自定义。
  - Resize Quality（重设尺寸品质）：默认为High（高）。
- Crop（修剪）：对输出区域进行修剪。
  - Use Region of Interest：使用重点区域。
  - Top：上部修剪数。
  - Life：右侧修剪数。
  - Bottom：下部修剪数。
  - Right：右侧修剪数。
- Audio Output（音频输出）：可以选择是否输出音频。
  - Format Options：格式选项。
  - Stereo：立体声。
- Profile（方案）
  - Preserve RGB：保持RGB选项。
  - Output Profile：输出方案。
  - Show All Available Profiles：显示全部有效方案。
  - Convert To Linear Light（定义为线性光）：其下拉列表中有关、开、开启（32bpc使用）3个选项。
- Embed Profile：包含嵌入方案。

13.3　影片的输出

　　经过渲染的文件所占空间大小与合成的帧尺寸、合成的品质、所选的压缩算法和制作的复杂程度等都有关系。

　　渲染不同格式的视频时，可以直接选择格式，若在Adobe After Effects CS6输出一段序列帧，则必须要在Format（格式）下拉菜单中选择sequence（序列）格式。

实例：输出不同格式的视频

源　文　件：	源文件\第13章\输出不同格式的视频
视频文件：	视频\第13章\输出不同格式的视频.avi

　　本实例介绍如何在渲染的输出模块设置窗口中修改输出视频的格式，以输出不同格式的视频文件。实例效果如图13-5所示。

01 选择时间线窗口，然后选择菜单栏中的Composition（合成）| Add to Render Queue（添加到渲染队列）命令，或按快捷键Ctrl+M，如图13-6所示。

02 在Render Queue（渲染队列）窗口中，单击Output Module（输出模块）为后面的文字，然后在弹出的Output Module Settings（输出模块设置）窗口中选择不同的格式，本例选择Format

（格式）为QuickTime，单击"OK（确定）"按钮，如图13-7所示。

图13-5 输出不同格式的视频

图13-6 添加到渲染队列

13 在Render Queue（渲染队列）窗口中设置Output To（输出到）的文件渲染路径和名称，接着单击Render（渲染）按钮，如图13-8所示。

14 此时渲染路径下出现了一个不同尺寸的视频文件，如图13-9所示。

图13-7 输出模块设置窗口

图13-8 渲染队列窗口

图13-9　输出不同格式的视频

实例：输出音频文件

源　文　件:	源文件\第13章\输出音频文件
视频文件:	视频\第13章\输出音频文件.avi

　　本实例介绍将带有音频的视频文件单独以音频格式输出音频文件的方法。实例效果如图13-10所示。

01 选择时间线窗口，然后选择菜单栏中的Composition（合成）| Add to Render Queue（添加到渲染队列）命令，或按快捷键Ctrl+M，如图13-11所示。

图13-10　输出的音频文件

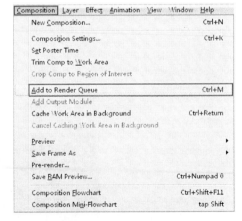

图13-11　添加到渲染队列

02 在Render Queue（渲染队列）窗口中设置Output Module（输出模块）为MP3，然后设置Output To（输出到）的文件渲染路径和名称，接着单击Render（渲染）按钮，如图13-12所示。

03 此时渲染路径下出现了一个MP3格式的音频文件，如图13-13所示。

图13-12　渲染队列窗口

图13-13　输出的音频文件

实例：输出单帧图像

源　文　件：	源文件\第13章\输出单帧图像
视频文件：	视频\第13章\输出单帧图像.avi

本实例介绍将时间线拖到某一帧时，利用保存帧命令将该位置的图像以单帧形式输出。实例效果如图13-14所示。

01 选择时间线窗口，选择菜单栏中的Composition（合成）| Save Frame As（保存帧为）| File（文件）命令，如图13-15所示。

02 在Render Queue（渲染队列）窗口中设置Output Module（输出模块）为JPG Sequence，然后设置Output To（输出到）的文件渲染路径和名称，单击Render（渲染）按钮，如图13-16所示。

图13-14　输出的单帧图像

图13-15　合成菜单

图13-16　渲染队列窗口

03 此时渲染路径下出现了一个JPG格式的单帧图像，如图13-17所示。

图13-17　输出的单帧图像

实例：输出带Alpha通道的序列

源 文 件：	源文件\第13章\输出带Alpha通道的序列
视频文件：	视频\第13章\输出带Alpha通道的序列.avi

本实例介绍将视频文件以Targa格式输出序列图片的方法。实例效果如图13-18所示。

[01] 选择时间线窗口，然后选择菜单栏中的Composition（合成）| Add to Render Queue（添加到渲染队列）命令，或按快捷键Ctrl+M，如图13-19所示。

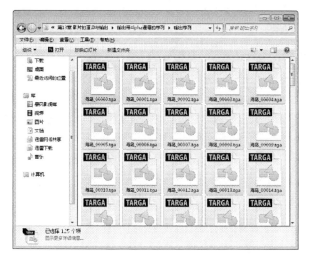

图13-18　输出带Alpha通道的序列

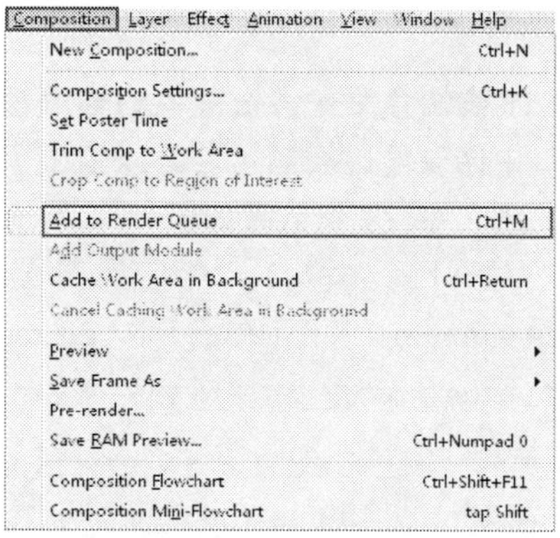

图13-19　添加到渲染队列

[02] 在Render Queue（渲染队列）窗口中设置Output Module（输出模块）为Targa Sequence，然后设置Output To（输出到）的文件渲染路径和名称，接着单击Render（渲染）按钮，如图13-20所示。

[03] 此时渲染路径下出现了带有Alpha通道的序列文件，如图13-21所示。

图13-20　渲染队列窗口

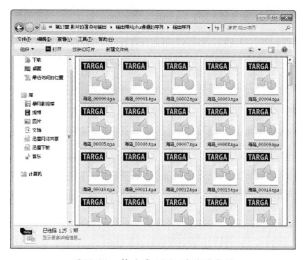

图13-21　输出带Alpha通道的序列

13.4 拓展练习

实例：输出不同尺寸的视频

源 文 件：	源文件\第13章\输出不同尺寸的视频
视频文件：	视频\第13章\输出不同尺寸的视频.avi

本实例介绍如何在渲染的输出模块设置窗口中修改输出视频尺寸，以输出不同尺寸的视频文件。实例效果如图13-22所示。

01 选择时间线窗口，然后选择菜单栏中的Composition（合成）| Add to Render Queue（添加到渲染队列）命令，或按快捷键Ctrl+M，如图13-23所示。

02 在Render Queue（渲染队列）窗口中，单击Output Module（输出模块）为后面的文字，然后在弹出的Output Module Settings（输出模块设置）窗口中设置Format（格式）为AVI，勾选Resize（调整尺寸），设置Resize to（调整到）为500x400，最后单击"OK（确定）"按钮，如图13-24所示。

图13-22　输出的视频文件

图13-23　添加到渲染队列

图13-24　输出模块设置窗口

03 在Render Queue（渲染队列）窗口中设置Output To（输出到）的文件渲染路径和名称，接着单击Render（渲染）按钮，如图13-25所示。

04 此时渲染路径下出现了一个不同尺寸的视频文件，如图13-26所示。

图13-25 渲染队列窗口

图13-26 输出的视频文件

13.5 本章小结

通过对本章的学习,可以全面掌握在After Effects中将影片进行渲染输出,并且根据实际情况输出不同尺寸、不同格式、不同要求的影片的方法。

- 选择时间线窗口,在菜单栏中选择Composition(合成)|Add to Render Queue(添加到渲染队列)(快捷键Ctrl+M)命令。单击Output Module(输出模块)后面的文字,在弹出的Output Module Settings(输出模块设置)窗口中选择不同的格式。最后单击Render(渲染)按钮。即可输出不同格式的影片。
- 选择时间线窗口,使用快捷键Ctrl+M,在Output Module Settings(输出模块设置)窗口中勾选Resize(调整尺寸),并设置Resize to(调整到)的数值。最后单击Render(渲染)按钮。即可输出不同尺寸的影片。

13.6 课后习题

1. 选择题

(1)在After Effects中可以将影片输出为( )。

A. AVI格式　　　　　　　　　　　B. WMV格式
C. MOV格式　　　　　　　　　　　D. MPG格式

（2）Make Movie输出影片的快捷键是（　　）。

A. Ctrl+D　　　　　　　　　　　B. Ctrl+K
C. Ctrl+M　　　　　　　　　　　D. Ctrl+N

（3）After Effects 是否支持网络联机渲染？（　　）

A. 不支持　　　　　　　　　　　B. Mac版、Windows版均支持
C. 只有Mac版支持　　　　　　　　D. 所有版本都支持

（4）影片的文件大小与以下哪些因素有关？（　　）

A. 合成的帧尺寸　　　　　　　　　B. 合成的品质
C. 制作的复杂程度　　　　　　　　D. 所选的压缩算法

2. 填空题

（1）工作区在时间线窗口中，由_____和_____两点控制渲染区域。

（2）Output Module Settings（输出模块设置）窗口中包括_____和_____标签面板。

（3）在After Effects中输出一段序列帧，必须要在_____下拉菜单中选择_____格式。

3. 判断题

（1）可以更改输出视频的通道。（　　）

（2）在输出影片时，可以只输出视频而不输出音频（　　）

（3）可以重新设置输出的视频或图片的尺寸。（　　）

（4）Work Area Start（开始工作区）快捷键为A，Work Area End（结束工作区）快捷键为B（　　）

4. 上机操作

使用Composition（合成）|Save Frame As（保存帧为）|File（文件）命令，在渲染队列窗口中渲染输出如图13-27所示的PNG文件。

图13-27　PNG文件

第14章
综合案例

熟练掌握After Effects CS6的各项技能，做到举一反三，然后将其进行综合应用，制作出各种非常丰富的效果。这样就可以独立完成大型的综合合成效果的制作。

实例：七彩粒子

源 文 件：	源文件\第14章\七彩粒子
视频文件：	视频\第14章\七彩粒子.avi

本实例介绍如何利用粒子特效属性和关键帧制作七彩粒子动画效果。实例效果如图14-1所示。

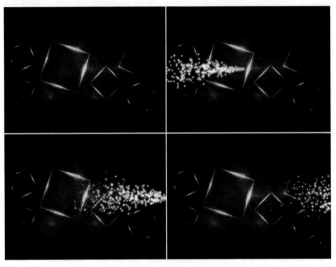

图14-1　七彩粒子效果

01 在项目窗口中的空白处双击鼠标左键，然后在弹出的窗口中选择所需素材文件，并单击"打开"按钮，如图14-2所示。

02 将项目窗口中的"01.jpg"素材文件拖曳到时间线窗口中，如图14-3所示。

图14-2　导入素材

图14-3　时间线窗口

03 在时间线窗口中空白处单击鼠标右键，在弹出的菜单中选择"New（新建）"|"Solid（固态层）"命令，如图14-4所示。

04 在弹出的"Solid Settings（固态层设置）"窗口中，设置"Name（名称）"为"粒子"，"Width（宽）"为1024，"Height（高）"为768，"Color（颜色）"为黑色（R:0，G:0，B:0），接着单击"OK（确定）"按钮，如图14-5所示。

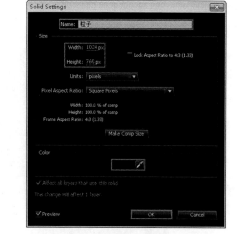

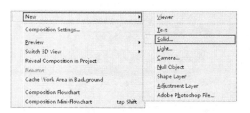

图14-4　添加着色特效

图14-5　替换画面颜色效果

05 为"粒子"图层添加"Particular（粒子）"特效，设置"Particles/sec（粒子/秒）"为200，"Velocity（速率）"为60，"Velocity Random[%]（随机速率）"为100，如图14-6所示。

06 打开"Particle（粒子）"选项，设置"Life[sec]（生命/秒）"为2，"Particle Type（粒子类型）"为"Glow Sphere（No DOF）"，"Set Color（设置颜色）"为"Over Life"，如图14-7所示。

图14-6　添加着色特效

图14-7　替换画面颜色效果

07 将时间线拖到起始帧的位置，单击"Position XY（XY轴位置）"前面的关键帧，并设置为（-97,384）。将时间线拖到结束帧的位置，设置"Position XY（XY轴位置）"为（1800，384），如图14-8所示。

图14-8　添加着色特效

08 此时拖动时间线滑块可查看最终七彩粒子效果，如图14-9所示。

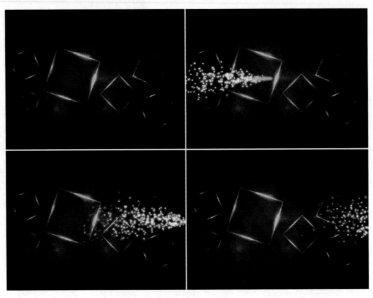

图14-9　七彩粒子效果

实例：飞舞光线

源　文　件：	源文件\第14章\飞舞光线
视频文件：	视频\第14章\飞舞光线.avi

　　本实例介绍利用钢笔工具绘制曲线遮罩，然后添加描边特效和辉光特效制作出光线效果的方法。实例效果如图14-10所示。

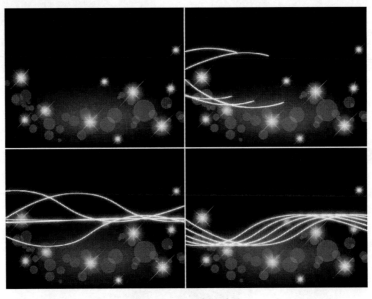

图14-10　飞舞光线效果

01 在项目窗口中的空白处双击鼠标左键，然后在弹出的窗口中选择所需素材文件，并单击"打开"按钮，如图14-11所示。

02 将项目窗口中的"01.jpg"素材文件拖曳到时间线窗口中，如图14-12所示。

图14-11　导入素材

图14-12　时间线窗口

03 在时间线窗口中空白处单击鼠标右键，然后在弹出的菜单中选择"New（新建）"｜"Solid（固态层）"命令，如图14-13所示。

04 在弹出的"Solid Settings（固态层设置）"窗口中，设置"Name（名称）"为"光线"，"Width（宽）"为1024，"Height（高）"为768，"Color（颜色）"为黑色（R:0，G:0，B:0），单击"OK（确定）"按钮，如图14-14所示。

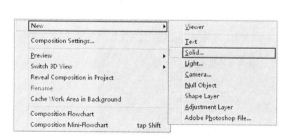

图14-13　添加着色特效

图14-14　替换画面颜色效果

05 选择■（钢笔）工具，在"光线"图层上绘制一个曲线遮罩路径，如图14-15所示。

06 为"光线"图层添加"3D Stroke（3D描边）"特效，设置"Thickness（厚度）"为2，将时间线拖到起始帧的位置，单击"End（结束）"前面的关键帧，并设置为0。将时间线拖到第2秒的位置，设置"End（结束）"为100，如图14-16所示。

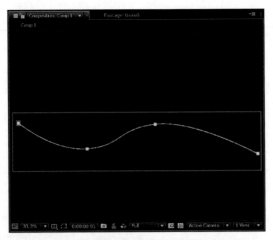

图14-15　添加着色特效

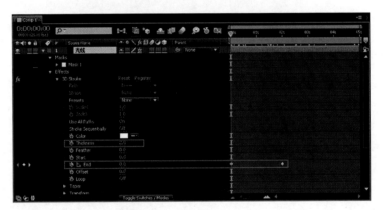

图14-16　替换画面颜色效果

07 设置"Enable（启用）"为"On（开启）"，"X Displace（X轴置换）"为80。然后将时间线拖到起始帧的位置，单击"X Rotation（旋转）"前面的关键帧，并设置为0x+205°，将时间线拖到第4秒的位置，设置"X Rotation（旋转）"为0°，如图14-17所示。

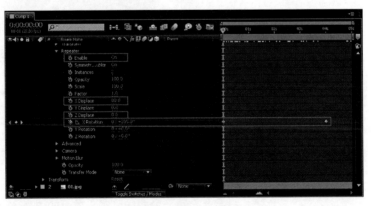

图14-17　添加着色特效

08 为"光线"图层添加"Starglow（辉光）"特效，设置"Preset（预设）"为"Red（红色）"，"Streak Length（线长度）"为10，如图14-18所示。

09 为"光线"图层添加"Starglow（辉光）"特效，设置"Preset（预设）"为"Red（红色）"，"Streak Length（线长度）"为10，如图14-19所示。

图14-18　飞舞光线效果

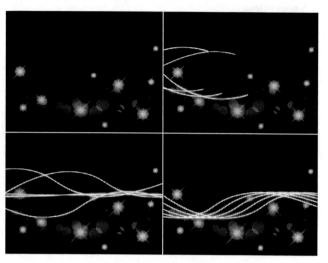

图14-19　飞舞光线效果

实例：炫目荧光粒子

源 文 件：	源文件\第14章\炫目荧光粒子
视频文件：	视频\第14章\炫目荧光粒子.avi

本实例介绍利用CC粒子世界特效制作大小不一的圆形粒子运动效果，并添加蒙版文字丰富画面文字点缀效果的方法。实例效果如图14-20所示。

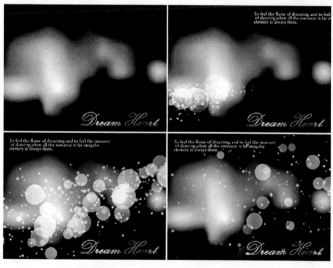

图14-20　炫目荧光粒子效果

01 在项目窗口中的空白处双击鼠标左键，然后在弹出的窗口中选择所需素材文件，并单击"打开"按钮，如图14-21所示。

02 将项目窗口中的"01.jpg"素材文件拖曳到时间线窗口中，设置"Scale（缩放）"为61，如图14-22所示。

图14-21　导入素材

图14-22　时间线窗口

03 将时间线窗口中的"背景.jpg"素材文件按Ctrl+D组合键进行复制，然后重命名为"文字蒙版"，设置"Scale（缩放）"为46，"Position（位置）"为（795,729），如图14-23所示。

04 选择**T**（文字工具），在合成窗口中输入文字，设置"字体"为"Exmouth"，"字体大小"为110，单击**T**（粗体）按钮，如图14-24所示。

图14-23　设置文字蒙版

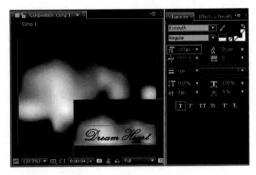

图14-24　输入文字

05 设置时间线窗口中的"文字蒙版"的"TrkMat（轨道蒙版）"为第一项"Alpha Matte'DreamHeart'"，如图14-25所示。

06 此时拖动时间线滑块可查看背景文字效果，如图14-26所示。

图14-25　设置轨道蒙版

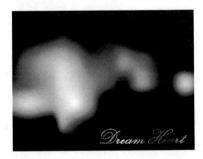

图14-26　背景文字效果

07 选择**T**（文字工具），在合成窗口中输入文字，设置"字体"为"Adobe Naskh"，"字体大小"为40，"颜色"为白色（R:255，G:255，B:255），如图14-27所示。

08 将时间线拖到起始帧的位置，开启"Position（位置）"前面的自动关键帧，并设置为（1050,60）。然后将时间线拖到第2秒，设置"Position（位置）"为（38,60），如图14-28所示。

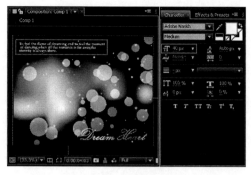

图14-27　新建文字

图14-28　设置文字动画

09 在时间线窗口中空白处单击鼠标右键，在弹出的菜单中选择"New（新建）"｜"Solid（固态层）"命令，如图14-29所示。

10 在弹出的"Solid Settings（固态层设置）"窗口中，设置"Name（名称）"为"小粒子"，"Width（宽）"为1024，"Height（高）"为768，"Color（颜色）"为黑色（R:0，G:0，B:0），接着单击"OK（确定）"按钮，如图14-30所示。

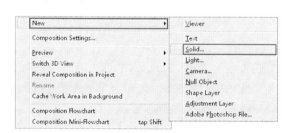

图14-29　新建固态层

图14-30　固态设置窗口

11 为"小粒子"图层添加"CC Particle World（CC粒子世界）"特效和"Glow（辉光）"特效，如图14-31所示。

12 设置"CC Particle World（CC粒子世界）"特效的"Birth Rate（出生率）"为1.5，"Longecity(sec)（寿命/秒）"为4，"Physics（物理）"下的"Velocity（速率）"为0.25，"Gravity（重力）"为0，如图14-32所示。

13 设置"Particle（粒子）"下的"Particle Type（粒子类型）"为"Faded Sphere"，"Birth Size（出生大小）"为0.15，"Death Size（死亡大小）"为0.15。接着设置"Birth Color（出生颜色）"为浅黄色（R:233，G:223，B:142），"Death Color（死亡颜色）"为深黄色（R:185，G:149，B:51），如图14-33所示。

14 将时间线拖到起始帧的位置，然后开启"Position X（X轴位置）"和"Position Y（Y轴位置）"的自动关键帧，设置"Position X（X轴位置）"为-0.66，"Position Y（Y轴位置）"

为0.2。接着将时间线拖到第3秒，设置"Position X（X轴位置）"为0.91，"Position Y（Y轴位置）"为-0.26，如图14-34所示。

图14-31　添加CC粒子世界特效

图14-32　设置CC粒子世界特效

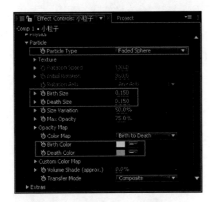

图14-33　设置CC粒子世界特效

图14-34　为CC粒子世界特效添加关键帧

15 此时拖动时间线滑块可查看小粒子动画效果，如图14-35所示。

16 在弹出的"Solid Settings（固态层设置）"窗口中，设置"Name（名称）"为"大粒子"，"Width（宽）"为1024，"Height（高）"为768，"Color（颜色）"为浅黄色（R:255，G:233，B:147），接着单击"OK（确定）"按钮，如图14-36所示。

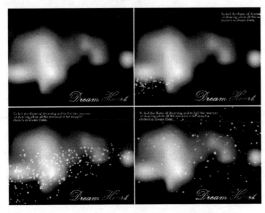

图14-35　小粒子动画效果

图14-36　新建固态层

17 为"大粒子"图层添加"CC Particle World（CC粒子世界）"特效。然后设置"Birth Rate（出生率）"为0.2"Longecity(sec)（寿命/秒）"为4。"Physics（物理）"下的"Velocity

（速率）"为0.25，"Gravity（重力）"为0，如图14-37所示。

⑱ 设置"Particle（粒子）"下的"Particle Type（粒子类型）"为"Lens Convex"，"Birth Size（出生大小）"为1，"Death Size（死亡大小）"为0.5，"Size Variation（大小变化）"为100%，"Max Opacity（最大透明度）"为40%，如图14-38所示。

图14-37　添加CC粒子世界特效

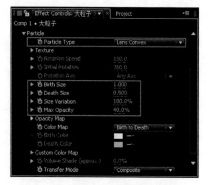

图14-38　设置CC粒子世界特效

⑲ 将"小粒子"图层的"CC Particle World（CC粒子世界）"特效上的关键帧复制到"大粒子"图层的"CC Particle World（CC粒子世界）"特效上，如图14-39所示。

⑳ 设置时间线窗口中的"大粒子"和"小粒子"图层的"Mode（模式）"为"Add（添加）"，如图14-40所示。

图14-39　设置CC粒子世界

图14-40　设置图层模式

㉑ 此时拖动时间线滑块可查看最终炫目荧光粒子效果，如图14-41所示。

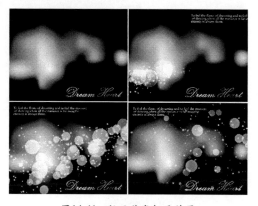

图14-41　炫目荧光粒子效果

创意大学
After Effects CS6标准教材

实例：飞机拖尾效果

源 文 件：	源文件\第14章\飞机拖尾效果
视频文件：	视频\第14章\飞机拖尾效果.avi

本实例介绍如何在灯光图层制作粒子发射器，然后将粒子替换为烟雾效果，并添加跟随动画表达式制作出飞机拖尾效果。实例效果如图14-42所示。

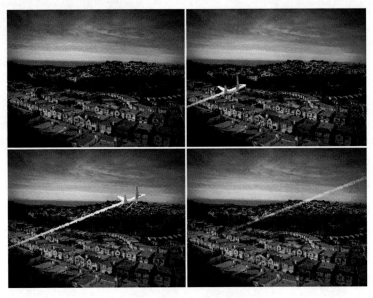

图14-42　飞机拖尾效果

01 在项目窗口中的空白处双击鼠标左键，然后在弹出的窗口中选择所需素材文件，并单击"打开"按钮，如图14-43所示。

02 将项目窗口中的"背景.jpg"和"烟雾.png"素材文件拖曳到时间线窗口中，并隐藏"烟雾.png"图层，设置"背景.jpg"图层的"Scale（缩放）"为72，如图14-44所示。

图14-43　导入素材

图14-44　时间线窗口

03 为"背景.jpg"图层添加"Brightness & Contrast（亮度&对比度）"特效，并设置"Brightness（亮度）"为-37，如图14-45所示。

04 此时拖动时间线滑块可查看效果，如图14-46所示。

图14-45 添加亮度&对比度特效

图14-46 此时背景效果

[05] 在时间线窗口中的空白处单击鼠标右键，在弹出的窗口中选择"New（新建）" | "Camera（摄影机）"命令，如图14-47所示。

[06] 新建一个摄影机，在弹出的"Camera Settings（摄影机设置）"窗口中设置"Name（名字）"为"Camera 1"，"Preset（预设）"为20mm，单击"OK（确定）"按钮，如图14-48所示。

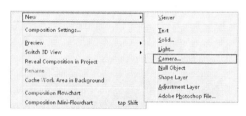

图14-47 新建摄影机

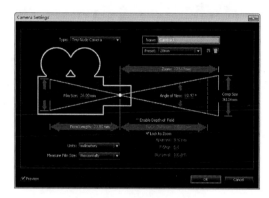

图14-48 摄影机设置窗口

[07] 设置"Camera 1"图层下的"Position（位置）"为（684，145，-157），如图14-49所示。

[08] 在时间线窗口中的空白处单击鼠标右键，然后在弹出的窗口中选择"New（新建）" | "Light（灯光）"命令，如图14-50所示。

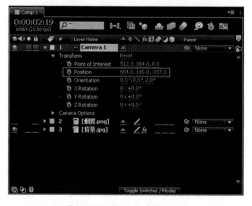

图14-49 设置摄影机位置

图14-50 新建灯光图层

09 在弹出的"Light Settings（灯光设置）"窗口中设置"Name（名字）"为"Emitter"，"Light Type（灯光类型）"为"Point（点光）"。然后单击"OK（确定）"按钮，如图14-51所示。

10 将时间线拖到起始帧的位置，开启"Emitter"图层下"Position（位置）"的自动关键帧，设置为"-356，1050，-800"。将时间线拖到第3秒的位置，设置"Position（位置）"为（672，381，751），如图14-52所示。

图14-51　灯光设置窗口

图14-52　设置发射器位置动画

11 在时间线窗口中的空白处单击鼠标右键，然后在弹出的窗口中选择"New（新建）" | "Solid（固态）"命令，如图14-53所示。

12 在弹出的"Solid Settings（固态设置）"窗口中，设置"Name（名字）"为"粒子"，"Width（宽）"为1024，"Height（高）"为768，然后单击"OK（确定）"按钮，如图14-54所示。

图14-53　新建固态层

图14-54　固态设置窗口

13 为"粒子"图层添加"Particular（粒子）"特效，设置"Emitter（发射器）"下的"Particles/sec（粒子/秒）"为40，"Emitter Type（发射类型）"为"Light（s）"，设置"Velocity from Motion[%]（从运动速度）"为15，其余属性参数都为0，如图14-55所示。

14 设置"Particle（粒子）"下的"Life Random[%]（生命随机）"为10，"Particle Type（粒子类型）"为"Sprite（精灵）"。设置"Texture（纹理）"下的"Layer（图层）"为"4.烟

雾.png"，"Rotate Z（Z轴旋转）"为303°，"Random Rotation（旋转随机）"为15，
"Rotation Speed Z（Z轴旋转速度）"为0.2，如图14-56所示。

图14-55　添加粒子特效

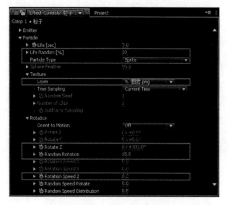

图14-56　设置粒子特效

⑮ 设置"Size（大小）"为15，"Opacity Random[%]（不透明度随机）"为20。设置"Opacity
Over Life（结尾生命不透明度）"的形状为第二个，如图14-57所示。

⑯ 设置"Air Resistance（空气阻力）"为2，勾选"Air Resistance Rotation（空气阻力旋转）"
选项，为该图层添加"Tint（着色）"特效，并设置"Map Black To（映射黑色到）"为深蓝
色（R:101，G:140，B:203），"Map White To（映射白色到）"为浅蓝色（R:210，G:226，
B:255），"Amount to Tint（着色数量）"为50%，如图14-58所示。

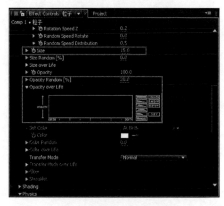

图14-57　设置粒子特效

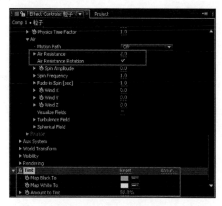

图14-58　添加着色特效

⑰ 此时拖动时间线滑块可查看效果，如图14-59所示。

⑱ 将"飞机.png"素材文件拖曳到时间线窗口中，设置"Scale（缩放）"为39%，"Anchor
Point（锚点）"为（117,273）。按住Alt键在"Position（位置）"前面的关键帧上
单击鼠标左键，然后在弹出的表达式窗口中输入表达式："thisComp.layer("Emitter").
toComp([0,0,0]);"，如图14-60所示。

⑲ 在时间线窗口中的空白处单击鼠标右键，然后在弹出的窗口中选择"New（新建）" |
"Solid（固态）"命令，如图14-61所示。

⑳ 在"Solid Setting（固态设置）"窗口中设置"Name（名称）"为"黑色"，"Width（宽
度）"为1024，"Height（高）"为768，"Color（颜色）"为黑色（R:0，G:0，B:0），接

着单击"OK（确定）"按钮，如图14-62所示。

图14-59 此时烟雾动画

图14-60 添加表达式

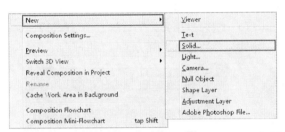

图14-61 新建固态层

图14-62 固态设置窗口

21 选择 （椭圆工具），然后在"黑色"图层上绘制一个椭圆形遮罩，如图14-63所示。

22 打开"黑色"图层下的"Masks（遮罩）"，设置"Mask 1（遮罩1）"的混合模式为"Subtract（减去）"，"Mask Feather（遮罩羽化）"为321，"Mask Opacity（遮罩透明度）"为70%，如图14-64所示。

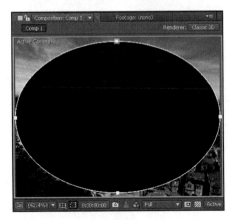

图14-63 绘制椭圆遮罩

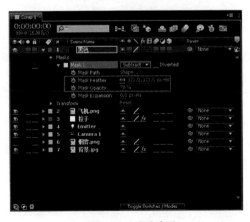

图14-64 设置遮罩

23 此时拖动时间线滑块可查看最终飞机拖尾效果，如图14-65所示。

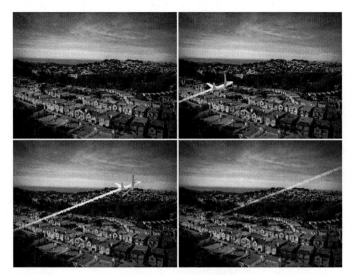

图14-65　飞机拖尾效果

实例：梦幻空间文字

源　文　件：	源文件\第14章\梦幻空间文字
视频文件：	视频\第14章\梦幻空间文字.avi

　　本实例介绍如何利用CC粒子世界制作出圆形光点效果，然后使用遮罩和图层样式以及描边、辉光、渐变等特效制作出梦幻空间文字效果。实例效果如图14-66所示。

图14-66　梦幻空间文字

01 在项目窗口中的空白处双击鼠标左键，在弹出的窗口中选择所需素材文件，并单击"打开"按钮，如图14-67所示。

02 在时间线窗口中的空白处单击鼠标右键，然后在弹出的窗口中选择"New（新建）"｜"Solid（固态）"命令，如图14-68所示。

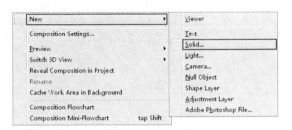

图14-67　导入素材　　　　　　　　　　　图14-68　新建固态层

03 在"Solid Setting（固态设置）"窗口中，设置"Name（名称）"为"星空"，"Width（宽度）"为1024，"Height（高）"为768，"Color（颜色）"为黑色（R:0，G:0，B:0），单击"OK（确定）"按钮，如图14-69所示。

04 为"星空"图层添加"Fractal Noise（分形噪波）"特效，并设置"对比度"为240，"亮度"为-106，"Scale（缩放）"为4，如图14-70所示。

图14-69　固态设置窗口　　　　　　　　图14-70　添加分形噪波特效

05 将项目窗口中的"01.jpg"素材文件拖曳到时间线窗口中，设置"Scale（缩放）"为130%，设置图层的"Mode（模式）"为"Screen（屏幕）"，如图14-71所示。

06 选择▢（圆角矩形工具），在"01.jpg"图层上绘制一个圆角矩形遮罩，如图14-72所示。

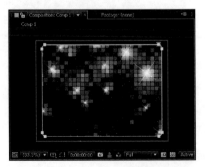

图14-71　设置"01.jpg"图层　　　　　　图14-72　绘制圆角矩形遮罩

07 打开"01.jpg"图层下的"Masks（遮罩）"，设置"Mask 1（遮罩1）"的混合模式为"Subtract（减去）"，"Mask Feather（遮罩羽化）"为80，如图14-73所示。

08 新建一个固态层。在弹出的"Solid Settings（固态设置）"窗口中设置"Name（名称）"为"小粒子"，"Width（宽）"为1024，"Height（高）"为768，"Color（颜色）"为浅黄色（R:255，G:222，B:152），单击"OK（确定）"按钮，如图14-74所示。

图14-73　设置圆角矩形遮罩　　　　　　　　　　图14-74　新建固态层

09 为"小粒子"图层添加"CC Particle World（CC粒子世界）"和"Glow（辉光）"特效。设置"CC Particle World（CC粒子世界）"特效的"Birth Rate（出生率）"为2，"Longevity（sec）（寿命/秒）"为2。接着设置"Physics（物理）"下的"Velocity（速率）"为2，"Gravity（重力）"为0，如图14-75所示。

10 设置"Particle（粒子）"下的"Particle Type（粒子类型）"为"Faded Sphere"，"Birth Size（出生大小）"为0.1，"Death Size（死亡时间）"为0.1，"Size Variation（大小变化）"为0%，如图14-76所示。

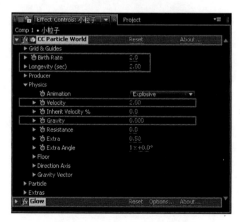
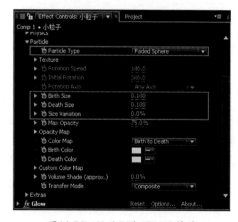

图14-75　添加CC粒子世界特效　　　　　　　　图14-76　设置CC粒子世界特效

11 新建一个固态层。在弹出的"Solid Settings（固态设置）"窗口中设置"Name（名称）"为"大粒子"，"Width（宽）"为1024，"Height（高）"为768，"Color（颜色）"为浅黄色（R:255，G:222，B:152），单击"OK（确定）"按钮，如图14-77所示。

12 为"大粒子"图层添加"CC Particle World（CC粒子世界）"和"Glow（辉光）"特效。

然后设置"CC Particle World（CC粒子世界）"特效的"Birth Rate（出生率）"为0.7，"Longevity（sec）（寿命/秒）"为2。设置"Physics（物理）"下的"Gravity（重力）"为0，如图14-78所示。

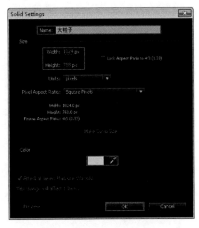

图14-77　新建固态层

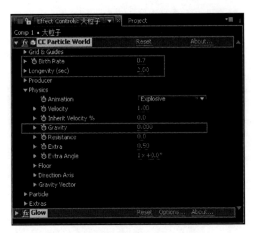

图14-78　添加CC粒子世界特效

⓭ 设置"Particle（粒子）"下的"Particle Type（粒子类型）"为"Lens Convex"，"Birth Size（出生大小）"为0.12，"Death Size（死亡大小）"为0.12，如图14-79所示。

⓮ 此时拖动时间线滑块可查看效果，如图14-80所示。

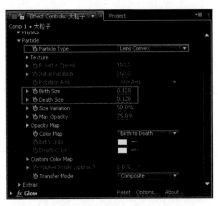

图14-79　设置CC粒子世界特效

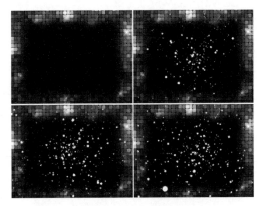

图14-80　此时粒子动画效果

⓯ 新建一个固态层。在弹出的"Solid Settings（固态设置）"窗口中设置"Name（名称）"为"背景"，"Width（宽）"为1024，"Height（高）"为768，"Color（颜色）"为黑色（R:0，G:0，B:0），单击"OK（确定）"按钮，如图14-81所示。

⓰ 为"背景"图层添加"Ramp（渐变）"特效，设置"Ramp Shape（渐变类型）"为"Radial Ramp（径向渐变）"，设置"Start of Ramp（开始渐变）"为（512，-206），"Start Color（开始颜色）"为深粉色（R:191，G:32，B:81），"End of Ramp（结束渐变）"为（77,838），End Color（结束颜色）"为黑色（R:0，G:0，B:0），如图14-82所示。

⓱ 选择▢（圆角矩形工具），在"01.jpg"图层上绘制一个圆角矩形遮罩，如图14-83所示。

⓲ 选择"背景"图层，单击菜单栏中的"Layer（图层）"｜"Layer Styles（图层样式）"｜"Outer Glow（外发光）"命令，如图14-84所示。

图14-81　新建固态层

图14-82　添加渐变特效

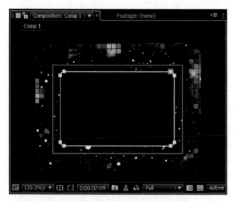

图14-83　圆角矩形工具

图14-84　添加外发光图层样式

⑲ 设置"背景"图层的"Mode（模式）"为"Screen（滤色）"。打开"背景"图层下的"Layer Styles（图层样式）"，设置"Outer Glow（外发光）"的"Color（颜色）"为浅粉色（R:243，G:66，B:116），"Spread（扩散）"为5%，"Size（大小）"为100，如图14-85所示。

⑳ 此时拖动时间线滑块可查看效果，如图14-86所示。

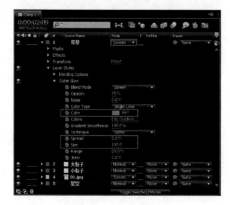

图14-85　设置外发光

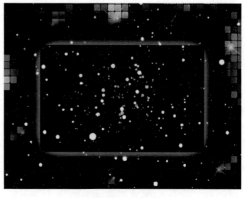

图14-86　此时效果

㉑ 新建一个固态层。在弹出的"Solid Settings（固态设置）"窗口中设置"Name（名称）"为"光线"，"Width（宽）"为1024，"Height（高）"为768，"Color（颜色）"为黑色（R:0，G:0，B:0），单击"OK（确定）"按钮，如图14-87所示。

㉒ 选择"光线"图层，按快捷键Ctrl+Shift+C，在弹出的"Pre-compose（预设合成）"窗口中设置"New composition name（新建合成名称）"为"光线"，最后单击"OK（确定）"按钮，如图14-88所示。

图14-87　新建固态层

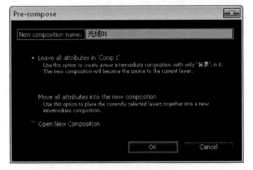

图14-88　预设合成窗口

㉓ 选择![钢笔工具图标]（钢笔工具），在"光线01"合成图层上绘制一条路径，如图14-89所示。

㉔ 为"光线01"图层添加"3D Stroke（3D描边）"和"Glow（辉光）"特效。设置"3D Stroke（3D描边）"特效的"Color（颜色）"为浅黄色（R:253，G:221，B:144），"Thickness（厚度）"为4，"Feather（羽化）"为100。勾选"Taper（逐渐变细）"下的"Enable（启用）"，如图14-90所示。

图14-89　绘制路径

图14-90　添加3D描边和辉光特效

㉕ 为"光线01"添加"CC Light Rays（CC突发光）"和"Fast Blur（快速模糊）"特效，设置"CC Light Rays（CC突发光）"特效下的"Intensity（强度）"为300，"Center（中心）"为（512,640），"Radius（半径）"为25，"Warp Softness（经柔化）"为300。勾选"Color from Source（颜色来源）"，并设置"Color（颜色）"为浅粉色（R:238，G:101，B:109）。最后设置"Fast Blur（快速模糊）"特效的"Blur Dimensions（模糊方向）"为"Vertical（垂

直）"，"Blurriness（模糊）"为3，如图14-91所示。

26 依次制作出"光线02"、"光线03"、"光线04"、"光线05"合成图层，如图14-92所示。

图14-91　添加CC突发光和快速模糊特效　　　　　　　图14-92　制作多个光线图层

27 分别调整"光线01"、"光线02"、"光线03"、"光线04"和"光线05"图层的遮罩路径位置，如图14-93所示。

28 选择 **T**（文字工具），在合成窗口中输入文字，设置"文字类型"为"Balls on the rampage"，"文字大小"为130，"文字颜色"为浅黄色（R:255，G:241，B:205），"垂直缩放"为112，"水平缩放"为90%，如图14-94所示。

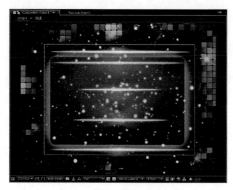

图14-93　设置光线位置　　　　　　　　　　　图14-94　新建文字图层

29 新建文字图层，在合成窗口中输入文字，设置"文字类型"为"Impact"，"文字大小"为180，"字间距"为-60，"水平缩放"为90%，单击 **TT**（全部大写）按钮，如图14-95所示。

30 为"Peace"文字图层添加"Ramp（渐变）"特效，设置"Ramp Shape（渐变类型）"为"Radial Ramp（径向渐变）"，设置"Start of Ramp（开始渐变）"为（488，411），"Start Color（开始颜色）"为浅黄色（R:255，G:228，B:157），"End of Ramp（结束渐变）"为（682,567），End Color（结束颜色）"为红色（R:217，G:33，B:59），如图14-96所示。

31 为"Peace"文字图层添加"Brightness & Contrast（亮度&对比度）"、"Bevel Alpha（倒角Alpha）"和"Drop Shadow（投影）"特效，设置"Brightness（亮度）"为20，"Contrast（对比度）"为45，设置"Bevel Alpha（倒角Alpha）"特效的"Light Intensity（灯光强度）"为0.2，如图14-97所示。

32 新建文字图层，在合成窗口中输入文字，设置"字体"为"Exmouth"，"字体大小"为

130，"颜色"为白色（R:255，G:255，B:255），单击 **T**（粗体）按钮，如图14-98所示。

图14-95　新建文字图层

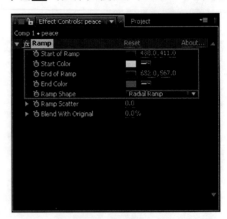

图14-96　添加渐变特效

图14-97　添加亮度&对比度等特效

图14-98　新建文字图层

33 为文字图层添加"Glow（辉光）"特效，如图14-99所示。

34 新建一个固态层，在弹出的"Solid Setting（固态设置）"窗口中设置"Name（名称）"为"标签"，"Width（宽）"为1024，"Height（高）"为768，"Color（颜色）"为浅黄色（R:230，G:204，B:162），单击"OK（确定）"按钮，如图14-100所示。

图14-99　添加辉光特效

图14-100　新建固态层

③⑤ 选择 ■（矩形工具），在"标签"图层上绘制两个矩形遮罩，如图14-101所示。

③⑥ 为"标签"图层添加"Fill（填充）"特效，设置"Fill Mask（填充遮罩）"为"Mask 2"，"Color（颜色）"为深红色（R:139，G:40，B:59），如图14-102所示。

图14-101　绘制矩形遮罩

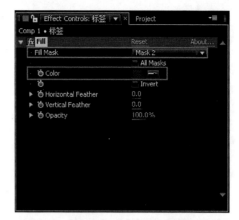

图14-102　添加填充特效

③⑦ 新建文字图层，设置"字体"为"FZCuHei-B03T"，"字体大小"为50，单击 ■（粗体）和 ■■（全部大写）按钮，如图14-103所示。

③⑧ 为该文字图层添加"Ramp（渐变）"特效，设置"Start of Ramp（开始渐变）"为（512，495），"Start Color（开始颜色）"为白色（R:255，G:255，B:255），"End of Ramp（结束渐变）"为（512,551），End Color（结束颜色）"为深黄色（R:211，G:134，B:50），如图14-104所示。

图14-103　新建文字图层

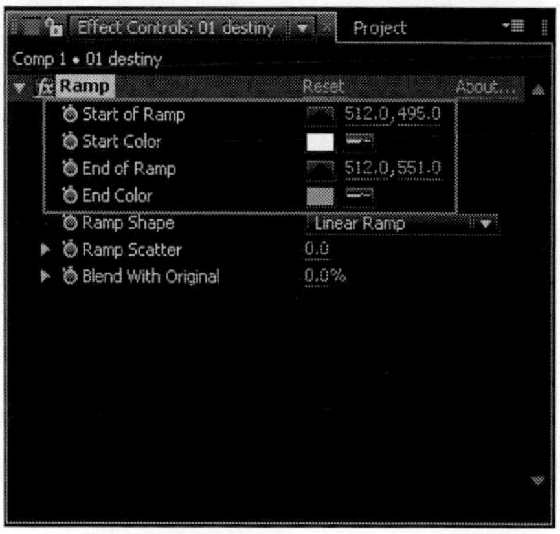

图14-104　添加渐变特效

③⑨ 继续为该文字图层添加"Drop Shadow（投影）"特效，设置"Opacity（不透明度）"为80%，"Distance（距离）"为3，如图14-105所示。

④⓪ 制作光线移动动画。选择"光线01"至"光线05"图层，将时间线拖到第1秒，并按快捷键P调出"Position（位置）"属性。开启"Position（位置）"前面的关键帧。最后将时间线拖到第3秒，为"Position（位置）"属性添加关键帧，如图14-106所示。

④① 将时间线拖回第1秒。选择"光线01"和"光线03"图层，设置这两个图层的"Position（位置）"为（1549,384）。选择"光线02"、"光线04"和"光线05"图层，设置这三个图层

的"Position（位置）"为（-632,384），如图14-107所示。

42 此时拖动时间线滑块可查看最终梦幻空间文字效果，如图14-108所示。

图14-105　添加投影特效

图14-106　为光线图层添加关键帧

图14-107　设置光线图层动画

图14-108　梦幻空间文字效果

习题答案

第1章

1. 选择题

(1) C

(2) A

(3) A

2. 填空题

(1) 选择

(2) 替换素材

(3) 全部解除

3. 判断题

(1) ×

(2) ✓

(3) ×

(4) ✓

第2章

1. 选择题

(1) D

(2) A

(3) A

2. 填空题

(1) Project Settings（项目设置）

(2) Remove Unused Footage
（删除未使用素材）

(3) Undock Panel（解除面板）

3. 判断题

(1) ✓

(2) ×

(3) ✓

(4) ✓

4. 上机操作题

（略）

第3章

1. 选择题

(1) A

(2) D

(3) B

(4) C

(5) B

(6) A、C

(7) B、C、D

(8) D

2. 填空题

(1) 时间线

(2) 隐藏/显示除当前选择图层以外的
其他图层

(3) Overlay

(4) Luminosity（亮度）

(5) Anchor Point（轴心点）、Position
（位置）、Scale（缩放）、
Rotation（旋转）、Opacity（不透
明度）

(6) Text（文字层）、Solid（固态
层）、Light（灯光层）、Camera
（摄像机层）、Null Object（空物
体层）、Shape Layer（图形层）、
Adjustment Layer（调节层）

(7) Alt+[

3. 判断题

(1) ×

(2) ✓

(3) ✓

(4) ×

(5) ×

4. 上机操作题

（略）

第4章

1. 选择题

(1) C

(2) A、B、C、D

(3) D

(4) A

(5) B

(6) A

(7) A、B、C、D

2. 填空题

(1) 蒙版中心

(2) 一个Mask

(3) Inverted（反转）

(4) M

3. 判断题

(1) ×

(2) ×

(3) ✓

4. 上机操作题

（略）

第5章

1. 选择题

(1) A

(2) B

(3) B

(4) B

(5) A

(6) A、B、C

(7) D

2. 填空题

(1) Delete，Edit（编辑）/ Clear（清除）

(2) 空间差值，时间差值

(3) Roving（匀速）

(4) Linear（线性）

3. 判断题

(1) ×

(2) ✓

(3) ×

(4) ✓

4. 上机操作题

（略）

第6章

1. 选择题

(1) A

(2) A

(3) B、C、D

(4) C

2. 填空题

(1) 位置、旋转、位置及旋转、仿射边角与透视边角

(2) 一点追踪、二点追踪、三点追踪、四点追踪

(3) Wiggler（摇摆器）、差值

(4) 运动轨迹

3. 判断题

(1) ✓

(2) ✓

(3) ×

(4) ×

4. 上机操作题

（略）

第7章

1. 选择题

(1) A、B、D

(2) B、C

(3) B

(4) B

(5) A、B、C

2. 填空题

(1) Mask

(2) Character（字符）、
Paragraph（段落）

(3) Source Text（源文本）

(4) Range Selector（范围控制器）、
Animater

3. 判断题

(1) ✓

(2) ✓

(3) ×

(4) ✓

4. 上机操作题

（略）

第8章

1. 选择题

(1) D

(2) A

(3) B

(4) A

(5) A、B、C

(6) B、C、D

(7) D

2. 填空题

(1) Eyedropper Fill（拾色器填充）

(2) Stroke（描边）

(3) Numbers（数字）、
Timecode（时间码）

(4) Advanced Lightning（高级闪电）、
Lightning（闪电）

(5) Drop Shadow（阴影）

3. 判断题

(1) ✓

(2) ×

(3) ✓

(4) ×

4. 上机操作题

（略）

第9章

1. 选择题

(1) B

(2) A、C

(3) B

2. 填空题

(1) Delay（延迟）

(2) Dry out（干出）、wet out（湿出）

(3) Modulator（调制器）

(4) 0键

3. 判断题

(1) ✓

(2) ×

(3) ✓

(4) ×

4. 上机操作题

（略）

第10章

1. 选择题

(1) C

(2) A、B、D

(3) A、D

(4) B

2. 填空题

(1) CC Simple Wire Removal
（CC线性去除）

(2) Keylight（1.2）

(3) RGB彩色信息、Hue色相、
Chroma饱和度信息

（4）Luma Key（亮度键）

3. 判断题

（1）✓

（2）×

（3）✓

（4）×

4. 上机操作题

（略）

第11章

1. 选择题

（1）A

（2）C、D

（3）C

（4）D

（5）A、C、D

2. 填空题

（1）Black&White（黑白）特效

（2）Change Color（替换颜色）

（3）Color Stabilizer（颜色稳定器）

（4）Colorama（渐变映射）

（5）Curves（曲线）

（6）补色通道

（7）Arithmetic（通道运算）

3. 判断题

（1）✓

（2）✓

（3）×

（4）✓

4. 上机操作题

（略）

第12章

1. 选择题

（1）A、D

（2）B

（3）C

2. 填空题

（1）约束变量，自由变量

（2）在表达式链接拾取线

（3）表达式语言菜单

3. 判断题

（1）✓

（2）×

（3）✓

（4）✓

4. 上机操作题

（略）

第13章

1. 选择题

（1）A、B、C、D

（2）C

（3）B

（4）A、B、C、D

2. 填空题

（1）Work Area Start（开始工作区）、Work Area End（结束工作区）

（2）Main Options（主要选项）、Color Management（色彩管理）

（3）sequence（序列）

3. 判断题

（1）✓

（2）✓

（3）✓

（4）×

4. 上机操作题

（略）